石油钻井双重预防机制
隐患排查治理实用手册

中国石油集团川庆钻探工程有限公司长庆钻井总公司　编

石油工业出版社

内容提要

本书以石油钻井作业流程为主线，解析了石油钻井事故隐患的类型、特征及治理方法，全面梳理了石油钻井作业中隐患排查治理的工作流程、方法标准及应急处置措施，覆盖了钻前准备、钻进作业、完井作业等全流程。

本书为现场操作人员、基层管理人员及安全监管部门提供切实可行的隐患排查治理操作指南，助力石油钻井从业人员推动双重预防机制落地见效，保障石油钻井作业安全、稳定、高效运行。

图书在版编目（CIP）数据

石油钻井双重预防机制隐患排查治理实用手册 / 中国石油集团川庆钻探工程有限公司长庆钻井总公司编. -- 北京：石油工业出版社，2025.6. -- ISBN 978-7-5183-7548-6

Ⅰ. TE28-62

中国国家版本馆 CIP 数据核字第 202550LZ52 号

出版发行：石油工业出版社
　　　　　（北京安定门外安华里2区1号　100011）
　　网　　址：www.petropub.com
　　编辑部：（010）64523547　　图书营销中心：（010）64523633
经　　销：全国新华书店
印　　刷：北京中石油彩色印刷有限责任公司

2025年6月第1版　2025年6月第1次印刷
787×1092毫米　开本：1/16　印张：31.5
字数：632千字

定价：120.00元
（如出现印装质量问题，我社图书营销中心负责调换）

版权所有，翻印必究

《石油钻井双重预防机制隐患排查治理实用手册》

编委会

主　任：吕凤军

副主任：倪华峰　　王学枫　　王　浩

委　员：杨勇平　　王　勇　　石仲元　　张金平　　杨宗安　　李　阳
　　　　陈胜伟　　陈鹏生　　徐智锋　　骆颖龙　　陈保民　　刘思远
　　　　李鹏飞　　李富平　　李春涛　　杨金儒　　江根杰　　赵　帆
　　　　姚永永　　高　原　　海鹏飞　　谢　敬　　靳　宇　　陶仕君
　　　　张铁奇　　刘庆龙　　张　晨　　谭宁军　　杨应鹏　　李鲁庆
　　　　张宏耀　　尹诗溢　　左　锋

《石油钻井双重预防机制隐患排查治理实用手册》

编写组

组　长：王　勇

副组长：杨宗安　陈胜伟　李　阳

成　员：陈鹏生　陈保民　徐智锋　刘思远　李鹏飞　李富平
　　　　李春涛　杨金儒　江根杰　赵　帆　姚永永　高　原
　　　　海鹏飞　谢　敬　靳　宇　陶仕君　张宏耀　刘庆龙
　　　　张铁奇　张　晨　张建军　谭宁军　尹诗溢　左　锋
　　　　杨应鹏　李鲁庆　李旭晖

专家组

贺会锋　李润苗　李录科　苏兴华　王伟良　石宪峰　米秀峰
李　缨　韩红卫

序

　　能源安全是国之命脉，石油作为工业血脉的战略地位不言而喻。在百年未有之大变局下，中国坚持"能源的饭碗必须端在自己手里"的战略定力，石油钻井行业肩负着保障国家能源自主可控的历史使命。当前，页岩气开发、特深层勘探、非常规油气资源开发等前沿领域不断突破，钻井作业已形成涵盖13大工序、126项子流程的复杂体系，涉及井控、吊装、高压作业等八大高危环节。据行业统计，单井作业隐患超千项，任一疏漏皆可能引发连锁反应，威胁人员生命、企业存续乃至国家能源安全大局。

　　安全生产是石油工业高质量发展的生命线。回望行业历程，每一起事故背后皆是隐患治理的缺位——这不仅造成年均数十亿元的直接经济损失，更对行业公信力与社会形象形成难以弥合的创伤。在新时代安全治理体系下，传统"事后处置"模式已显乏力，亟须以系统思维重构预防体系。安全生产双重预防机制应时而生，其以风险分级管控与隐患排查治理为双轮驱动，通过"关口前移、靶向施策、源头根治"的科学路径，构建起"辨识—评估—管控—治理"的全周期防线，真正实现从被动应对向主动防御的战略转型。

　　本书立足《中华人民共和国安全生产法》《陆上石油天然气开采安全规程（GB 42294）》等顶层设计，深度融合 PDCA 循环、海因里希法则等现代管理理论。编纂团队汇聚行业院士、安全专家与一线技术骨干，历时三年完成千井次现场验证，形成两大创新体系：其一，推出"HSE 智能检查矩阵"，集成物联网实时监测与 AI 隐患识别技术；其二，构建"应急响应金字塔"，通过岗位处置卡、班组应急包、井场指挥台三级联动，将平均应急响应时效压缩至 8min 以内。

　　本书内容兼具战略高度与实践深度，既涵盖国家能源安全战略解读、双重预防机制理论框架，更聚焦井场标准化巡检、动态风险评估、隐患闭环管理等实操模块。特别收录13类典型事故案例深度剖析、"3×4"隐患排查治理机制和生产安全预警系统等核心技术工具。其价值不仅在于提供方法论，更在于培育"人人都是安全哨兵"的文化基因——通过每日隐患随手拍、每月安全积分榜等机制创新，推动安全管理从制度约束向全员自觉跃升。

护航能源安全，功在当代、利在千秋。本书的出版标志着我国石油钻井安全治理迈入"精准化、智能化、全员化"新阶段。期待它成为行业转型升级的导航仪、一线员工的守护盾、企业基业长青的压舱石。让我们以敬畏之心筑牢防线，以科技之力智控风险，共同谱写中国石油工业高质量发展的安全华章！

前 言

石油作为国家战略资源的核心,其开采与利用对国民经济发展具有不可替代的作用。石油钻井作业作为获取石油资源的关键环节,其安全生产不仅关乎行业稳定发展,更与国家能源安全、人民生命财产安全及生态环境保护紧密相连。石油钻井是一项涉及多工种协作、多工序衔接、立体交叉作业及连续性作业的系统工程,涵盖从搬迁安装至完钻拆卸的13道工序,包含井控作业、吊装作业、高处(临边)作业、设备检维修等30余项关键作业,分布于18个岗位。作业环境复杂、风险隐患交织,任一环节的疏漏均可能引发重大事故,造成严重后果。

党中央、国务院高度重视安全生产工作,创造性提出"三管三必须"(管行业必须管安全、管业务必须管安全、管生产经营必须管安全)等新理念,明确要求对易发重特大事故的行业领域构建"风险分级管控、隐患排查治理"双重预防性工作机制,将风险控制在隐患形成之前、将隐患消灭在事故之前,为安全生产提供了理论支撑与实践路径。国务院安委办亦印发专项文件,强调以双重预防机制为核心,聚焦重点领域、关键环节和岗位,通过精准辨识重大风险、系统治理重大隐患,完善制度标准与落实机制,筑牢安全生产防线。其中,隐患排查治理作为双重预防机制的重要抓手,是防范事故的终极屏障。通过全面、深入、动态化排查钻井作业中的隐患,并高效实施治理措施,可从根本上消除事故诱因,显著提升作业安全水平。

为切实响应国家政策要求,解决石油钻井行业安全生产的迫切需求,我们组织编写了《石油钻井双重预防机制隐患排查治理实用手册》。本书以系统性、实用性为原则,全面梳理石油钻井作业中隐患排查治理的工作流程、方法标准及应急处置措施,覆盖钻前准备、钻进作业、完井作业等全流程。全书共分五章。第一章概述:阐释双重预防机制的构建背景与必要性,解析石油钻井事故隐患的类型、特征及治理方法。第二章石油钻井HSE检查表:针对钻井队各岗位设备设施、综合检查及专项检查,提供标准化检查要点与评判依据,助力隐患精准识别。第三章钻井现场事故隐患风险分级标准:基于风险分级管控理论，对钻井现场常见物态隐患进行科学分级，明确整改优先级，提升隐患排查与风险控制的针对性和效率。第四章石油钻井常见违章行为风险分级标准：界定一般、严重、重大违章行为条款，为监督检查与自查自纠提供依据，有效减少作业现场违章现象，遏制事故发生。第五章应急处置程序：收录钻井队八项综合应急处置程序及 13 种岗位应急处置卡，通过场景化演练指导，确保人员快速响应、规范处置，最大限度降低事故影响。

在本书编写过程中，得到了石油企业、科研机构、行业专家及一线工作者的鼎力支持，在此致以诚挚谢意。期望本书能为石油钻井从业人员提供切实可行的操作指南，推动双重预防机制落地见效，助力行业安全生产水平持续提升。让我们携手共筑安全防线，保障石油钻井作业安全、稳定、高效运行，为国家能源事业高质量发展保驾护航。

限于编者水平，书中难免存在疏漏与不足，恳请广大读者批评指正。

目 录

第一章 概述 ··· 1
第一节 双重预防机制建设背景及必要性 ·· 1
第二节 双重预防机制相关知识 ·· 6
第三节 双重预防机制建设原则与流程 ··· 10
第四节 事故隐患的表现形式 ··· 13
第五节 事故隐患排查治理方法 ·· 18
第六节 隐患排查治理标准 ·· 32

第二章 石油钻井 HSE 检查表 ··· 39
第一节 HSE 检查表综述 ·· 39
第二节 岗位 HSE 检查表 ··· 41
第三节 综合 HSE 检查表 ··· 82
第四节 专项 HSE 检查表 ··· 141
第五节 专业 HSE 检查表 ··· 224

第三章 钻井现场业事故隐患风险分级标准 ·· 365
第一节 通用部分 ··· 365
第二节 钻井现场钻井专业事故隐患 ·· 380
第三节 钻井现场固井专业事故隐患 ·· 390
第四节 钻井现场录井专业事故隐患 ·· 392
第五节 钻井现场钻井液专业事故隐患 ··· 393
第六节 钻井现场井控事故隐患 ·· 395

第四章　石油钻井常见违章行为风险分级标准 　443
　　第一节　通用部分 　443
　　第二节　钻井作业现场违章行为 　458

第五章　应急处置程序 　473
　　第一节　钻井现场突发事件应急处置程序 　473
　　第二节　岗位应急处置卡 　486

参考文献 　494

第一章 概 述

第一节 双重预防机制建设背景及必要性

一、构建双重预防机制的背景及必要性

(一)安全生产形势的变化

党的十八大以来,全国各地有关行业连续发生了几起特别重大生产安全事故。如2013年6月3日吉林宝源丰禽业公司火灾爆炸事故,共造成121人死亡;2013年11月22日青岛黄岛输油管道泄漏爆炸事故,导致62人死亡;2014年8月2日昆山中荣铝粉尘爆炸事故,事故当天及后续医治无效共造成146人死亡;2015年8月12日天津港瑞海公司危险品仓库特别重大火灾爆炸事故,导致165人死亡、8人失踪;2015年12月20日深圳光明新区渣土受纳场滑坡事故,造成73人死亡,4人下落不明;2016年11月24日江西丰城发电厂冷却塔坍塌事故,导致73人死亡。

"8·12"天津港瑞海公司危险品仓库特别重大火灾爆炸事故发生后,中央要求:要坚决落实安全生产责任制,切实做到党政同责、一岗双责、失职追责。要健全预警应急机制,加大安全监管执法力度,深入排查和有效化解各类安全生产风险,提高安全生产保障水平,努力推动安全生产形势实现根本好转。各生产单位要强化安全生产第一意识,落实安全生产主体责任,加强安全生产基础能力建设,坚决遏制重特大安全生产事故发生。各地区各部门要坚持人民利益至上,牢固树立安全发展理念,以更大的努力、更有效的举措、更完善的制度,进一步落实企业主体责任、部门监管责任、党委和政府领导责任,扎实做好安全生产各项工作,强化重点行业领域安全治理,加快健全隐患排查治理体系、风险预防控制体系和社会共治体系,依法严惩安全生产领域失职渎职行为,坚决遏制重特大事故频发势头,确保人民群众生命财产安全。同时,国家层面开始重新思考和定位当前的安全监管模式和企业事故预防水平问题。

2016年1月6日,习近平总书记在中共中央政治局常委会会议上就安全生产工作提出了五点要求,其中一点是:必须坚决遏制重特大事故频发势头,对易发重特大事故的行业领域采取风险分级管控、隐患排查治理双重预防性工作机制,推动安全生产关口前移,加强应急救援工作,最大限度减少人员伤亡和财产损失。这是第一次提出"风险分

级管控、隐患排查治理双重预防性工作机制"。

近年来，我国安全生产形势总体趋于平稳，但仍面临复杂严峻的挑战。事故总量、较大事故及重特大事故均呈下降趋势，大部分地区和行业领域安全生产形势平稳。然而，在工业化、城镇化持续推进的过程中，大工业化生产带来风险集聚，各类事故隐患和安全风险交织叠加，尤其是新业态新风险突出，安全生产基础薄弱、监管体制机制不完善等问题依然存在。因此，构建双重预防机制，强化风险管控和隐患排查治理，不仅是对党中央、国务院重大决策部署的落实，更是对人民群众生命财产安全的保障，也成为当前安全生产工作的迫切需求。

（二）法律法规的规定

（1）2016年4月28日，国务院安委会办公室印发《国务院安委会办公室关于印发标本兼治遏制重特大事故工作指南的通知》(安委办〔2016〕3号，以下简称《指南》)，提出了"坚持标本兼治、综合治理，把安全风险管控挺在隐患前面，把隐患排查治理挺在事故前面，扎实构建事故应急救援最后一道防线"的指导思想和"到2018年，构建形成点、线、面有机结合、无缝对接的安全风险分级管控和隐患排查治理双重预防性工作体系"的工作目标。国务院正式提出在重点行业建立以生产安全风险分级防控和事故隐患排查治理为主线的双重预防机制。

为进一步推动《指南》的有效实施，2016年10月9日，国务院安委会办公室印发《国务院安委会办公室关于实施遏制重特大事故工作指南构建双重预防机制的意见》(安委办〔2016〕11号，以下简称《意见》)，提出了"构建安全风险分级管控和隐患排查治理双重预防机制，是遏制重特大事故的重要举措"，并对如何构建双重预防机制提出了具体意见，要求坚持风险预控、关口前移，全面推行安全风险分级管控，进一步强化隐患排查治理，推进事故预防工作科学化、信息化、标准化，实现把风险控制在隐患形成之前、把隐患消灭在事故前面。尽快建立健全安全风险分级管控和隐患排查治理的工作制度和规范，完善技术工程支撑、智能化管控、第三方专业化服务的保障措施，实现企业安全风险自辨自控、隐患自查自治，形成政府领导有力、部门监管有效、企业责任落实、社会参与有序的工作格局，提升安全生产整体预控能力，夯实遏制重特大事故的坚强基础。《意见》强调，企业要对辨识出的安全风险进行分类梳理，对不同类别的安全风险，采用相应的风险评估方法确定安全风险等级，安全风险评估过程要突出遏制重特大事故，高度关注暴露人群、聚焦重大危险源、劳动密集型场所、高危作业工序和受影响的人群规模，重大安全风险应填写清单、汇总造册，并从组织、制度、技术、应急等方面对安全风险进行有效管控，要在醒目位置和重点区域分别设置安全风险公告栏，制作安全风险告知卡。

（2）2016年12月9日，新中国成立以来第一个以党中央、国务院名义出台的安全生产工作的纲领性文件《中共中央 国务院关于推进安全生产领域改革发展的意见》（国务院公报 2017 年第 1 号）发布实施，提出坚守"发展决不能以牺牲安全为代价"这条不可逾越的红线，并从健全落实安全生产责任制、建立安全预防控制体系等方面提出一系列改革举措和任务要求。基本原则中坚持源头防范明确提出，构建风险分级管控和隐患排查治理双重预防工作机制，严防风险演变、隐患升级导致生产安全事故发生。要求企业要定期开展风险评估和危害辨识，针对高危工艺、设备、物品、场所和岗位，建立分级管控制度，制定落实安全操作规程。树立隐患就是事故的观念，建立健全隐患排查治理制度、重大隐患治理情况向负有安全生产监督管理职责的部门和企业职代会"双报告"制度，实行自查自改自报闭环管理。建立隐患治理监督机制，制定生产安全事故隐患分级和排查治理标准。

此后，全国各地陆续出台有关双重预防机制的文件，全面开始构建双重预防机制。

（3）2021 年 6 月 10 日，第十三届全国人民代表大会常务委员会第二十九次会议通过了《全国人民代表大会常务委员会关于修改〈中华人民共和国安全生产法〉的决定》，双重预防机制被正式写入了修改后的《中华人民共和国安全生产法》（中华人民共和国主席令 2021 年第 88 号）。其中有关建立双重预防机制的条文如下：

第四条："生产经营单位必须遵守本法和其他有关安全生产的法律、法规，加强安全生产管理，建立健全全员安全生产责任制和安全生产规章制度，加大对安全生产资金、物资、技术、人员的投入保障力度，改善安全生产条件，加强安全生产标准化、信息化建设，构建安全风险分级管控和隐患排查治理双重预防机制，健全风险防范化解机制，提高安全生产水平，确保安全生产。"

第二十一条："生产经营单位的主要负责人对本单位安全生产工作负有下列职责：（五）组织建立并落实安全风险分级管控和隐患排查治理双重预防工作机制，督促、检查本单位的安全生产工作，及时消除生产安全事故隐患。"

第二十五条："生产经营单位的安全生产管理机构以及安全生产管理人员履行下列职责：（三）组织开展危险源辨识和评估，督促落实本单位重大危险源的安全管理措施；（五）检查本单位的安全生产状况，及时排查生产安全事故隐患，提出改进安全生产管理的建议。"

第四十一条："生产经营单位应当建立安全风险分级管控制度，按照安全风险分级采取相应的管控措施。生产经营单位应当建立健全并落实生产安全事故隐患排查治理制度，采取技术、管理措施，及时发现并消除事故隐患。"

法律法规的制定和实施，为双重预防机制的建设提供了坚实的法律基础，表明风险分级管控与隐患排查治理双重预防机制将长期开展下去，而且必须要认真、规范、科学地开展下去。

(三) 企业风险管理的需求

在当前工业化、城镇化持续推进的背景下，企业面临着复杂多变的安全风险。大工业化生产带来风险集聚，各类事故隐患和安全风险交织叠加，对企业安全生产构成严峻挑战。为有效应对这些风险，企业必须强化风险管理，构建双重预防机制；更系统、更科学地识别、评估和控制潜在风险；将风险管控在隐患之前，把隐患排查治理在事故之前，形成风险管理的闭环，实现风险的动态监控和持续改进。这不仅是企业自身发展的需要，更是保障员工生命财产安全、维护社会稳定的重要举措。因此，企业风险管理的需求日益迫切。

(四) 事故预防理念的发展

事故预防理念经历了从传统模式向双重预防机制的转变。传统模式侧重于事后处理和单纯隐患排查，而双重预防机制则强调事前预防和标本兼治，通过风险分级管控和隐患排查治理两道防线，将安全生产关口前移。这一转变体现了从治"已病"到治"未病"的管理理念升级，旨在从根本上防止隐患发生，降低事故发生率，体现了对安全生产规律和特点的准确把握，以及对风险为核心的超前防范意识的增强。

构建风险分级管控与隐患排查治理双重预防机制，是落实党中央、国务院关于建立风险管控和隐患排查治理预防机制的重大决策部署，是实现纵深防御、关口前移、源头治理的有效手段。双重预防机制建设就是针对安全生产领域"认不清、想不到"的突出问题，强调安全生产的关口从隐患排查治理前移到安全风险管控，强化风险意识，分析事故发生的全链条，抓住关键环节采取预防措施，防范安全风险变成事故隐患、隐患未及时被发现和治理演变成事故。风险分级管控与隐患排查治理建设是企业安全生产主体责任，是企业主要负责人的重要职责之一，是企业安全管理的重要内容，是企业自我约束、自我纠正、自我提高的预防事故发生的根本途径，是企业管控风险、消除隐患、保证安全生产、提升企业安全管理水平的重要手段，更是企业遵守国家法律法规、履行社会责任的必然要求。

二、构建双重预防机制的重要意义

(一) 提升安全生产水平

构建双重预防机制，首要意义在于显著提升安全生产水平。通过风险分级管控与隐患排查治理的双重防线，企业能够系统识别作业环境中的危险因素，科学评估风险等级，并采取有效措施予以控制。这一机制的实施，有助于预防和减少生产安全事故的发生，保障员工生命财产安全，同时促进生产流程的优化和效率的提升。在强化安全意识、完善管理制度的基础上，双重预防机制成为企业安全生产不可或缺的重要支撑。

（二）预防事故的有效手段

预防事故是构建双重预防机制的核心目标之一。通过深入分析事故发生的根源，采取针对性的预防措施，可以显著降低事故发生的概率。双重预防机制强调事前预防与事中控制相结合，通过风险评估和隐患排查，及时发现并消除潜在的危险因素。这一机制不仅提升了企业的安全管理水平，还为员工创造了更加安全的工作环境。实践证明，双重预防机制是预防事故的有效手段，能够切实保障企业的生产安全和员工的生命健康。

（三）保障员工生命安全

在构建双重预防机制的过程中，保障员工生命安全是核心要义之一。通过科学的风险辨识与隐患排查，企业能够及时发现并消除生产作业中的潜在危险，为员工营造一个更加安全的工作环境。双重预防机制的实施，不仅有助于减少安全事故的发生，更能有效保障员工的生命健康权益，增强员工的归属感和安全感。这不仅是企业社会责任的体现，也是构建和谐劳动关系、推动企业可持续发展的必然要求。

（四）促进企业可持续发展

构建双重预防机制对企业可持续发展具有重要意义。通过实施风险分级管控和隐患排查治理，企业能够有效预防事故发生，保障生产安全，进而减少因事故导致的经济损失和声誉损害。这一机制不仅提升了企业的安全管理水平，还增强了企业的市场竞争力。在安全生产的基础上，企业能够更稳健地推进技术创新和市场拓展，实现经济效益与社会效益的双赢。长远来看，双重预防机制是企业持续健康发展的重要支撑，有助于企业在激烈的市场竞争中立于不败之地。

三、建立安全隐患排查治理体系的意义

安全隐患排查治理体系，是以企业分级分类管理系统为基础，以企业安全隐患自查自报系统为核心，以完善安全监管责任机制和考核机制为抓手，以制定安全标准体系为支撑，以广泛开展安全教育培训为保障的一项系统工程，包含了完善的隐患排查治理信息系统、明确细化的责任机制、科学严谨的查报标准及重过程、可量化的绩效考核机制等内容。

安全生产的理论和实践证明，只有把安全生产的重点放在建立事故预防体系上，超前采取措施，才能有效防范和减少事故，最终实现安全生产。建立安全隐患排查治理体系，是安全生产管理理念、监管机制、监管手段的创新和发展，对于促进企业由被动接受安全监管向主动开展安全管理转变，由政府为主的行政执法排查隐患向企业为主的日常管理排查隐患转变，从治标的隐患排查向治本的隐患排查转变，实现安全隐患排查治理常态化、规范化、法制化，推动企业安全生产标准化建设工作，建立健全安全生产长效机制，把握事故防范和安全生产工作的主动权具有重大意义。

第二节 双重预防机制相关知识

一、相关概念与术语

（一）安全生产事故隐患

安全生产事故隐患是指生产经营单位违反安全生产法律、法规、规章、标准、规程和安全生产管理制度的规定，或者因其他因素在生产经营活动中存在可能导致事故发生的物的危险状态、人的不安全行为和管理上的缺陷。

隐患的分级是以隐患的整改、治理和排除的难度及其影响范围为标准的，《安全生产事故隐患排查治理暂行规定》（安全监管总局令第 16 号）中分为一般事故隐患和重大事故隐患。一般事故隐患是指危害和整改难度较小，发现后能够立即整改排除的隐患。重大事故隐患是指危害和整改难度较大，应当全部或者局部停产停业，并经过一定时间整改治理方能排除的隐患，或者因外部因素影响致使生产经营单位自身难以排除的隐患。

为便于企业更好地判断事故隐患级别，采取相应的管控措施，在《安全生产事故隐患排查治理暂行规定》（安全监管总局令第 16 号）一般事故隐患和重大事故隐患定义的基础上，石油钻井将事故隐患细分为四类，分别为危害因素、一般隐患、较大隐患、重大隐患，并在概念上进行了细化。

（二）危害因素

危害因素是指在生产经营活动中，不符合安全生产、环境保护等相关标准、安全习惯，危险程度为一般危险、稍有危险，控制原则为可以接受、需要注意的，并可能直接或间接导致生产安全事件、轻度环境污染事件的物的不安全状态。

本书的危害因素专指物的不安全状态，与"可能导致人员伤害和（或）健康损害、财产损失、工作环境破坏、有害的环境影响的根源、状态或行为，或其组合"的原有概念有所区别。

（三）一般隐患

一般隐患是指在生产经营活动中，不符合安全生产、环境保护等相关标准、制度和规程，危险程度为显著危险，控制原则为需要整改的，并可能直接或间接导致一般 C 级生产安全事故、环境污染事件的物的不安全状态。

（四）较大隐患

较大隐患是指在生产经营活动中，不符合安全生产、环境保护等相关标准、制度和规程，危险程度为高度危险，控制原则为需立即整改并制订管理方案的，并可能直接或间接导致一般 B 级生产安全事故、环境污染事件的物的不安全状态。

（五）重大隐患

重大隐患是指在生产经营活动中，不符合安全生产、环境保护等相关标准、制度和规程，危险程度为极其危险，控制原则为在落实有效的风险防控、防护和削减等措施之前不能继续作业，需要制订管理方案，并可能直接或间接导致 1 人及以上死亡或一般 A 级及以上生产安全事故、环境污染事件的物的不安全状态。

（六）轻微不安全行为

轻微不安全行为是指在生产经营活动中，违反生产安全、环境保护等相关标准、安全习惯，危险程度为低风险，并可能直接或间接导致生产安全事件、轻度环境事件的不安全行为。

（七）一般违章

一般违章是指在生产经营活动中，违反安全生产、环境保护等有关标准、制度和规程，危险程度为一般风险，并可能直接或间接导致一般 C 级生产安全事故、环境事件的人的不安全行为。

（八）严重违章

严重违章是指在生产经营活动中，违反安全生产、环境保护等有关标准、制度和规程，危险程度为较大风险，并可能直接或间接导致一般 B 级生产安全事故、环境事件的人的不安全行为。

（九）重大违章

重大违章是指生产经营活动中，违反安全生产、环境保护等有关标准、制度和规程，危险程度为重大风险，并可能直接或间接导致一般 A 级及以上生产安全事故、环境事件的人的不安全行为。

（十）隐患排查治理

隐患排查治理是指依据法律、法规、规章等要求，对设备设施、生产工艺、工作场所等进行全面检查，及时发现可能导致事故发生的隐患，按照不同等级进行登记，建立事故隐患信息档案，并制订治理方案进行整改，消除或控制事故隐患的活动或过程。

隐患排查治理旨在通过系统的方法，消除潜在的危险因素，确保人员、财产及环境的安全。这一环节不仅要求明确治理的目标和任务，还需采取相应的监控防范措施，确保整改措施的有效实施，防止隐患转化为事故。

二、双重预防机制建设的理论基础

（一）风险管理理论

风险管理理论是双重预防机制建设的核心理论基础之一。它强调对潜在风险的识别、评估与应对，以降低事故发生的概率和影响。该理论指出，风险管理是一个系统性流程，包括风险识别和评估、风险控制和减轻、风险监测和响应、风险传播和沟通及评估和持续改进等关键要素。

在双重预防机制中，风险管理理论的应用体现在安全风险分级管控上。通过对生产经营单位内的所有安全隐患进行全面排查，利用风险管理理论的方法和技术，将风险进行定性和定量分析，划分为不同等级，以便企业合理调配资源，分层分级管控风险。

此外，风险管理理论还强调持续改进和动态管理，要求企业根据生产经营活动的变化和外部环境的变化，不断调整和优化风险管理策略，确保双重预防机制的有效运行。因此，风险管理理论为双重预防机制的建设提供了坚实的理论基础和科学的指导方法。

（二）事故致因理论

事故致因理论是从大量典型事故的本质原因中提炼出的事故机理和事故模型，这些机理和模型反映了事故发生的规律性，能够为事故的定性、定量分析及预防提供科学依据。

在事故致因理论中，海因里希事故因果连锁理论具有重要地位。该理论认为，伤害事故的发生不是一个孤立的事件，尽管伤害可能在某瞬间突然发生，却是一系列事件相继发生的结果。事故发生如同多米诺骨牌效应，存在事件之间的因果连锁关系，是一连串事件按一定顺序互为因果依次发生的结果。如一块骨牌倒下，则将发生连锁反应，使后面的骨牌依次倒下。此外，能量意外释放理论也指出，人受伤害的原因只能是某种能量的转移，预防伤害事故的关键在于防止能量或危险物质的意外转移。

双重预防机制的建设正是基于这些事故致因理论，旨在通过风险分级管控和隐患排查治理，将多米诺骨牌移去连锁中的一颗骨牌，使连锁被破坏，事故过程被中止；或利用各种屏蔽来防止意外的能量转移，切断事故发生的链条，实现关口前移、预防为主。事故致因理论为双重预防机制提供了重要的理论支撑，帮助企业从源头上识别和控制风险，防止隐患演变为事故，从而保障生产安全。

（三）系统安全理论

系统安全理论是双重预防机制建设的重要理论基础。是从系统角度研究安全管理的一种理论，主要研究对象是事故系统和安全系统，如何确保系统在运行过程中不发生安全事故，保障系统内部的信息、设备和人员安全。

系统安全理论指在系统生命周期内应用系统安全工程和系统安全管理方法，辨识系统中的隐患，并采取有效的控制措施使其危险性最小，从而使系统在规定的性能、时间和成本范围内达到最佳的安全程度。它认为，任何生产经营活动都是在确定的系统内进行的，系统由相互作用、相互依赖的要素构成，具有某种特定功能。

在生产系统中，人、机、环境是直接要素，管理则是间接要素。通过综合考虑人、机、环境的相互作用和影响，采取必要的措施可以防止或避免能量和物质的意外释放、泄漏或转移，从而保障生产系统的安全。

双重预防机制建设正是基于系统安全理论，通过风险辨识、评价、分级管控及隐患排查治理等手段，形成两道保护屏障，确保生产系统的安全运行。

（四）预防原理

预防原理是双重预防机制建设的核心理论基础。该原理强调通过有效的管理和技术手段，减少和防止人的不安全行为和物的不安全状态，从而降低事故发生的概率，实现安全生产的目的。

预防原理在双重预防机制中的应用主要体现在两个方面：一是安全风险分级管控，即从源头上系统辨识风险，并按等级进行分级管控，努力将风险控制在可接受范围内；二是隐患排查治理，即认真排查风险管控过程中出现的缺失、漏洞和风险控制失效环节，及时消除隐患，防止事故发生。

预防原理的运用要求企业具备超前防范的意识，将安全管理关口前移，从被动应对事故转变为主动预防和控制风险。这一原理的实施不仅有助于降低事故发生的概率，还能在事故发生后最大限度减少损失和危害，保障人民生命财产安全，促进社会稳定和经济发展。因此，预防原理是双重预防机制建设不可或缺的理论支撑。

三、事故隐患排查治理机制主要内容

事故隐患排查治理机制包括排查、消除（治理）隐患。

事故隐患排查治理内容如下：

（1）建立健全事故隐患排查治理制度。主要包括事故隐患排查治理管理办法、全员安全生产记分管理办法、事故隐患报告和奖励制度、停工停产管理办法、事故隐患治理投入和费用管理办法等。

（2）建立事故隐患排查标准和清单。建立事故隐患风险分级标准，可制定常见违章行为风险分级标准和常见物态隐患风险分级标准。建立事故隐患排查清单，包括管理隐患和现场设备隐患、操作隐患。编制常见检查表（如岗位检查表、专业检查表、综合检查表）和 HSE 审核清单。

（3）明确事故隐患排查治理管理职责。

（4）事故隐患排查方法。

（5）事故隐患排查方式和频次。

（6）事故隐患评估、治理和销项。包括评估、分级治理、事故隐患整改督办。

（7）事故隐患录入和统计上报。包括事故隐患录入、事故隐患统计分析、事故隐患上报、事故隐患信息管理系统。

（8）事故隐患排查治理责任追究。在排查、登记、评估、报告、监控、治理、销项全过程不到位，实行责任追究。

第三节　双重预防机制建设原则与流程

一、双重预防机制建设原则

企业应遵循"管行业必须管安全、管业务必须管安全、管生产经营必须管安全"的原则，按照"风险优先、系统管控、全员参与、持续改进"方式，对安全风险分级防控和隐患排查治理工作进行策划、组织，并将其作为日常工作内容定期开展，同时确定机构人员职责和工作任务等。

（一）坚持风险优先原则

以风险管控为主线，把全面辨识评估风险和严格管控风险作为安全生产的第一道防线，切实解决"认不清、想不到"的突出问题。

（二）坚持系统管控原则

从人、机、料、法、环五个方面，从风险管控和隐患治理两道防线，从企业生产经营全流程、生命周期全过程开展工作，努力把风险管控挺在隐患之前、把隐患排查治理挺在事故之前。

（三）坚持全员参与原则

将双重预防机制建设各项工作责任分解落实到企业的各层级领导、各业务部门和每个具体工作岗位，确保责任明确。

（四）坚持持续改进原则

持续进行风险分级管控与更新完善，持续开展隐患排查治理，实现双重预防机制不断深入、深化，促使机制建设水平不断提升。

二、双重预防机制建设流程

安全风险分级防控和事故隐患排查治理双重预防机制建设是安全生产工作中的一项基础性工作，是新时期安全生产领域的一大创举。具体流程包括十个重点环节，如图1-1所示。

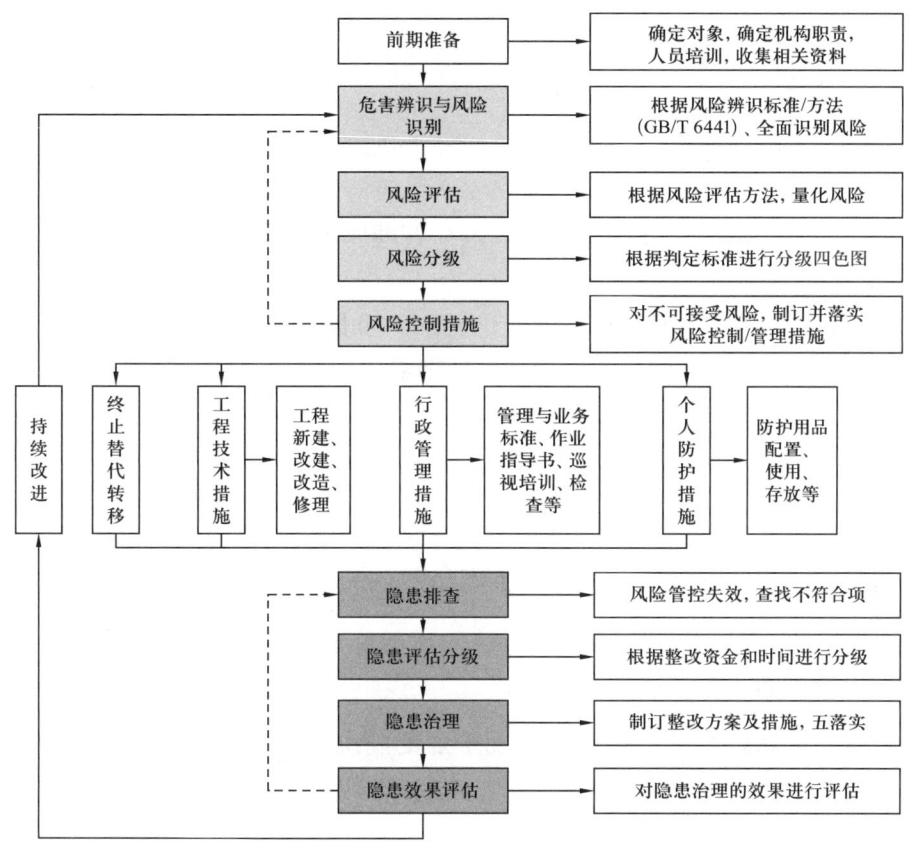

图 1-1 双重预防机制建设流程图

（一）前期准备

确定防控对象，即确定开展双重预防机制建设的专业或某项作业，开展培训安全风险分级防控及隐患排查治理相关人员，将专业技术人员、分管安全领导、主管领导纳入其中，安全管理部门准备培训课件，企业相关部门准备辨识评估基础资料（规章制度清单、操作规程、作业指导书等）。

（二）危害辨识与风险识别

根据《生产过程危险和有害因素分类与代码》（GB/T 13861）和《企业职工伤亡事故分类》（GB/T 6441），采用安全检查表分析（SCL）、作业危害分析法（JHA）、危险与可操作性分析法（HAZOP）、类比法、事故树分析法等方法，对生产系统、工艺、装置设施、作业环境、作业活动等进行危险有害因素分析和风险辨识。

（三）风险评估

对不同类别的安全风险，采用相应的风险评估方法（如LEC法、风险矩阵法、头脑风暴法等）确定安全风险大小。突出遏制重特大事故，高度关注暴露人群，聚焦重大危险源、劳动密集型场所、高危作业工序和受影响的人群规模。

（四）风险分级

将安全风险从高到低划分为重大风险、较大风险、一般风险和低风险四个等级，分别用红、橙、黄、蓝四种颜色标示。建立安全风险清单，绘制"红橙黄蓝"四色安全风险空间分布图，结合基层建设"三标一规范"管理要求，在作业现场"一图一单"上进行标识公示。

三标一规范：是指标准化现场、标准化操作、标准化管理和规范化风险管理。

一图一单：是指作业现场提示图和现场管理清单。

（五）风险防控

针对不同的安全风险特点，通过隔离危险源、采取技术手段、实施个体防护、设置监控设施等措施降低和监测风险。对安全风险分级、分层、分类、分专业进行管理，强化对重大危险源和存在重大安全风险的生产经营系统、生产区域、岗位的重点防控，实施安全风险公告警示。

（六）隐患排查

及时排查风险防控措施失效或弱化而形成的隐患，制订符合实际的隐患排查清单，明确和细化隐患排查的事项、内容和频次，推动全员参与自主排查隐患，强化对存在重大风险的场所、环节、部位的隐患排查。

（七）隐患评估分级

从整改的难易程度和可能造成的后果严重性两个方面分为一般事故隐患和重大事故隐患。对于一般隐患，定期、定人进行整改治理；对于重大事故隐患，应当向负有安全生产监督管理职责的部门报告。

（八）隐患治理

制订并实施隐患治理方案，做到责任、措施、资金、时限和预案"五落实"。事故隐患整治过程中无法保证安全的，应停产停业或停止使用相关设施设备，及时撤出相关作业人员。

（九）治理效果评估

组织技术人员和专家对事故隐患的治理情况进行评估，监督检查安全治理资金的使用情况，对治理不达标的项目进行整改。

（十）持续改进

对风险分级防控与隐患排查治理工作程序进行回顾、检查或分析，及时完善辨识、分级、评估、控制、治理等步骤，形成一套科学有效的闭环体系。

三、事故隐患排查治理程序

事故隐患排查治理程序见图 1-2。

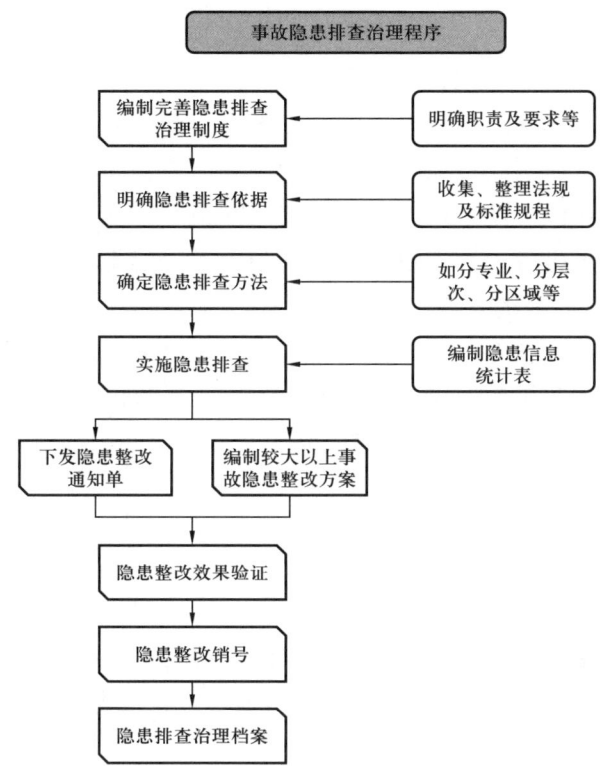

图 1-2 事故隐患排查治理程序

第四节 事故隐患的表现形式

事故隐患在不同的载体上体现出不同的表现形式,包括四个方面:人的不安全行为、物的不安全状态、环境的不安全条件和管理缺陷。

人的不安全行为是事故隐患的重要表现形式之一。在生产活动中,人的行为直接影响着安全状况。例如,忽视安全规章制度,违规操作设备;缺乏必要的安全知识和技能,导致在工作中出现误操作;安全意识淡薄,对潜在的危险视而不见,如不佩戴个人防护用品等;工作态度不认真,粗心大意,如在操作过程中注意力不集中等。这些人的不安全行为都为事故的发生埋下了隐患。

物的不安全状态也是事故隐患的常见表现。包括设备、设施、工具等方面的问题。例如,设备老化、损坏,未能及时进行维修和更换;设备的设计存在缺陷,不符合安全要求;防护装置失效或缺失,无法对人员和设备提供有效的保护;工具的质量不合格,容易在使用过程中发生故障等。物的不安全状态增加了事故发生的风险。

环境的不安全条件是事故隐患的另一个重要方面。环境因素对安全生产有着重要的影响。例如，工作场所的照明不足，影响操作人员的视线；通风不良，导致有害气体积聚，危害人员健康；作业场地狭窄，人员和设备之间的空间不足，容易引发碰撞事故；温度、湿度等环境条件不适宜，影响人员的工作效率和设备的正常运行等。不良的环境条件为事故的发生创造了有利条件。

管理缺陷是导致事故隐患的深层次原因。管理不善会使得安全生产工作无法得到有效落实。例如，安全管理制度不完善，存在漏洞和空白；安全责任不明确，导致工作推诿扯皮；安全培训不到位，员工缺乏必要的安全知识和技能；安全监督检查不力，无法及时发现和消除事故隐患等。管理缺陷是事故隐患滋生的土壤，如果不能得到及时有效的解决，将会严重影响企业的安全生产。

结合《生产过程危险和有害因素分类与代码》（GB/T 13861），可以更加系统地对事故隐患的表现形式进行分析和识别。通过对人的因素、物的因素、环境因素和管理因素的全面考量，采取针对性的措施，消除事故隐患，确保生产过程的安全可靠。

一、人的因素

（一）心理、生理性危险和有害因素

心理、生理性危险和有害因素体现在以下几个方面：

（1）负荷超限。包括体力负荷超限、听力负荷超限、视力负荷超限及其他负荷超限。

（2）健康状况异常。

（3）从事禁忌作业。

（4）心理异常。包括情绪异常、冒险心理、过度紧张、其他心理异常。

（5）辨识功能缺陷。包括感知延迟、辨识错误、其他辨识功能缺陷。

（6）其他心理、生理性危险和有害因素。

（二）行为性危险和有害因素

行为性危险和有害因素体现在以下几个方面：

（1）指挥错误。包括指挥失误、违章指挥、其他指挥错误。

（2）操作错误。包括误操作、违章作业、其他操作错误。

（3）监护失误。

（4）其他行为性危险和有害因素，包括脱岗等违反劳动纪律的行为。

二、物的因素

（一）物理性危险和有害因素

物理性危险和有害因素主要表现在：

（1）设备、设施、工具、附件缺陷。包括强度不够、刚度不够、稳定性差、密封不良、耐腐蚀性差、应力集中、外形缺陷、外露运动件、操纵器缺陷、设计缺陷、传感器缺陷及设备、设施、工具、附件其他缺陷。

（2）防护缺陷。包括无防护、防护装置及设施缺陷、防护不当、支撑（支护）不当、防护距离不够及其他防护缺陷。

（3）电危害。包括带电部位裸露、漏电、静电和杂散电流、电火花、电弧、短路及其他电危害。

（4）噪声。包括机械性噪声、电磁性噪声、流体动力性噪声、其他噪声。

（5）振动危害。包括机械性振动、电磁性振动、流体动力性振动、其他振动危害。

（6）电离辐射。

（7）非电离辐射。包括紫外辐射、激光辐射、微波辐射、超高频辐射、高频电磁场、工频电场、其他非电离辐射。

（8）运动物危害。包括抛射物、飞溅物、坠落物、反弹物、土（岩）滑动、料堆（垛）滑动、气流卷动、撞击、其他运动物危害。

（9）明火。

（10）高温物质。包括高温气体、高温液体、高温固体、其他高温物质。

（11）低温物质。包括低温气体、低温液体、低温固体、其他低温物质。

（12）信号缺陷。包括无信号设施、信号选用不当、信号位置不当、信号不清、信号显示不准、其他信号缺陷。

（13）标志标识缺陷。包括无标志标识、标志标识不清晰、标志标识不规范、标志标识选用不当、标志标识位置缺陷、标志标识设置顺序不规范、其他标志标识缺陷。

（14）有害光照。包括直射光、反射光、眩光、频闪效应等。

（15）信息系统缺陷。包括数据传输缺陷、自供电装置电池寿命过短、防爆等级缺陷、等级保护缺陷、通信中断或延迟、数据采集缺陷、网络环境保护过低等。

（16）其他物理性危险和有害因素。

（二）化学性危险和有害因素

（1）理化危害。包括爆炸物、易燃气体、易燃气溶胶、氧化性气体、压力下气体、易燃液体、易燃固体、自反应物质或混合物、自燃液体、自燃固体、自热物质和混合物、遇水放出易燃气体的物质或混合物、氧化性液体、氧化性固体、有机过氧化物、金属腐蚀物。

（2）健康危害。包括急性毒性、皮肤腐蚀/刺激、严重眼损伤/眼刺激、呼吸或皮肤过敏、生殖细胞致突变性、致癌性、生殖毒性、特异性靶器官系统毒性——一次接触、特异性靶器官系统毒性—反复接触、吸入危险。

（3）其他化学性危险和有害因素。

（三）生物性危险和有害因素

（1）致病微生物。包括细菌、病毒、真菌、其他致病微生物。

（2）传染病媒介物。

（3）致害动物。

（4）致害植物。

（5）其他生物性危险和有害因素。

三、环境因素

环境因素包括室内、室外、地上、地下（如隧道、矿井）、水上、水下等作业（施工）环境。

（一）室内作业场所环境不良

（1）室内地面滑。包括室内地面、通道、楼梯被任何液体、熔融物质润湿，结冰或有其他易滑物等。

（2）室内作业场所狭窄。

（3）室内作业场所杂乱。

（4）室内地面不平。

（5）室内梯架缺陷。包括楼梯、阶梯、电动梯和活动梯架，以及这些设施的扶手、扶栏和护栏、护网等。

（6）地面、墙和天花板上的开口缺陷。

（7）房屋基础下沉。

（8）室内安全通道缺陷。

（9）房屋安全出口缺陷。

（10）采光照明不良。

（11）作业场所空气不良。

（12）室内温度、湿度、气压不适。

（13）室内给、排水不良。

（14）室内涌水。

（15）其他室内作业场所环境不良。

（二）室外作业场地环境不良

（1）恶劣气候与环境。包括风、极端的温度、雷电、大雾、冰雹、暴雨雪、洪水、浪涌、泥石流、地震、海啸等。

（2）作业场地和交通设施湿滑。包括铺设好的地面区域、阶梯、通道、道路等被任何液体、熔融物质润湿，冰雪覆盖或有其他易滑物等。

（3）作业场地狭窄。
（4）作业场地杂乱。
（5）作业场地不平。
（6）交通环境不良。
（7）脚手架、阶梯和活动梯架缺陷。
（8）地面及地面开口缺陷。
（9）建（构）筑物和其他结构缺陷。
（10）门和周界设施缺陷。
（11）作业场地地基下沉。
（12）作业场地安全通道缺陷。
（13）作业场地安全出口缺陷。
（14）作业场地光照不良。
（15）作业场地空气不良。
（16）作业场地温度、湿度、气压不适。
（17）作业场地涌水。
（18）排水系统故障。
（19）其他室外作业场地环境不良。

（三）其他作业环境不良

（1）强迫体位。指生产设备、设施的设计或作业位置不符合人类工效学要求而易引起作业人员疲劳、劳损或事故的一种作业姿势。

（2）综合性作业环境不良。显示有两种以上作业环境致害因素且不能分清主次的情况。

（3）以上未包括的其他作业环境不良。

四、管理因素

管理因素主要指机构和人员、制度及制度落实情况。

（1）职业安全卫生管理机构设置和人员配备不健全。

（2）职业安全卫生责任制不完善或未落实。

（3）职业安全卫生管理制度不完善或未落实。包括建设项目"三同时"制度、安全风险分级管控、事故隐患排查治理、培训教育制度、操作规程、职业卫生管理制度、其他职业安全卫生管理规章制度不健全。

（4）职业安全卫生投入不足。

（5）应急管理缺陷。包括应急资源调查不充分、应急能力、风险评估不全面、事故应急预案缺陷、应急预案培训不到位、应急预案演练不规范、应急演练评估不到位、其他应急管理缺陷。

（6）其他管理因素缺陷。

第五节　事故隐患排查治理方法

一、事故隐患排查治理的目标与原则

（一）事故隐患排查治理的目标

1. 消除安全隐患

消除安全隐患是事故隐患排查治理的首要目标。通过系统性的排查工作，及时发现并彻底根除潜在的危险源，确保生产、生活环境的本质安全。这一目标旨在预防事故的发生，保护人员生命财产安全，维护社会稳定和谐。消除安全隐患不仅要求迅速响应、高效治理，更需建立健全长效机制，从源头上减少隐患产生，将安全隐患降至最低，构建零事故的安全环境，实现安全管理的持续改进与优化，为企业的可持续发展奠定坚实基础。

2. 预防事故发生

预防事故发生是事故隐患排查治理的核心目标。通过系统性的隐患排查，及时发现并消除潜在的危险源，从而截断事故发生的链条。这一目标强调前置管理，即在事故发生前采取积极有效的措施，降低事故发生的概率。预防工作需注重科学性和实效性，既要依据科学理论和方法进行风险评估，又要结合实际情况制订切实可行的预防措施。

3. 保障人员生命安全与健康

人员安全与健康是企业稳定运营的基础，任何事故的发生都可能对员工的生命健康构成严重威胁。因此，通过全面排查治理事故隐患，营造一个安全、健康的工作环境，确保员工免受意外伤害。这要求企业不仅要在技术和设备上投入，更要加强员工安全教育和培训，提升其自我保护意识和应急处理能力。同时，建立健全的安全管理体系，确保隐患得到及时发现和有效治理，从而全方位保障人员安全。

4. 推动持续改进与创新

隐患排查不仅仅是对现有问题的识别和解决，更是一个促进企业安全管理持续改进和创新的过程。在排查过程中，企业可以深入了解生产流程、设备状态、人员行为等方面的薄弱环节，通过分析隐患产生的原因，采取针对性的预防措施，不断优化作业流程，提升设备的安全性能，增强员工的安全意识和操作技能。此外，隐患排查还能激发企业对新技术、新工艺的探索和应用，推动安全管理手段的创新，构建更加智能化、高效化的安全管理体系，为企业的长远发展奠定坚实基础。

5. 实现可持续发展

隐患排查作为安全管理的重要组成部分，对于企业的长期稳定发展具有深远影响。通过持续不断地识别和消除安全隐患，企业能够避免因事故导致的资源浪费、环境破坏和社会冲突，促进资源节约和环境保护，实现经济效益、社会效益和环境效益的协调统一。

（二）事故隐患排查治理的原则

事故隐患排查治理遵循以下原则：
（1）环保优先、安全第一、综合治理。
（2）直线责任、属地管理、全员参与。
（3）全面排查、有效监控、分级负责。

（三）隐患排查治理五定原则

（1）明确责任。明确相关部门和人员在隐患排查中的责任和义务，包括责任人、责任部门、责任岗位等，确保每个人都清楚自己在隐患排查中的责任和义务。

（2）明确标准。明确隐患排查的标准和要求，包括隐患的判定标准、排查的程序和方法、排查的内容等，确保排查工作符合规范和标准。

（3）明确措施。明确隐患排查后需要采取的措施和整改措施，包括整改措施的具体内容、责任人、整改时限等，确保及时有效地进行隐患整改。

（4）明确时限。明确隐患排查和整改工作的时限和期限，包括排查的时间节点、整改的时限要求等，确保工作能够按时完成。

（5）明确效果。明确隐患排查和整改工作的效果评估标准和方法，包括对整改效果的评估和验收标准，确保整改措施的实施和效果。

二、"3×4"隐患排查治理机制

企业是事故隐患排查治理的主体，建立事故隐患排查治理机制，全员、全面、全方位、全过程开展隐患排查治理工作。

"3×4"隐患排查治理机制包括"4334"隐患排查治理制度标准体系、"4321"隐患全覆盖排查模式、"4414"多维度系统治理方式三个方面，如图1-3所示。

（一）"4334"隐患排查治理制度标准体系

即落实四项管理制度，健全三个技术标准，优化三种程序规程、完善四类新检查表。

（1）落实四项管理制度。落实安全环保事故隐患排查治理管理办法、施工现场停工停产管理办法、全员安全生产记分管理办法、事故隐患报告特别奖励办法等四项制度。

（2）健全三个技术标准。发布常见违章行为风险分级标准、危害因素和一般隐患分级标准、较大安全环保事故隐患判定标准等三个企业标准，作为安全监管队伍现场检查

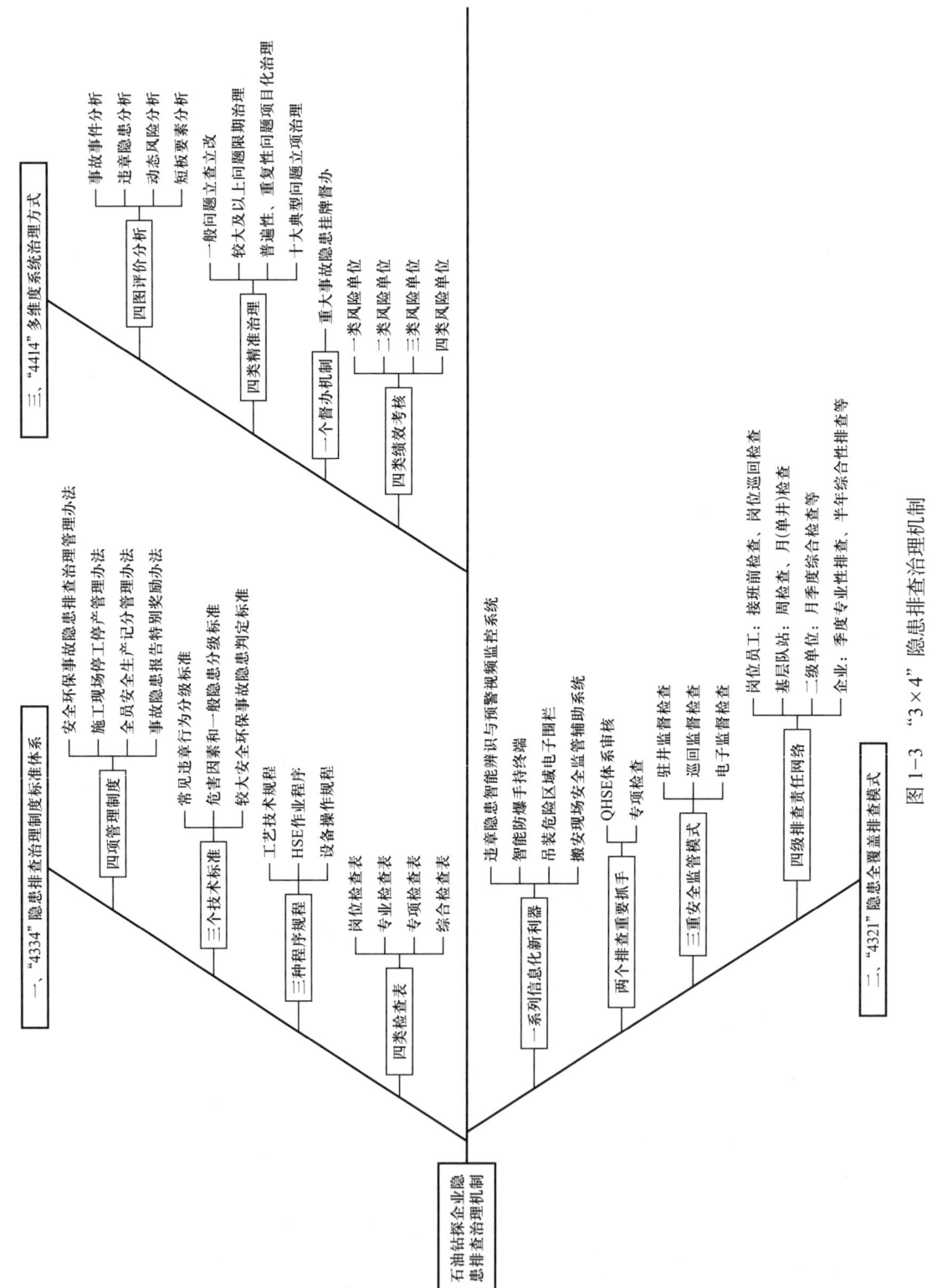

图1-3 "3×4"隐患全覆盖排查模式

的依据，也是基层员工、管理者改进本岗位工作、自查自纠的依据。

（3）优化三种程序规程。全面梳理生产作业活动全流程，创立工艺技术规程、HSE标准化作业程序、设备操作规程模板，形成标准化、流程化、视频化新规程。保证现场所有作业、关键作业流程规范、组织程序正确、合理规避误操作，为消除作业中的隐患、改进优化作业方式奠定坚实的基础。

（4）完善四类新型 HSE 检查表。以岗位检查为基础，编制管理、技术、操作、监督等四类人员岗位 HSE 检查表；以专业检查为单元，编制钻井、修井、井下等专业 HSE 检查表；以专项检查为节点，编制冬防保温、防洪防汛、设备启动前 HSE 检查表、井控、用电、消防、吊装等专项检查表；以综合检查为关口，编制 QHSE 管理体系量化审核表、"三标一规范"验收、开工验收等综合 HSE 检查表。检查表覆盖企业所有单位作业现场及全产业链环节，解决传统检查表存在的描述不清晰、标准未量化、方法不明确、关键设备设施和要害部位不突出、新员工掌握难度大等缺陷。

（二）"4321"隐患全覆盖排查模式

即织密四级排查责任网络，构建三重安全监管模式，统筹体系审核和专项检查两个重要抓手，用好一系列信息化新利器。

（1）织密四级排查责任网络。岗位员工、基层队站、二级单位、企业分级落实四级责任，岗位员工每班进行接班前检查、岗位巡回检查，基层队站组织周检查、月（单井）检查，二级单位组织月季度综合检查，企业每季度专业性排查、每半年综合性排查，业务管理部门实施"四不两直"现场驻井调研检查、每日 EISC 视频抽查。

（2）构建三重安全监管模式。钻井作业现场实行"驻井监督、巡回监督"与"电子监督"相互补充的监管模式，其中"电子监督"由现场防爆手持终端、工作记录仪、远程视频监控室等硬件设施，固定摄像头、移动工作记录仪、隐患违章人工智能辨识等软件系统组成。建立企业安全视频监控制度、值班倒班制度。应用隐患违章人工智能辨识系统，建立"辨识—预警—整改—验证"智能监督管理流程，实现现场监督工作信息化。

（3）统筹两个排查重要抓手。每年组织两次 QHSE 体系审核，由企业领导带队，二级单位安全副总监或安全专家任技术组长，实施同专业交叉审核＋驻点审核。每年组织冬季、春节前后及全国"两会"特殊敏感时段专项督查。

（4）用好一系列信息化新利器。钻井队配备智能防爆手持终端，开发应用岗位智能巡检 APP，规范岗位巡检路线和清单式巡检内容，推送巡检任务，利用 RFID 对关键设备巡检打卡，实时采集现场图片，自动生成巡检结果并一键上传。数字化钻井队应用钻井作业违章隐患智能辨识与预警视频监控系统，对典型物态隐患、违章行为 24h 全过程、全方位、全天候智能辨识及预警报警。基于多源数据融合，建立搬安现场吊装作业典型违章隐患智能识别与预警算法模型，研发吊装危险区域电子围栏和搬安现场安全监管辅助系统，助力安全监管由被动响应向主动防御转变。

(三)"4414"多维度系统治理方式

即在一体化平台创建运用四图评价分析，系统实施四类精准治理，挂牌督办安全技改项目，量化实施四类绩效考核。采用数字化技术对海量安全监督、基层员工、各级管理人员排查的隐患数据，进行深度统计分析，明确各部门系统整改责任，分门别类采取针对性管理、技术措施改进提升，整体实现隐患排查治理的"PDCA"循环。

（1）运用四图评价方法，借助信息系统进行分析。在一体化平台开发QHSE信息系统，运用工程思维和数学方法开展事故事件、违章隐患、动态风险、短板要素"四图评价分析"。

（2）对四类问题精准整治。对一般问题立查立改，较大及以上问题限期治理，对普遍性、重复性、严重性等顽固问题实行项目化治理，"十大典型问题"立项治理。

（3）挂牌督办安全技改项目。按照"轻、重、缓、急"原则，实行"立项、实施、验收"闭环管理，责任部门和单位落实专人每周跟踪安全技术措施计划项目进展，每年定期开展治理效果后评估和安全环保专项审计。

（4）分类实施隐患量化考核。制订QHSE业绩季度考核细则，按照四类风险单位，下达不同的领导班子、人均查患纠违量化考核指标、隐患治理指标严格考核、绩效兑现。

三、事故隐患排查

隐患排查是指生产经营单位组织安全生产管理人员、工程技术人员和其他相关人员对本单位的事故隐患进行排查，并对排查出的事故隐患，按照事故隐患的等级进行登记，建立事故隐患信息档案。事故隐患排查应分层级、分类型，做到全天候和全方位覆盖。

（一）隐患排查的类型

企业安全环保事故隐患排查工作应当与日常管理、专项检查、监督检查、HSE体系审核等工作相结合，隐患排查的类型主要包括：

（1）日常隐患排查（检查）。
（2）综合性隐患排查。
（3）专业性隐患排查。
（4）季节性隐患排查。
（5）重点时段及节假日前隐患排查。
（6）事故类比隐患排查。
（7）复产复工前隐患排查。
（8）外聘专家诊断式隐患排查。
（9）企业各级负责人履职隐患检查。
（10）其他类型。

日常（岗位）检查主要消除动态的事故隐患。岗位操作员工及时发现和消除能力范围内的事故隐患，不能消除的及时向现场管理人员或单位的负责人报告，由现场管理人员和单位负责人组织整改。如岗位交接班检查、大班岗位巡检等。钻井作业现场每个岗位在作业前、中和后进行安全检查，对作业的全过程进行安全管控。

专项安全检查主要消除在管理活动中已经发现的薄弱环节或专业性较强的项目、设备存在的事故隐患。进行有目的、有组织、有计划的安全检查。如井控安全专项检查、电气设备专项检查，消防专项检查、危化品专项检查，特种设备专项检查、季节性安全专项检查等。

综合检查主要检查公司各项安全管理制度、措施是否得到有效执行，事故隐患是否消除或得到有效控制，管理措施是否足够，查找管理短板，通过综合分析评估，制订方案修正公司QHSE管理体系运行偏差，使之持续具有符合性、充分性和有效性。

（二）隐患排查的频次

（1）现场操作人员应当按照规定的时间间隔和巡回检查路线进行巡检，包括交接班检查、岗位巡回检查等，及时发现并报告事故隐患。

（2）基层队站（车间）值班干部、大班人员应每天对作业现场进行专业性安全环保事故隐患排查。

（3）安全监督按照监督职责要求进行查患纠违。

（4）基层队站每周组织一次综合性事故隐患排查。

（5）企业下属单位的项目部、专业公司每月开展一次事故隐患抽查，重点抽查重大施工项目、要害部位、危险作业、特种设备及易燃易爆、危险物品的储存、运输和使用等。同时应根据季节性特征及本单位的生产实际，每季度开展一次季节性、综合性的事故隐患排查。

（6）企业下属单位应当根据季节性特征及本单位的生产实际，至少每季度开展一次事故隐患排查，重大活动及节假日前应当进行一次事故隐患排查。

（7）企业至少每半年组织一次综合性事故隐患排查，重大活动及节假日前应当进行一次事故隐患排查。

当出现以下情形时，企业应当及时组织安全环保事故隐患排查：

（1）颁布实施有关新的法律法规、标准规范或原有适用法律法规、标准规范重新修订的。

（2）组织机构和人员发生重大调整的。

（3）区域位置、物料介质、工艺技术、设备、电气、仪表、公用工程或操作参数等发生重大改变的。

（4）国家、地方政府有明确要求或外部环境发生重大变化的。

（5）发生安全环保事故或获知同类企业发生安全环保事故的。

（6）气候条件发生重大变化或预报可能发生重大自然灾害。

第一章 概述

对于因自然灾害可能导致事故灾难的隐患，应立即进行隐患排查，采取可靠的预防措施，制订应急预案。

（三）隐患排查要求

（1）企业层面：应当确定隐患排查治理工作的归口管理部门，负责制修订企业安全环保事故隐患排查治理制度；组织安全环保事故隐患排查；监督、检查和指导各单位安全环保事故隐患排查治理工作；负责对安全环保重大事故隐患治理项目挂牌督办。其他部门按照HSE职责要求，对分管工作内的隐患进行排查和治理。

（2）二级单位层面：各单位主要负责人是本单位隐患排查治理工作的第一责任人，对本单位隐患排查治理工作全面负责。各单位是隐患排查、治理和防控的责任主体单位，主要履行建立完善事故隐患管理规章制度和事故隐患分级排查治理责任制；按规定上报并向员工通报、负责权限范围内事故隐患治理、竣工验收和后评价工作等职责。

（3）基层队站层面：依照安全生产标准化建设要求，各级安全监管人员分业务、分岗位建立"日、周、月"HSE管理流程，对照岗位安全环保职责，细化队站、岗位隐患排查治理工作清单，有序组织开展事故隐患排查、治理、统计、分析等工作。

（4）岗位层面：按照属地管理责任，不断完善并熟悉掌握岗位安全生产责任清单，逐条依照安全生产职责相对应的工作任务和工作标准，认真落实岗位职责范围内的隐患排查和治理工作。

日常管理中，各层级人员按照隐患排查治理制度，实施隐患排查治理。针对排查出的重大安全环保事故隐患治理项目应制订治理方案，做到整改措施、责任、资金、时限和预案"五到位"。

（四）隐患排查的方法

事故隐患排查的方法很多，每一种方法在危害分析过程中都有其各自特点和应用的范围，通常使用一种方法，还不足以全面地辨别单位存在的全部隐患，所以在实际工作中往往是几种具体的方法结合起来应用。本节介绍三种在HSE管理体系工作中常用的隐患排查方法。

1. 安全检查表法（SCA）

是依据相关的标准、规范，对工程、系统中已知的危险类别、涉及缺陷及与一般工艺设备、操作、管理有关的潜在危险性和有害性进行判别检查。为了避免检查项目遗漏，事先把检查对象分割成若干系统，以提问或打分的形式，将检查项目列表，即称之为安全检查表。它是系统安全工程的一种最基础、最简便、广泛应用的系统危险性评价方法。

1）编制依据

（1）国家、地方的相关安全法规、规定、规程、规范和标准，行业、企业的规章制度、标准及企业安全生产操作规程。

（2）国内外行业、企业事故统计案例，经验教训。

（3）行业级企业安全生产的经验，也可以是本单位安全生产实践经验，引发事故的各种潜在不安全因素及成功杜绝或减少事故发生的成功经验。

（4）系统安全分析的结果，即是为防止重大事故的发生而采用事故树分析方法，对系统进行分析得出可能引发事故的不安全因素的基本事件，作为防止事故控制点源列入检查表。

2）编制步骤

要编制一个符合客观实际、能全面识别、分析系统危险性的安全检查表，首先要建立一个编制小组，其成员应包括熟悉系统各个方面的专业人员，其主要步骤有：

（1）熟悉系统：包括系统的结构、功能、工艺流程、主要设备、操作条件、布置和已有的安全消防设施。

（2）搜集资料：搜集有关的安全法规、标准、制度及本系统过去发生过事故的资料，作为编制安全检查表的重要依据。

（3）划分单元：按功能或结构将系统划分成若干个子系统或单元，逐个分析潜在的危险因素。

（4）编制检查表：针对危险因素，依据有关法规、标准规定，参考过去事故的教训和本单位的经验确定安全检查表的检查要点、内容和为达到安全指标应在设计中采取的措施，然后按照一定的要求编制检查表。

3）编制注意事项

编制安全检查表力求系统完整，不漏掉任何能引发事故的危险关键因素，因此，编制安全检查表应注意以下问题：

（1）检查表内容要重点突出，简繁适当，有启发性。

（2）各类检查表的项目、内容，应针对不同被检查对象有所侧重，分清各自职责内容，尽量避免重复。

（3）检查表的每项内容要定义明确，便于操作。

（4）检查表的项目、内容能随工艺的改造、设备的更新、环境的变化和产生异常情况的出现而不断修订、变更和完善。

（5）凡能导致事故的一切不安全因素都应列出，以确保各种不安全因素能被及时发现并及时消除。

2. 工作安全分析（JSA）

工作安全分析是事先或定期对某项工作任务进行风险评价，并根据评价结果制订和实施相应的控制措施，达到最大限度消除或控制风险的目的的方法。

基层负责人指定JSA小组组长，一般由室组主要负责人担任，组长选择熟悉工作安全分析方法的管理、技术、安全操作人员组成JSA小组，小组成员应了解工作任务及所在环境、设备和相关操作规程。JSA 小组审查工作计划安排，分解工作任务，搜集相关信息，实地考察工作现场，并核查以下及其他相关内容：本次工作任务的目的是什么？以前此项工作任务中出现过健康、安全与环境问题或事故吗？实施此项工作任务的关键环节是什么？工作中是否使用新设备？谁来完成此项任务？他们是否有足够的知识技能？这个工作任务什么时候开始？是否可以改在其他时间进行？这个工作任务的具体地点在哪里？是否可以转移到一个安全的地点完成？

JSA 小组识别该工作任务关键环节的危害及影响，并填写工作安全分析表，识别危害时应充分考虑人员、设备、材料、环境、方法五个方面和正常、异常、紧急三个状态，同时还应识别可能影响的人群，并应考虑工作场所内所有人员。对存在潜在危害的关键活动或重要步骤进行风险评价，根据判别标准确定初始风险的等级和风险是否可接受，针对识别出的每个风险制订控制措施，将风险降低到合理实际并尽可能低的范围，制订出所有风险的控制措施后予以实施。

3. 预先危险性分析（PHA）

预先危险性分析又称"初步危险分析"，主要用于对危险物质和装置的主要工艺区域等进行分析。常用于项目装置等在开发初级阶段分析物料、装置。工艺过程及能量失控时可能出现的危险性类别、条件及可能造成的后果，作宏观的概略分析，其目的是辨识系统中存在的潜在危险，防止这些危险发展成事故。

1）分析步骤

（1）通过经验判断、技术诊断或其他方法调查确定危害，对所需分析系统的生产目的、物料、反应及参数、装置及设备、工艺过程、主要设备、操作条件及周围环境等进行充分详细的调查了解。

（2）根据过去的经验教训及同类行业生产中发生的事故情况，对系统的影响、损坏程度，类比判断所要分析的系统中可能出现的情况，查找能够造成系统故障、物质损失和人员伤害的危险，分析事故的可能类型。

（3）对确定的危害分类，制成预先危险性分析表。

（4）识别转化条件，即研究危险性转变为危险状态的触发条件和危险状态转变为事故的必要条件，并进一步寻求对策措施，检验对策措施的有效性。

（5）制订事故的预防性对策措施。

2）注意事项

（1）应考虑工艺特点，列出其危险性和危险状态。

（2）原料、中间和最终产品，以及它们的反应活性、操作环境、装置设备、设备布置、操作活动、系统之间的连接、各单元之间的联系、防火及安全设备。

（3）分析组在完成分析过程中应考虑以下因素：

① 危险设备和物料，如燃烧、高反应活性物质、有毒物质、爆炸、高压系统、其他

储运系统。

② 设备与物料之间与安全有关的隔离装置，如物料的相互作用、火灾、爆炸的产生和发展、控制、停车装置。

③ 影响设备和物料的环境因素，如地震、振动、洪水、极端环境温度、静电、放电、湿度。

④ 操作、测试、维修及紧急处置规程，如人为失误的可能性、操作人员的作用、设备布置、可接近性、人员的安全保护。

⑤ 辅助设施，如储槽、测试设备、公用工程。

⑥ 与安全有关的设备，如调节系统、备用、灭火及人员保护设备。

⑦ 需要分析人员获得装置设计标准、设备说明、材料说明及其他材料。需要分析组收集装置或系统的有用资料，以及其他可靠的资料（如任何相同或相似的装置，或即使工艺过程不同但是用相同的设备和物料）。危险分析组应尽可能从不同渠道汲取相关经验，包括相似设备的危险性分析、相似设备的操作经验等。

四、事故隐患分析与评估分级

（一）事故隐患分析

企业应在隐患排查的基础上，分析安全风险管控措施存在的缺陷或缺失，分析结果应形成记录或报告。分析至少应关注以下内容：

（1）物的不安全状态。一般是指物态隐患，包括设备设施隐患、工器具缺陷等。

（2）人的不安全行为。一般指在生产活动中违章操作、违章指挥或违反劳动纪律的各种可能导致安全事故的行为。

（3）环境的不安全因素。这类因素包括作业场所的物理条件，如照明不足、作业空间过小、存在极端天气条件等，这些因素可能导致事故发生。

（4）管理上的缺陷。指的是管理体系中存在的不足，如缺乏必要的安全规章制度、安全措施不健全、安全培训不足等，这些缺陷可能间接或直接导致不安全行为的发生。

（二）事故隐患评估分级

企业及所属各单位应成立安全环保事故隐患评估领导小组，应根据国家、企业自身事故隐患判定标准，结合实际评估判断隐患大小，对排查出的安全环保事故隐患进行评估分级，确定隐患治理对应的管理层级。

石油钻井事故隐患按照危害大小和整改难度可分为四级：危害因素、一般隐患、较大隐患、重大隐患。

（三）重大事故隐患风险评估

重大事故隐患风险评估应形成报告，报告包括以下内容：

（1）事故隐患现状。

（2）事故隐患形成原因。

（3）事故发生概率、影响范围及严重程度。

（4）事故隐患风险等级。

（5）事故隐患治理难易程度分析。

（6）事故隐患治理方案。

五、事故隐患治理

对排查出的事故隐患，应当按照事故隐患的等级进行登记，建立事故隐患信息档案，按照分级治理、分类实施进行隐患治理。对不能立即治理的事故隐患，应从工程控制、安全管理、个体防护、应急处置及培训教育等方面采取有效的管控措施，落实监控责任，并告知岗位人员和相关人员在紧急情况下采取的应急措施。

（一）隐患治理措施

隐患治理及其方案的核心都是通过具体的治理措施来实现的，这些措施大体上分为工程技术措施和管理措施，再加上对重大隐患需要做的临时性防护和应急措施。

1. 治理措施的基本要求

（1）能消除或减弱生产过程中产生的危险、有害因素。

（2）处置危险和有害物，并降低到国家规定的限值内。

（3）预防生产装置失灵和操作失误产生的危险、有害因素。

（4）能有效地预防重大事故和职业危害的发生。

（5）发生意外事故时，能为遇险人员提供自救和互救条件。

隐患治理的方式方法是多种多样的，因为企业必须考虑成本投入，需要最小代价取得最适当（不一定是最好）的结果。有时候隐患治理很难彻底消除隐患，这就必须在遵守法律法规和标准规范的前提下，将其风险降低到企业可以接受的程度。可以这样说："最好"的方法不一定是最适当的，而最适当的方法一定是"最好"的。

例如，员工未正确佩戴安全帽是一个典型的低级别的隐患，其治理方式在企业中主要是排查（检查）人员对其批评，责令其马上纠正，通常是不需要制订治理方案的。但如果经过统计分析，发现这种现象普遍存在，成为一种习惯性和群体性违章，那么要将其隐患级别上升，并制订治理方案，采取多种措施和手段进行治理。

2. 工程技术措施

工程技术措施的实施等级顺序是直接安全技术措施、间接安全技术措施、指示性安全技术措施等；根据等级顺序的要求应遵循的具体原则应按消除、预防、减弱、隔离、联锁、警告的等级顺序选择安全技术措施；应具有针对性、可操作性和经济合理性并符合国家有关法规、标准和设计规范的规定。

根据安全技术措施等级顺序的要求，应遵循以下具体原则：

（1）消除：尽可能从根本上消除危险、有害因素；如优化作业方式，将高处作业转化为低位，消除高处作业风险，采用无害化工艺技术，生产中以无害物质代替有害物质、实现自动化作业、遥控技术等。

（2）预防：当消除危险、有害因素有困难时，可采取预防性技术措施，预防危险、危害的发生；如使用安全阀、安全屏护、漏电保护装置、安全电压、熔断器、防爆膜、事故排放装置等。

（3）减弱：在无法消除危险、有害因素和难以预防的情况下，可采取减少危险、危害的措施；如局部通风排毒装置、生产中以低毒性物质代替高毒性物质、降温措施、避雷装置、消除静电装置、减振装置、消声装置等。

（4）隔离：在无法消除、预防、减弱的情况下，应将人员与危险、有害因素隔开和将不能共存的物质分开；如遥控作业、安全罩、防护屏、隔离操作室、安全距离、事故发生时的自救装置（如防护服、各类防毒面具）等。

（5）联锁：当操作者失误或设备运行一旦达到危险状态时，应通过联锁装置终止危险、危害发生。

（6）警告：在易发生故障和危险性较大的地方，配置醒目的安全色、安全标志；必要时设置声、光或声光组合报警装置。

3. 安全管理措施

安全管理措施往往在隐患治理工作受到忽视，即使有也是老生常谈式的提高安全意识、加强培训教育和加强安全检查等几种。其实管理措施往往能系统性地解决很多普遍和长期存在的隐患，这就需要在实施隐患治理时，主动地和有意识地研究分析隐患产生原因中的管理因素，发现和掌握其管理规律，通过修订有关规章制度和操作规程并贯彻执行来从根本上解决问题。

（二）隐患治理方式

隐患治理主要包括以下方式：

（1）操作（或作业）岗位纠正。
（2）班组组织治理。
（3）车间（队站）组织治理。
（4）所属单位组织治理。
（5）企业组织治理。

（三）事故隐患治理流程

事故隐患治理流程主要包括以下步骤：

（1）通报隐患信息：隐患排查结束后，将隐患名称、存在位置、隐患等级、治理期限及治理措施要求等信息向员工进行通报。

（2）下发隐患整改通知：隐患排查组织部门应制发隐患整改通知书，应对隐患整改责任单位、措施建议、完成期限等提出要求。

（3）实施隐患治理：隐患存在单位在实施隐患治理前应对隐患存在的原因进行分析，并制订可靠的管控措施。

（4）隐患治理情况反馈。

（5）隐患治理验收：隐患整改通知制发部门应对隐患整改效果组织验收。

（四）事故隐患治理

1. 危害因素、一般隐患、较大隐患治理

由于其危害和整改难度较小，发现后应当由生产经营单位负责人或有关人员立即组织整改。一般情况下，岗位员工、安全监督排查出的由岗位人员进行整改，大班人员或班组长组织验收；基层队站（车间）排查出的由班组长组织整改，队站（车间）负责人组织验收；安全监督或专（兼）职安全员对整改情况进行验证。

2. 重大事故隐患治理

1）编制治理方案

重大事故隐患治理项目应制订治理方案，做到整改措施、责任、资金、时限和预案"五到位"。治理方案主要包括以下内容：

（1）事故隐患基本情况，包括事故隐患部位、现状和治理的必要性。

（2）治理的目标和主要内容。

（3）治理采取的方法和措施。

（4）经费和物资的落实。

（5）负责治理的单位和责任人。

（6）治理的时限和要求。

（7）安全控制措施和应急预案。

2）落实监控措施

对不能立即治理的事故隐患，应当制订和落实事故隐患监控措施，并告知岗位人员和相关人员在紧急情况下采取的应急措施。监控措施至少应包括以下内容：

（1）保证存在事故隐患的设备设施安全运转所需的条件。

（2）提出对生产装置、设备设施监测检查的要求。

（3）制订针对潜在危害及影响的防范控制措施。

（4）编制应急预案并定期进行演练。

（5）明确监控程序、责任分工和落实监控人员。

（6）设置明显标志，标明事故隐患风险等级、危险程度、治理责任、期限及应急措施。

对威胁生产安全、环境安全和人员生命安全，随时可能发生事故的重大安全环保事故隐患，所属企业应当立即停产、停业整改。

3）事故隐患报送

企业应依法按属地应急管理部门或相关部门要求，定期或实时报送隐患排查治理情况。重大事故隐患的报告至少应包括以下内容：

（1）现状及其产生原因。

（2）危害程度分析。

（3）治理方案及治理前保证安全的管控措施。

六、隐患治理验收

事故隐患排查治理实施闭环管理，因此事故隐患治理效果销项验收和效果评价是极其重要的一个环节，一般采用集中讨论、现场验收、资料验收等形式。

安全环保事故隐患治理项目验收时，验收人按验收标准对隐患整改情况进行验证，合格同意隐患销项，不合格要重新整改。

重大事故隐患治理项目完成后，项目审批部门应组织验收，并严格执行"五不验收"规定：

（1）项目变更不履行程序不验收。

（2）治理项目不符合安全环保与节能减排要求不验收。

（3）挪用事故隐患治理资金的项目不验收。

（4）违反事故隐患治理原则搭车和扩能的项目不验收。

（5）项目竣工不进行效果评价不验收。

七、事故隐患治理分析

运用工程思维和数学方法开展事故事件、违章隐患、动态风险、短板要素"四图评价分析"，从隐患类别、级别、专业、关键作业、人员岗位、单位属地、时间、体系要素、责任部门等九个维度对隐患进行系统分析，制订防控措施。

关注两个方面：一是同一类型的隐患是否存在反复发生的情况，要深入剖析原因，分析是否存在制度、机制缺陷及之前治理措施的有效性，以便持续改进；二是同一区域发现隐患的数量是否存在持续增长的情况，持续增长的区域要重点分析区域内相关管理人员安全责任落实情况或其他原因。

八、隐患排查信息化管理

为强化隐患排查治理建设工作，开发生产安全预警系统，设置数据录入、数据应用、预警等功能，充分利用信息科技的大数据分析优势，为隐患和违章的实时统计与分析提供了强有力的数据支持。生产安全预警系统如图1-4所示。

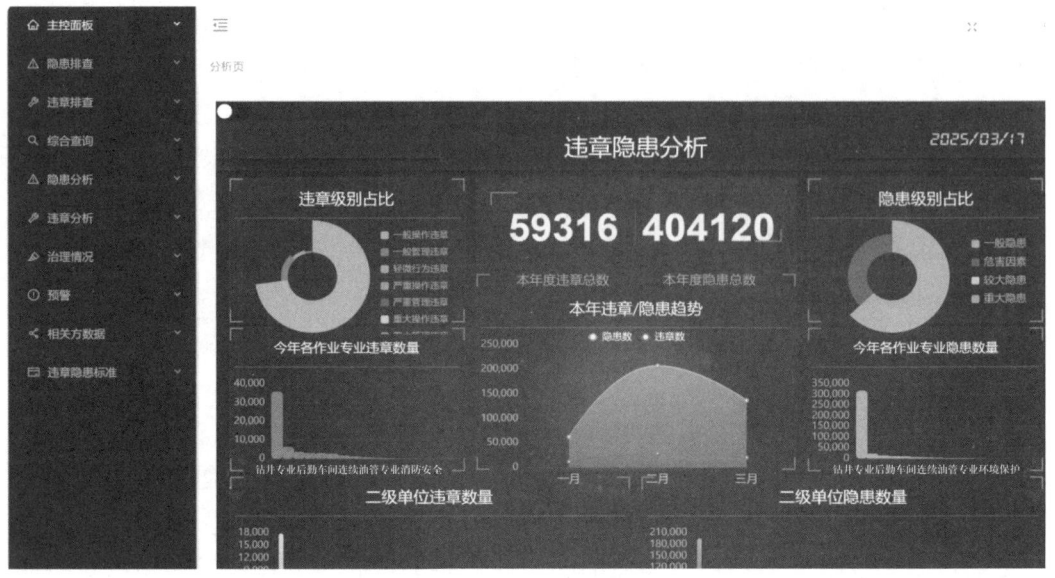

图 1-4　生产安全预警系统

（1）数据录入功能。该系统建立了事故事件、安全观察与沟通、各层级安全检查发现隐患等录入模块，从中国石油天然气集团有限公司（以下简称"集团公司"）的安全检查到车间队站的自检自查，将发现的所有隐患数据，分层级、分类别录入系统，实现隐患排查、登记、整改、验证的全过程记录和闭环管理。

（2）数据应用功能。系统同时建立了安全预警、数据应用、视频监控等数据监测和分析模块，通过饼状图、柱状图、折线图等方式对录入的数据进行分析，反向查找风险防控措施中存在的不足和缺失，逐步完善风险防控措施的管理，同时以分析结果作为各单位当前风险值的依据。

（3）预警功能。预警功能是生产安全预警系统的核心，将风险程度等级划分为四个等级，0~40分为四级风险（蓝色），40~70分为三级风险（黄色），70~90分为二级风险（橙色），大于90分为一级风险（红色），企业将所属各二级单位纳为一个管理单元，通过隐患数据分析赋予一个当前风险值，当风险值达到二级风险，系统将启动预警功能，警示和辅助各单位做好风险防控和隐患排查治理工作。

第六节　隐患排查治理标准

一、隐患排查治理标准概述

隐患自查自报是指生产经营单位按照本单位隐患排查制度组织相关人员排查本单位的事故隐患；对排查出的事故隐患进行登记，定期对事故隐患排查治理情况向相关部门上报。自查自报解决企业主体责任落实载体的问题，明确了企业"管什么、怎么管"和上级部门"查什么、怎么查",实现了隐患排查治理监管工作的全覆盖、全过程管理。

隐患排查治理标准是依据安全生产相关的法律、法规、规章、标准、规程和安全生产管理制度,结合生产经营单位的行业特点,摘录出违反上述法律、法规、规章、标准等条款的,且在生产经营活动中存在可能导致事故发生的物的危险状态、人的不安全行为和管理上的缺陷,通过隐患列举描述项实现对特定类型生产经营单位隐患的归纳。

作为隐患排查治理标准的核心内容,首先需要对隐患排查的主要内容进行合理划分,划分既是对分散于众多法律、法规、规章、标准、规程和安全生产管理制度中隐患描述项的归纳、提炼,又是隐患排查治理标准核心内容组织的关键。对隐患排查主要内容的划分,既方便于生产经营单位开展隐患自查自报工作,又有利于生产经营单位对隐患分布进行统计分析。

二、隐患排查主要内容划分的原则

隐患排查主要内容的划分是做好隐患排查、整改的基础工作,是编制隐患排查治理标准的核心。隐患排查主要内容的划分应遵循以下基本原则。

(一) 唯一性原则

即一种隐患的特征只能用一种分类来解释,而不能既属于这一类别,又属于那一类别,以至在不同的类别中重复出现。这是隐患排查主要内容划分最基本的原则,也是隐患排查主要内容划分必须遵循的原则。

(二) 通用性原则

即任何一种隐患都要有所归属,按其主要标志划归于相应的类型之中,分类的结果必须把全部安全生产事故隐患包括进去,没有遗漏。

(三) 稳定性原则

即隐患排查主要内容的划分应满足今后一段时期内安全生产监督管理的需要,不能因为安全生产监管方式的改变而改变。

(四) 可扩展性原则

在隐患排查主要内容划分类别的扩展上预留空间,保证划分体系有一定弹性,可在本划分体系上进行延拓细化。在保持划分体系的前提下,允许在最后一级划分下制订适用的划分细则。

三、隐患排查的主要内容

根据隐患排查主要内容的划分原则,结合隐患排查实际工作情况,从现场操作方面对隐患排查的主要内容进行划分,分为基础管理和现场管理两部分,这种划分方法比较适用于企业自查自报工作的开展,如基础管理类的隐患,企业自查时主要通过在安全管理部门查阅资料的方法获得,现场管理类隐患则需要企业对作业现场进行实地检查。同时为了兼顾隐患的统计分析工作,了解隐患的分布情况,以便更有针对性地开展安全生产管理工作,制订相应的对策措施,将基础管理和现场管理又细分为 24 小类,见表 1-1。

表 1-1 隐患排查主要内容划分表

隐患大类	隐患小类
基础管理	生产经营单位资质证照
	安全生产管理机构及人员
	安全生产责任制
	安全生产管理制度
	安全操作规程
	教育培训
	安全生产管理档案
	安全生产投入
	应急管理
	特种设备基础管理
	职业卫生基础管理
	相关方基础管理
	其他基础管理
现场管理	特种设备现场管理
	生产设备设施及工艺
	场所环境
	从业人员操作行为
	消防安全
	用电安全
	职业卫生现场安全
	有限空间现场安全
	辅助动力系统
	相关方现场管理
	其他现场管理

（一）基础管理类

基础管理类隐患主要是针对生产经营单位资质证照、安全生产管理机构及人员、安全生产责任制、安全生产管理制度、安全操作规程、教育培训、安全生产管理档案、安全生产投入、应急管理、特种设备基础管理、职业卫生基础管理、相关方基础管理、其他基础管理等方面存在的缺陷。

1. 生产经营单位资质证照类隐患

生产经营单位资质证照类隐患主要是指生产经营单位在安全生产许可证、消防验收报告、安全评价报告等方面存在的不符合法律法规的问题和缺陷。如生产许可证过期等。

2. 安全生产管理机构及人员类隐患

安全生产管理机构及人员类隐患主要是指生产经营单位未根据自身生产经营的特点，依据相关法律法规或标准要求，设置安全生产管理机构或配备专（兼）职安全生产管理人员。如危险物品的生产、经营、储存单位，未设置安全生产管理机构，且仅配备兼职安全生产管理人员。

3. 安全生产责任制类隐患

根据生产经营单位的规模，安全生产责任制涵盖单位主要负责人、安全生产负责人、安全生产管理人员、车间主任、班组长、岗位员工等层级的安全生产职责。其中，生产经营单位至少应包括单位主要负责人、安全生产管理人员和岗位员工三级人员的安全生产责任制。未建立安全生产责任制或责任制建立不完善的，属于此类隐患。

4. 安全生产管理制度类隐患

根据生产经营单位的特点，安全生产管理制度主要包括：安全生产教育和培训制度，安全生产检查制度，具有较大危险因素的生产经营场所、设备和设施的安全管理制度，危险作业管理制度，劳动防护用品配备和管理制度，安全生产奖励和惩罚制度，生产安全事故报告和处理制度，隐患排查制度，有限空间作业安全管理制度，其他保障安全生产和职业健康的规章制度。

生产经营单位缺少某类安全生产管理制度或是某类制度制定不完善时，则称其为安全生产管理制度类隐患。

5. 安全操作规程类隐患

生产经营单位缺少岗位操作规程或是岗位操作规程制定不完善的，则称其为安全操作规程类隐患。

6. 教育培训类隐患

生产经营单位教育培训包括对单位主要负责人、安全管理人员、从业人员及特殊作业人员的教育培训（如有限空间作业），生产经营单位应根据相关法律法规，满足培训时间、培训内容的要求进行。生产经营单位未开展安全生产教育培训或是在培训时间、培训内容不达标的，称其为教育培训类隐患。

7. 安全生产管理档案类隐患

安全生产记录档案主要包括：教育培训记录档案、安全检查记录档案、危险场所/设备设施安全管理记录档案、危险作业管理记录档案（如动火证审批）、劳动防护用品配备和管理记录档案、安全生产奖惩记录档案、安全生产会议记录档案、事故管理记录档案、检查及巡查记录、职业危害申报档案、职业危害因素检测与评价档案、工伤社会保险缴费记录、安全费用台账等。

生产经营单位未建立安全生产管理档案或档案建立不完善的，属于安全生产管理档案类隐患。

8. 安全生产投入类隐患

生产经营单位应结合本单位实际情况，建立安全生产资金保障制度，安全生产资金投入（或称安全费用），应当专项用于下列安全生产事项，主要包括：安全技术措施工程建设；安全设备、设施的更新和维护；安全生产宣传、教育和培训；劳动防护用品配备；其他保障安全生产的事项。生产经营单位在安全生产投入方面存在的问题和缺陷，称为安全生产投入类隐患。

9. 应急管理类隐患

应急管理包括应急机构和队伍、应急预案和演练、应急设施设备及物资、事故救援等方面的内容。应急机构和队伍方面的内容应包括：制订应急管理制度，按要求和标准建立应急救援队伍，未建立专职救援队伍的要与邻近相关专业专职应急救援队伍签订救援协议、建立救援协作关系，规范开展救援队伍训练和演练。应急预案和演练方面的内容应包括：按规定编制安全生产应急预案，重点作业岗位有应急处置方案或措施，并按规定报当地主管部门备案、通报相关应急协作单位，定期与不定期相结合组织开展应急演练，演练后进行评估总结，根据评估总结对应急预案等工作进行改进。应急设施装备及物资方面的内容应包括：按相关规定和要求建设应急设施、配备应急装备、储备应急物资，并进行经常性检查、维护保养，确保其完好可靠。事故救援方面的内容应包括：事故发生后，立即启动相应应急预案，积极开展救援工作；事故救援结束后进行分析总结，编制救援报告，并对应急工作进行改进。

生产经营单位在应急管理方面存在的问题和缺陷，称为应急管理类隐患。

10. 特种设备基础管理类隐患

特种设备属于专项管理，在安全生产事故隐患分类中，为了将专项加以区分，将专项分别分为基础管理和现场管理两部分。

凡涉及生产经营单位在特种设备相关管理方面不符合法律法规的内容，均归于特种设备基础管理类隐患。这类隐患主要包括：特种设备管理机构和人员、特种设备管理制度、特种设备事故应急救援、特种设备档案记录、特种设备的检验报告、特种设备保养记录、特种作业人员证件、特种作业人员培训等内容。

11. 职业卫生基础管理类隐患

与特种设备类似，职业卫生也属于专项管理。凡涉及生产经营单位在职业卫生相关管理方面不符合法律法规的内容，均归于职业卫生基础管理类隐患。这类隐患主要包括：职业危害申报、变更申报、职业病防治计划及实施方案、职业卫生管理制度或操作规程、危害因素检测报告、职业危害因素监测及评价、危害告知、设备／化学品材料中文说明书、职业健康监护档案、职业卫生档案、职业卫生机构及人员、职业卫生教育培训、职业卫生应急救援预案等内容。

12. 相关方基础管理类隐患

相关方是指本单位将生产经营项目、场所、设备发包或出租给的其他生产经营单位。生产经营单位涉及相关方方面的管理问题，属于相关方基础管理类隐患。

13. 其他基础管理类隐患

不属于上述 12 种隐患分类的安全生产基础管理类的不符合项，属于其他基础管理类隐患。

（二）现场管理类

现场管理类隐患主要是针对特种设备现场管理、生产设备设施及工艺、场所环境、从业人员操作行为、消防安全、用电安全、职业卫生现场安全、有限空间现场安全、辅助动力系统、相关方现场管理、其他现场管理等方面存在的缺陷。

1. 特种设备现场管理类隐患

特种设备包括：锅炉、压力容器（含气瓶）、压力管道、电梯、起重机械、客运索道、大型游乐设施和场（厂）内专用机动车辆，这类设备自身及其现场管理方面存在的缺陷，属于特种设备现场管理类隐患。

2. 生产设备设施及工艺类隐患

生产经营单位生产设备设施及工艺方面存在的缺陷，称为生产设备设施及工艺类隐患，该类隐患中包括重大危险源使用和管理存在的问题和缺陷。此处的生产设备设施不包括特种设备、电力设备设施、消防设备设施、应急救援设施装备及辅助动力系统涉及的设备设施。

3. 场所环境类隐患

生产经营单位场所环境类隐患主要包括：厂内环境、车间作业、仓库作业、危险化学品作业场所等方面存在的问题和缺陷。

4. 从业人员操作行为类隐患

从业人员"三违"主要包括：从业人员违反操作规程进行作业、违反劳动纪律进行作业、负责人违反操作规程指挥从业人员进行作业。从业人员操作行为类隐患包括"三违"行为和个人防护用品佩戴两方面。

5. 消防安全类隐患

生产经营单位消防方面存在的缺陷，称为消防安全类隐患，主要包括：应急照明、消防设施与器材等内容。

6. 用电安全类隐患

生产经营单位涉及用电安全方面的问题和缺陷，称为用电安全类隐患，主要包括：配电室，配电箱、柜，电气线路敷设，固定用电设备，插座，临时用电，潮湿作业场所用电，安全电压使用等内容。

7. 职业卫生现场安全类隐患

职业卫生专项管理中，涉及生产经营单位在职业卫生现场安全方面不符合法律法规的内容，均归于职业卫生现场安全类隐患。这类隐患主要包括：禁止超标作业，检、维修要求，防护设施，公告栏，警示标识，生产布局，防护设施和个人防护用品等方面存在的问题和缺陷。

8. 有限空间现场安全类隐患

有限空间现场安全类隐患主要包括：有限空间作业审批、危害告知、先检测后作业、危害评估、现场监督管理、通风、防护设备、呼吸防护用品、应急救援装备、临时作业等方面存在的问题和缺陷。

9. 辅助动力系统类隐患

辅助系统主要是为生产经营活动提供动力或其他辅助生产经营活动的系统。其中涉及特种设备的部分归于特种设备现场管理类隐患。

10. 相关方现场管理类隐患

涉及相关方现场管理方面的缺陷和问题，属于相关方现场管理类隐患。

11. 其他现场管理类隐患

不属于上述十种隐患分类的安全生产现场管理类的项，属于其他现场管理类隐患。

第二章　石油钻井 HSE 检查表

第一节　HSE 检查表综述

广义的 HSE 检查表是指为检查某一系统、设备及操作管理和组织措施中的不安全因素，事先对检查对象加以剖析、分解，查明问题所在，并根据理论知识，实践经验，有关标准、规范和事故信息等确定检查的项目和要点，将检查项目和要点按系统编制成表，在设计或检查时，按规定项目进行检查和评价。

狭义的 HSE 检查表是指岗位 HSE 检查表，是对施工作业现场设备、设施等的安全状态进行检查与管理，即岗位员工按照 HSE 检查表规定的巡回检查路线和检查内容，检查本岗位所使用或管理的设备、设施等的安全情况，从而达到对物的不安全状态控制。

HSE 检查表是隐患排查治理最直接、最有效的手段之一。

一、HSE 检查表的编制原则

（1）HSE 检查表的编制应注重于安全检查之用。
（2）HSE 检查表的编制应系统、完整。
（3）HSE 检查表的项目应齐全、具体、明确，突出重点，抓住要害，并规定检查方法和标准。

二、HSE 检查表的编制依据

（1）HSE 检查表的内容应明确，检查依据要准确。
（2）HSE 检查表的内容应满足本单位 HSE 体系的要求。
（3）HSE 检查表应依据相关的法律、法规、标准、规范、安全管理规章制度、岗位标准作业程序、工艺技术文件及国内外同行业发生的典型事故等。

三、HSE 检查表的编制步骤

（1）成立编制小组。HSE 检查表的编制由基层单位安全主管领导牵头，成立由工程技术人员、各类管理人员、班组长、岗位操作人员组成的 HSE 检查表编制小组。

（2）搜集制度标准。搜集相关的安全生产规章制度、岗位操作规程、岗位安全操作规程、工艺技术文件资料等。

（3）确定检查项目。按照具有共有有害因素的子系统、装置、设备设施作为基本单元的原则，把检查对象划分为 3～7 个部分，每个部分作为 HSE 检查表的检查项目。

（4）确定检查内容。针对每个检查项目进行危害因素识别，列出影响系统的危险因素，对危险性和危害性进行定性、定量分析，确定系统的危险有害因素及其危险危害程度，针对主要危险有害因素及其可能产生的后果提出对策，此内容即为检查内容。对设备、设施类的检查项目，可依据相关的标准、技术要求、制度规程、安全附件、关键部位、检维修保养记录、本类设备事故控制措施等内容，作为该检查项目的检查内容。

（5）确定检查依据。检查内容中的每个条款所依据的法律法规、标准、规章制度作为该条款的检查依据。

（6）审查审批使用。HSE 检查表编制完成后，经基层单位安全主管领导审查，报上级主管部门审批，审批通过后方可使用。

四、HSE 检查表的管理

（1）每年应对 HSE 检查表进行评审，根据评审结果对检查项目和检查内容进行修订、完善、发布。

（2）应根据生产工艺改造、设备更新，对 HSE 检查表修改、补充、完善。

（3）引用标准、制度发生改变，应及时修订。

（4）应根据事故情况，及时修订 HSE 检查表。

（5）应对 HSE 检查表的数据进行统计分析，提出改进系统的结论。

五、检查方式图例

正常情况下，确定几种 HSE 检查方式图例，如图 2-1 所示。

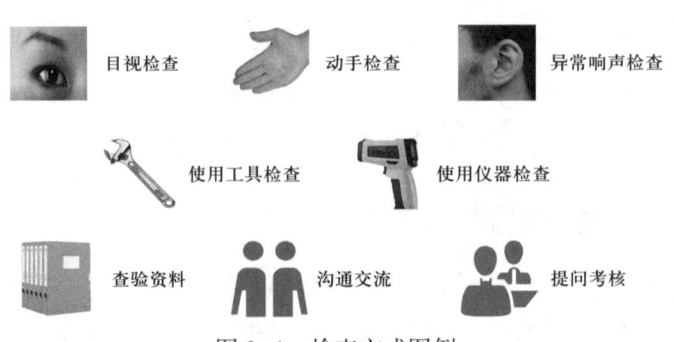

图 2-1　检查方式图例

第二节 岗位 HSE 检查表

一、岗位交接班 HSE 检查表

钻井队接班人员检查时，交班人员应在岗位现场；接班人员应按照巡回检查路线，对应岗位交接班检查表逐项进行检查，并与交班人员进行沟通。大班人员应按照巡回检查路线，对关键环节和要害部位进行巡查。岗位检查应在接班前 30min 完成，检查的结果应在班前会上安排逐岗位通报；交接班检查提出的问题应由值班干部安排协调解决，并对问题、处理措施及结果进行记录。

以 ZJ50DB 司钻岗位为例，说明巡回检查路线、检查要点、检查内容及标准和隐患分级。ZJ50DB 司钻岗位检查表见表 2-1。

表 2-1 ZJ50LDB 司钻岗位检查表

巡回检查路线：值班房区→井口→绞车底座→滚筒、大绳→盘刹系统→电磁刹车→绞车气路→转盘→钻台→井架悬吊→顶驱→管柱自动化→死绳固定器→防碰天车→司控房→封井器司控台→井下安全→值班房
隐患分级：危害因素：10 条　　一般隐患：126 条　　较大隐患：25 条　　重大隐患：0 条

序号	检查项	检查点	图例	检查方法	检查内容及标准	隐患定级
1	值班房区	资料	① ②		①本岗位交接班记录填写准确、完整、及时	危害因素
					②本班副司钻交接班检查记录填写准确、完整、及时	危害因素

续表

序号	检查项	检查点	图例	检查方法	检查内容及标准	隐患定级
1	值班房区	资料		目视	③工程班报表、HSE班前班后会记录填写准确、完整、及时	危害因素
2	值班房区	工程地质信息		目视	①工程班报表、钻井液日报与工况、进尺、钻速、井眼轨迹、钻具组合及钻井参数情况一致	危害因素
					②井深、地层、岩性、钻时、油气显示、气测值等数据与井下实际一致	危害因素
3	井口	基础轨道		目视	①基础平整高差小于±5mm，围填夯实，地基无下沉、坑洞	一般隐患

续表

序号	检查项	检查点	图例	检查方法	检查内容及标准	隐患定级
3		基础轨道		目视	②轨道连接销、拉筋齐全，底座左右平衡，无移位、担空	一般隐患
					③土工膜及围堰完好，无破损。防渗标准：铺设HDPE聚乙烯防渗土工膜，土工膜总厚度不低于0.75mm（0.5mm厚度双层），土工膜搭接宽度不低于0.5m，并进行热焊接处理。土工膜无缺失、破损、开焊；积液、油和杂物、废物及时清理。土工膜铺设向底座基础外延伸0.5m以上	一般隐患
4	井口	井口		目视	①井口填实无晃动，与转盘中心偏差小于10mm，井口装置连接牢靠、无渗漏	较大隐患
					②周围平整清洁，土工膜或水泥无破损缺失，围堰完好，排水畅通无积液，方井盖板完好，无焊缝开裂，遮盖严实	一般隐患
5		封井器		目视手感	①封井器安装规范牢靠、卫生清洁，挡泥伞有效	一般隐患

续表

序号	检查项	检查点	图例	检查方法	检查内容及标准	隐患定级
5	井口	封井器		看、扳	②封井器四角用直径16mm的四根钢丝绳和花篮螺栓或紧绳器在井架底座的对角线上将防喷器组绷紧，固定绷绳拉紧、拉正，八字固定牢靠	一般隐患
					③封井器挂牌及阀门挂牌齐全正确；阀门、闸板开关状态与工况相符。闸板防喷器配备手动或液压锁紧装置。具有手动锁紧机构的防喷器装齐手动操作杆。手动操作杆与防喷器手动锁紧轴中心线的偏斜不大于30°。手动操作杆手轮上挂牌标明开关圈数及开关方向	一般隐患
6	绞车底座	冷却水		看、扳	①绞车水柜内冷却水足量，不少于2/3	一般隐患
					②冷却水路畅通不刺漏	一般隐患
7		绞车固定		看、扳	①绞车固定螺栓及背帽齐全紧固，防退标识清晰	一般隐患

第二章 石油钻井 HSE 检查表

续表

序号	检查项	检查点	图例	检查方法	检查内容及标准	隐患定级
7	绞车底座	绞车固定		👁🤚🔧	②绞车运转正常，卫生清洁，各护罩齐全紧固、无变形	一般隐患
8	滚筒、大绳	大绳		👁	①钻井大绳无打扭、变形，断丝及磨损未超标（参考钢丝绳检查标准）	较大隐患
					②大绳运行顺畅，无跳槽、碰挂，快绳在排绳器滑轮槽内	一般隐患
9		滚筒排绳		👁🤚	①滚筒大绳排列整齐，无挤压、变形、断丝、磨损未超标（参考钢丝绳检查标准）	较大隐患
					②游车吊卡处于转盘面位置时，滚筒第二层余绳不少于1/4	较大隐患

续表

序号	检查项	检查点	图例	检查方法	检查内容及标准	隐患定级
10		活绳头			活绳头使用专用压板紧固，余绳长度不少于0.2m，余绳上并背绳，两只绳卡卡紧、背帽齐全紧固	较大隐患
11	滚筒、大绳	过卷阀			①过卷阀固定牢靠，阀杆无变形，背帽紧固，位置符合标准（起下钻立柱外螺纹距井口钻具内螺纹1m时滚筒大绳触动阀杆，正常钻进时钻杆加单根外螺纹井口钻具内螺纹1m时滚筒大绳触动阀杆，阀杆伸出长度达到滚筒最上层大绳直径的2/3）	较大隐患
					②气管线连接正确，无老化、漏气、挂磨进放气灵敏，交接班时测试功能，触动后1s内有效刹车	较大隐患
12	盘刹系统	盘刹液压站			①两台柱塞泵交替使用（12h），电机及柱塞泵运转正常无异响，溢流阀、泄压阀等阀门灵活、可靠、密封。油压6～8MPa	一般隐患
					②进回油管线连接正确牢靠，工作钳管线标绿色、安全钳管线标黄色、回油管线标红色	一般隐患

续表

序号	检查项	检查点	图例	检查方法	检查内容及标准	隐患定级
12	盘刹系统	盘刹液压站			③压力传感器灵敏可靠，压力小于5MPa时低压报警仪能自动报警	一般隐患
13	盘刹系统	盘刹整体			①刹车盘及刹车钳各部位清洁，无油污、粉尘，无钻井液、无积液	一般隐患
13	盘刹系统	盘刹整体			②盘刹钳架、过渡板等部位焊缝无裂纹、变形，固定螺栓齐全紧固	较大隐患
13	盘刹系统	盘刹整体			③操作紧急制动开关，工作钳和安全钳同步刹车，灵敏可靠，压力表指示同步	较大隐患
14	盘刹系统	刹车盘			①刹车盘无渗水，热疲劳裂纹不影响强度，双边磨损厚度不超过10mm（单边不超过5mm）	一般隐患

续表

序号	检查项	检查点	图例	检查方法	检查内容及标准	隐患定级
14	盘刹系统	刹车盘		👁️✋	②水冷式盘刹冷却水泵运行正常，管线不漏水；风冷式盘刹风机工作正常	一般隐患
15		液压系统		👁️	①液压油缸固定牢靠，密封件完好、更换周期在12个月内	较大隐患
				✋	②工作钳、安全钳液压油管线使用年限不超过3年，无老化、裂纹、挂磨，连接正确牢靠，管路畅通、各部位无渗漏	较大隐患
16		工作钳		👁️	①工作钳轴销、轴套固定完好，卡簧无松动、脱落，轴销润滑良好，黄油嘴齐全，空载下移动自由无粘连	较大隐患
				✋	②拉簧齐全无裂纹，更换周期在12个月内	一般隐患

续表

序号	检查项	检查点	图例	检查方法	检查内容及标准	隐患定级
17	盘刹系统	安全钳			①安全钳轴销、轴套固定完好，卡簧无松动、脱落，轴销润滑良好，黄油嘴齐全，更换周期在12个月内	较大隐患
					②安全钳在断油后1s内有效刹车	较大隐患
18		刹车片			①刹车片无断裂，固定螺栓齐全紧固，剩余厚度不低于12mm	较大隐患
					②工作钳刹车片和刹车盘间隙为1mm，安全钳刹车片和刹车盘间隙为0.5mm；两侧间隙一致	较大隐患
19	电磁刹车	设备			①电磁刹车固定牢靠，能正常运转，工作指示灯正常显示	一般隐患

续表

序号	检查项	检查点	图例	检查方法	检查内容及标准	隐患定级
19	设备	电磁刹车			②定子轴4条固定螺栓齐全紧固、轴头润滑良好	一般隐患
					③牙嵌和齿套齿尖无严重磨损变形	一般隐患
					④拨叉和连杆两条丝杠轴销连接紧固，拨叉摘挂灵活	一般隐患
20		电路水路			①电源专线控制，电缆无断接，接线盒密封防爆	一般隐患
					②风机固定牢靠，能正常运转，护罩密封牢靠	一般隐患

续表

序号	检查项	检查点	图例	检查方法	检查内容及标准	隐患定级
20	电磁刹车	电路水路			③水气葫芦固定牢靠，不漏水、气，护罩完好无变形、固定牢靠	一般隐患
					④冷却水道无堵塞、漏水	一般隐患
21	绞车气路	绞车离合器			①绞车滚筒轴及传动轴高低速离合器摘挂灵活可靠，进放气灵敏	一般隐患
					②摩擦毂表面无油污、密集龟裂，磨损量小于6mm，与连接盘固定螺栓齐全紧固	一般隐患
					③气囊完好无漏气，摩擦片无偏磨、损坏、缺失，固定销及剪切丝齐全牢靠	一般隐患

续表

序号	检查项	检查点	图例	检查方法	检查内容及标准	隐患定级
21		绞车离合器			④护罩无变形、擦挂、固定牢靠，观察窗及把手完好	一般隐患
22	绞车气路	并车箱离合器			① 1#、2#并车气胎离合器检查内容及标准同上	一般隐患
					②手动齿套式离合器固定牢靠，摘挂灵活、到位，啮合齿无缺损和严重磨损、手柄无变形	一般隐患
23		气控阀件、管线			①继气器、导气龙头、快速放气阀灵敏可靠，气控元件无阻卡、窜气、漏气现象	一般隐患

续表

序号	检查项	检查点	图例	检查方法	检查内容及标准	隐患定级
23	绞车气路	气控阀件、管线		看、摸	②各气管线连接正确，无变形、破损、碰挂，接头紧固、不漏气	一般隐患
24		阀岛箱		看、摸	阀岛工作正常，箱内清洁无杂物，电缆线、气管线完好，连接牢靠	一般隐患
25	转盘	离合器		看、听	①离合器螺栓齐全紧固，惯刹气囊限位杆无变形、固定牢靠	一般隐患
				摸、扳手	②摩擦毂无旷动，表面无油污、密集龟裂，磨损量小于6mm	一般隐患

续表

序号	检查项	检查点	图例	检查方法	检查内容及标准	隐患定级
25	转盘	离合器			③气囊完好无漏气，摩擦片无偏磨、损坏、缺失，固定销及剪切丝齐全牢靠	一般隐患
					④快速放气阀灵敏无阻卡、气管线完好、接头紧固、不漏气	一般隐患
26		转盘及电机			①转盘运转正常，机械锁灵活，中心距符合标准（不超过10mm）	一般隐患
					②转盘电动机、风机运转正常，无杂音、发烫、阻卡	一般隐患
27	钻台	钻台面			①钻台面平整无坑洞，通道畅通，小铺台无变形破损，盖板齐全关闭	一般隐患

续表

序号	检查项	检查点	图例	检查方法	检查内容及标准	隐患定级
27	钻台	钻台面			②钻台周围护栏齐全完好，固定及连接牢靠、护栏间隙不超过0.1m，梯子完好牢靠，护链拴挂牢靠	一般隐患
					③大门坡道、门桩无破损变形、固定牢靠，两道以上防护链拴挂牢靠	一般隐患
					④逃生滑道畅通清洁、完好牢靠，指示牌、防护链符合规定	一般隐患
					⑤转盘面周围防滑垫超过5m²，连接块齐全平整，周围排水畅通无积液，防滑垫钉长不短于原钉长的1/3	一般隐患
					⑥大、小鼠洞完好，高度、倾角合适，盖板齐全，大鼠洞方钻杆拉送器完好	一般隐患

续表

序号	检查项	检查点	图例	检查方法	检查内容及标准	隐患定级
28	钻台	外挂指重表			①指重表在检测周期（12个月）内，使用减振弹簧悬挂可靠，传压油管线连接无渗漏	一般隐患
					②表盘清洁，指针灵敏，悬重指示准确	一般隐患
					③记录仪工作正常，记录清晰，卡片指示正确，更换及时	危害因素
29	井架悬吊	悬吊系统绳索、滑轮			①井架悬吊系统滑轮齐全完好，固定牢靠，保险绳（链）及挡绳杆齐全有效，固定牢靠	一般隐患

第二章 石油钻井HSE检查表

续表

序号	检查项	检查点	图例	检查方法	检查内容及标准	隐患定级
29	井架悬吊	悬吊系统绳索、滑轮			②气动绞车、吊钳、液气大钳悬吊钢丝绳完好，无缠绕、擦挂，绳卡齐全紧固	一般隐患
					③起放井架、底座大绳过井架处捆绑牢靠，平衡滑轮及余绳固定牢靠，不影响通道，余绳防锈措施到位	一般隐患
					④导向滑轮轮槽完好牢靠，润滑良好，活动灵活，黄油嘴齐全，挡绳杆紧固，螺母、剪切销齐全	一般隐患
30		水龙带、立管、压力表			①立管固定牢靠，卡子无松动，衬垫无缺失，活接头连接紧固、无刺漏	一般隐患
					②立管阀门（组）完好灵活，日常全开并上锁，钥匙由大班司钻管理，阀门挂牌规范	一般隐患

续表

序号	检查项	检查点	图例	检查方法	检查内容及标准	隐患定级
30	井架悬吊	水龙带、立管、压力表			③水龙带外层胶皮无脱落,本体无刺漏,与井架及附件无碰挂摩擦,两端连接牢靠	一般隐患
					④水龙带保险链或保险绳符合标准(保险链无松弛,抗拉强度不小于3t;保险绳:用φ16mm钢丝绳分段缠绕,绳扣间距不超过0.8m,保险绳紧贴管体,捆扎挂擦部位,保险绳两端跨越活接头,打八字)	一般隐患
					⑤立管压力表完好紧固、朝向便于观察,指针灵敏准确,校验合格证在有效期(12个月)内	一般隐患
31	顶驱	顶驱液压站			①顶驱液压站两台柱塞泵能正常运转,连接密封牢靠,工作压力14～16MPa,储能器充氮压力4MPa,低压报警仪工作正常	一般隐患
					②电动机风机正常,电路防爆	一般隐患

续表

序号	检查项	检查点	图例	检查方法	检查内容及标准	隐患定级
32	顶驱	顶驱		看、听、摸、扳手	①顶驱主体清洁无杂物,各部位完好连接正确牢靠,各运转部位润滑良好、无杂音、发烫,旋转区护罩齐全、封闭牢靠,齿轮箱油质油量合格,润滑油泵正常	一般隐患
					②顶驱悬挂提环、吊环磨损不超过2mm,在探伤周期(12个月)内,与大钩、副钩挂合牢靠,鹅颈管、冲管活接头紧固、密封	一般隐患
					③液压系统无刺漏,液压泵、电动机、储能器工作正常,游动液压管线紧固密封,电缆、信号线绝缘层完好,管线排列整齐、无缠绕、蹭挂、憋劲,线槽压板紧固、防磨	一般隐患
					④主轴运转正常,动力旋转头旋转灵活,转速3～8r/min,锁定装置灵活可靠,内防喷器(IBOP)球阀开关灵活牢靠	一般隐患
					⑤管子处理装置各动作臂灵敏到位,倾斜臂左右平衡、浮动及复位灵活,背钳夹持范围与钻具尺寸相符,扭矩达标、咬合、泄压灵敏到位,钳头锁止销紧固牢靠	一般隐患

续表

序号	检查项	检查点	图例	检查方法	检查内容及标准	隐患定级
32	顶驱	顶驱			⑥滑轨无变形、位移，连接销（每个井组探伤一次）、安全销齐全到位，与井架连接牢靠，保险绳（φ25mm钢丝绳）与井架横梁卡紧。滑动架固定牢靠，卡槽契合，与滑轨间隙适度、运行畅通。反扭距角度合适无变形，固定螺栓齐全紧固	一般隐患
33	顶驱	顶驱控制台			①电、气、油路正常，信号源畅通，参数显示准确，各仪表完好灵敏，"故障/报警""欠压""失风""刹车"等信号指示灯灵敏可靠，显示正常	一般隐患
					②控制开关、按钮、调速（压力、扭矩）手轮完好灵活，标识齐全清晰，护帽齐全完好，"急停"按钮工作可靠	一般隐患
34	管柱自动化	二层台机械手			①抓手电动机及旋转电动机运转正常，机械臂、抓手动作顺畅、无卡阻，回转支承完好紧固	一般隐患
					②导轨、检修平台、栏杆及附件无变形裂缝、螺栓连接齐全紧固、保险绳拴挂齐全	一般隐患

续表

序号	检查项	检查点	图例	检查方法	检查内容及标准	隐患定级
35	管柱自动化	液压吊卡			①吊卡本体、挂耳、活门及各轴销无裂缝、锈蚀，螺栓齐全紧固，别针完好到位，自锁机构、锁舌、机械锁紧装置、触碰器等机构件灵活可靠，内衬匹配钻具	一般隐患
					②液压阀组及管线紧固密封，管线无磨损、刺漏，翻转机构、旋转装置灵敏可靠	一般隐患
36		控制系统			①控制电缆、信号线无破损，连接固定牢靠；摄像头镜头清洁、视野清晰，传输无卡滞	一般隐患
					②操作面板清洁清晰，无异常报警，按键和控制手柄灵敏，启停、浮动功能正常	一般隐患
37	死绳固定器	死绳固定			①死绳固定器固定牢靠、挡绳杆、轴套齐全无变形，轴套用胶皮包裹，螺母齐全紧固	较大隐患

续表

序号	检查项	检查点	图例	检查方法	检查内容及标准	隐患定级
37	死绳固定器	死绳固定		看、摸	②压板螺栓、背帽齐全紧固,螺栓下端螺纹上完,上端余扣相等	一般隐患
					③压板向后0.1m处,用两只绳卡卡紧备绳与主绳(鞍马座坐于主绳面),余绳防退标记(背绳尾端主绳上)清楚,绳卡间距为6倍绳径	较大隐患
38		传感器		看	①传感器间隙在8~12mm,油囊无渗漏,上下连接销、开口销齐全到位,配备专用间隙检测工具	一般隐患
					②管线及接头完好紧固防磨、无刺漏	一般隐患
39	防碰天车	组合阀		看、摸	①插拔式防碰天车固定牢靠,倾角调节适度	一般隐患

续表

序号	检查项	检查点	图例	检查方法	检查内容及标准	隐患定级
39		组合阀			②组合阀完好牢靠，插拔销润滑良好	一般隐患
40	防碰天车	钢丝绳			①挡绳为大于φ9mm钢丝绳，距天车滑4~6m，卡固牢靠	较大隐患
					②引绳为φ6.4mm钢丝绳，在井架限位槽内，松紧适度，无缠绕、偏磨，绳卡齐全紧固	较大隐患
41		气路			①防碰天车各气管线连接正确，无龟裂、漏气、挂磨，进、放气灵敏，进气后1s内刹紧滚筒，同时刹车气缸进气，总离合断气	较大隐患
					②起下钻试顶防碰天车，灵敏可靠	较大隐患

续表

序号	检查项	检查点	图例	检查方法	检查内容及标准	隐患定级
42		室内配置		看	①室内"仅限指定人员操作""挂泵前必须鸣笛确认""检维修必须上锁挂签"提示牌完好清洁醒目	一般隐患
					②防爆对讲机电量充足,频率相配、通话清晰	一般隐患
43	司控房	操作台		看	①操作台无杂物,座椅无损坏,前后、高低调节适度	一般隐患
				看、操作	②控制阀件、按钮、开关灵敏可靠,用途及开关状态标识与控制对象相符,指示灯显示正确,限位装置、护帽齐全完好	一般隐患
					③刹把灵敏好用,刹车系统和紧急制动灵敏可靠	较大隐患

续表

序号	检查项	检查点	图例	检查方法	检查内容及标准	隐患定级
44	司控房	仪表			①仪表盘仪表完好清洁、灵敏准确，气源压力0.65~0.8MPa	一般隐患
					②钻井参数仪工作正常，悬重、钻压、泵压、泵冲、转盘转速、扭矩等各项参数指示准确、灵敏	一般隐患
					③触摸屏无划痕破损、触点灵敏准确，显示与实际运转状态一致，无异常报警	一般隐患
					④指重表灵敏、准确、清洁，检验合格证在有效期（12个月）内，传压管线无渗漏	一般隐患
					⑤悬重校准、钻压校零，并与外挂指重表一致	一般隐患

续表

序号	检查项	检查点	图例	检查方法	检查内容及标准	隐患定级
45		监控			①工业监控工作正常、显示屏清晰，信号传输流畅	一般隐患
					②监控摄像头（二层台、绞车滚筒、钻台、泵房等）清洁完好、固定牢靠、角度合适，信号线无破损老化	一般隐患
46	司控房	电气柜阀岛			①电控柜各固定螺栓齐全牢靠，柜内清洁无灰尘，出风正常，正压防爆有效	一般隐患
					②各电气元件工作正常，信号线、电缆线牢靠，标识正确，开关灵敏、指示灯显示正常	一般隐患
					③气、液管路完好整齐，连接正确紧固，无介质泄漏	一般隐患

续表

序号	检查项	检查点	图例	检查方法	检查内容及标准	隐患定级
46	司控房	电气柜阀岛		目视/手感/扳手	④阀岛箱各阀岛控制处于自动挡，插线端子排紧固牢靠，电信号正常，气控阀件完好灵敏	一般隐患
47	封井器司控台	气源及液控系统		目视/手感/扳手	①司控台固定牢靠，位置便于操作和观察	一般隐患
					②气路从气源房单独接出，管线完好密封	一般隐患
					③液控管线连接正确完好、紧固、密封	一般隐患
					④气压表、液压表灵敏可靠，读数正确，气源压力 0.65~0.8MPa，液压表与远控房对应压力误差不超过 1MPa	一般隐患

续表

序号	检查项	检查点	图例	检查方法	检查内容及标准	隐患定级
48	封井器司控台	开关状态		目视	①各控制手柄位置正确，中文标识清楚准确，全封及剪切闸板手柄处于开位，防误操作保护装置和限位装置锁定	一般隐患
					②封井器闸板状态与司钻控制箱对应开关状态相符	一般隐患
49	井下安全	井口工具		目视、手感	①液气大钳、B型吊钳、液压猫头等状况良好，使用正常、零部件紧固	一般隐患
					②方补心、吊卡、卡瓦等工具等状况良好，零部件紧固	一般隐患
					③回压阀顶开装置灵活可靠，方便取用，打开油气层前100m至完井处于顶开状态	较大隐患

第二章　石油钻井 HSE 检查表

续表

序号	检查项	检查点	图例	检查方法	检查内容及标准	隐患定级
49		井口工具			④在用与备用旋塞阀完好，扳手匹配，方便取用	较大隐患
50	井下安全	井下情况			①井下钻头、钻具与班报表中一致，使用正常	危害因素
					②钻井参数与技术参数一致，井下参数无异常	危害因素
1	其他通用检查标准	设备润滑			①设备润滑油油量检查：油标尺有两条刻度线的，设备运转时油面在两条线之间；有一条刻度线的，运转时油面在刻度线之上；无标尺有观察窗的，运转时油面在观察窗可视范围内；无标尺和观察窗的，设备静止状态油面淹住油腔中旋转件最下端即可	一般隐患

续表

序号	检查项	检查点	图例	检查方法	检查内容及标准	隐患定级
1	其他通用检查标准	设备润滑			②设备润滑脂的检查：检查轴承处有润滑脂少量挤出，无干涩现象，轴头温度小于70℃，黄油嘴齐全完好	一般隐患
					③加注油品型号及周期符合设备操作规程规定，油质以油品检测仪检测结果为准	一般隐患
					④润滑油油压0.2~0.4MPa，油温小于70℃，油腔内无杂质，压力表完好灵敏	一般隐患
2		用电设备			①所管电气设备固定牢靠，转向正确，无杂音、抖动，电动机部分外壳完好、绝缘可靠	一般隐患

续表

序号	检查项	检查点	图例	检查方法	检查内容及标准	隐患定级
2	其他通用检查标准	用电设备			②所管电气设备及电控箱"当心触电"标识齐全、规范、清晰、牢靠	危害因素
					③所管电气控制柜（箱、盒）开关、按钮完好，指示灯正常，控制对象及开关状态标识规范清楚，前工作面绝缘胶皮（厚度不小于3mm，面积不小于$1m^2$）完好，无破损、浸泡，摆放在人员操作位置，不得在低洼处，通道平整畅通	一般隐患
					④岗位区域内电缆无老化、破损、发烫、烧熔现象，敷设整齐牢靠，无挂磨、缠绕、绷紧、浸泡现象，电缆在设备设施上固定时捆扎牢靠、未松弛、避开高温、高压及能量释放位置，过棱角处绝缘套完好牢靠	一般隐患

续表

序号	检查项	检查点	图例	检查方法	检查内容及标准	隐患定级
3	其他通用检查标准	电路防爆			①钻台、井架、循环系统、机泵房、油罐区等区域电路及用电设备必须防爆	一般隐患
					②防爆设备铭牌上标注的防爆等级不低于 Exid Ⅱ BT4，外壳防护等级不低于IP54，电机接线盒进出线防爆格兰完好密封，压盖垫子完好，螺栓齐全紧固	一般隐患
					③所管设备及控制柜（箱、盒）接线紧固，严禁线芯裸露、严禁一孔多线，穿孔绝缘护套完好	一般隐患
					④井口30m范围内电缆无破口连接，所用防爆接线盒、端子必须完好，螺钉齐全紧固、密封牢靠	一般隐患
4		接地			①所管设备设施总等电位接地、局部等电位连接、辅助接地连接完整牢靠	一般隐患

续表

序号	检查项	检查点	图例	检查方法	检查内容及标准	隐患定级
4	其他通用检查标准	接地			②接地线绝缘层无破损，接线端线鼻子包裹压紧整根线芯，压线螺栓紧固，螺栓及线鼻子涂金属防锈漆（银粉）	一般隐患
					③接地桩无锈蚀、变形，总等电位接地桩每组单根间距1～1.5m，外露0.1～0.15m，移动用电设备、工具接地桩埋深不低于0.6m	一般隐患
5		照明设施			①岗位区域照明灯具数量、位置、亮度及防爆等级符合标准，架设高度符合标准（场地大于2.5m，工作面大于2m）	一般隐患
					②照明灯具完好、外壳清洁无破损，盒盖扣合牢靠，灯具固定螺栓及保险绳齐全紧固，灯杆牢靠无变形	一般隐患

续表

序号	检查项	检查点	图例	检查方法	检查内容及标准	隐患定级
5		照明设施			③照明线路检查标准与井场电缆相同，走线穿管时管口绝缘护套完好	一般隐患
					④区域内照明设施控制开关分区控制，开关完好灵敏，控制对象及开关状态标识正确、规范、清晰	一般隐患
6	其他通用检查标准	钢丝绳			①钢丝绳出现以下情况应报废处理（更换切断）：散股、断股、烧熔、扭结、挤压畸变或绳芯外露；钢丝绳磨损、腐蚀、拉伸后绳径缩小8%；钢丝绳6倍绳径内无规律断丝不低于6根或达到总丝数13%，集中断丝不低于4根	一般隐患
					②钢丝绳卡与绳径相符，绳卡鞍马座坐于主绳，ϕ20mm及以下钢丝绳用3个绳卡，ϕ20～25mm钢丝绳用4个，ϕ25mm以上用5～7个绳卡，卡距为6倍绳径	一般隐患

续表

序号	检查项	检查点	图例	检查方法	检查内容及标准	隐患定级
6		钢丝绳			②钢丝绳卡与绳径相符，绳卡鞍马座坐于主绳，ϕ20mm及以下钢丝绳用3个绳卡，ϕ20~25mm钢丝绳用4个，ϕ25mm以上用5~7个绳卡，卡距为6倍绳径	一般隐患
7	其他通用检查标准	目视化			①岗位区域内安全警示牌、危害因素告牌、应急处置卡、逃生路线等安全标识按钻井队标准化现场管理指南设置齐全规范、完好清洁，固定牢靠，位置正确醒目	一般隐患
					②所管设备铭牌、设备管理卡、保养牌、操作规程按照钻井队标准化现场管理指南及设备管理要求设置齐全规范、完好清洁，固定牢靠，避开运转部位	危害因素

续表

序号	检查项	检查点	图例	检查方法	检查内容及标准	隐患定级
8	其他通用检查标准	季节性专项要求			①汛期施工，所管区域内防洪防汛设施完好，物资齐全，附注清单	一般隐患
					②冬季施工，检查所管区域内冬防保温措施落实及各项记录填写情况	一般隐患

二、岗位周 HSE 检查表

钻井队应成立专门的检查小组负责周 HSE 检查工作的落实，组长应由队长担任，成员应包括副队长、技术员、生产骨干等。周检查突出关键设备设施、要害部位、营地管理、电气设备、用电线路及设备接地等。检查结果应专人保存，并在每周的 HSE 例会上分析、通报，分析结果应上报所属项目部（分公司）。

周检查包括：井架检查、绞车检查、循环系统（泵房）、机房、消防器材、井场环境、健康卫生、电气设备、营房设施、接地电阻、防硫化氢设备检查 11 项内容，检查时间从所钻井开钻之日开始，检查周期为 7d，若建井周期小于 7d，每口井检查一次。

岗位周安全检查表之井架 HSE 检查表见表 2-2。

表 2-2　井架 HSE 检查表（机械工长）

检查项目：井架通道→照明→二层台→天车→一般区域					
隐患分级：危害因素：1 条　　一般隐患：28 条　　较大隐患：2 条　　重大隐患：0 条					

序号	检查项目（部位）	图示	检查方法	检查内容及标准	隐患定级
1	井架通道			①防跌落装置完好	一般隐患

续表

序号	检查项目（部位）	图示	检查方法	检查内容及标准	隐患定级
2	井架通道		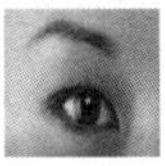	②井架梯完好（没有弯曲的梯级，没有裂开的焊缝，没有丢失螺栓）	一般隐患
3				③笼梯完好	一般隐患
4	照明			①井架上所有照明正常，装有安全绳	一般隐患
5		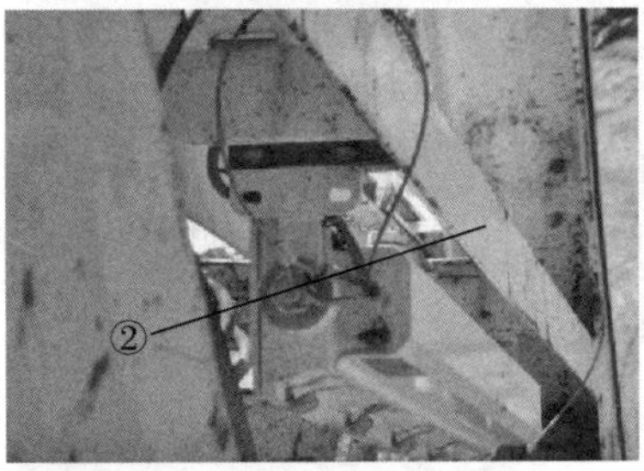		②井架上所有照明防爆	较大隐患
6	二层台			①二层台卫生清洁	危害因素

续表

序号	检查项目（部位）	图示	检查方法	检查内容及标准	隐患定级
7				②通往二层台的安全通道防坠落装置正常	一般隐患
8			 	③栏杆和边缘板完好	一般隐患
9	二层台			④指梁处于良好工况（不弯曲，没有裂纹），尾端有保险绳	一般隐患
10			 	⑤二层台的操作台安全绳完好	一般隐患
11				⑥二层台的操作台水平	一般隐患

续表

序号	检查项目（部位）	图示	检查方法	检查内容及标准	隐患定级
12	二层台			⑦速差器使用正常	较大隐患
13	二层台			⑧气动绞车、液气大钳钢丝绳与支梁无摩擦	一般隐患
14	二层台			⑨二层台逃生装置完好	一般隐患
15	二层台			⑩二层台监控器工作正常，固定牢靠	一般隐患
16	二层台	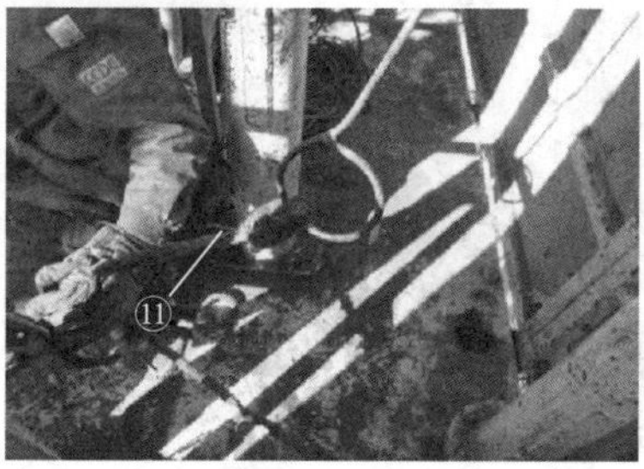	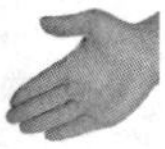	⑪手工具保险绳牢靠	一般隐患

续表

序号	检查项目（部位）	图示	检查方法	检查内容及标准	隐患定级
17			 目视	①气动绞车、液气大钳滑轮保险绳牢靠	一般隐患
18			 手动	②天车滑轮、气动绞车、液气大钳滑轮润滑良好，转动灵活	一般隐患
19	天车		 目视	③天车台下面有防碰木，防碰木配有筛网	一般隐患
20			 目视	④大绳与井架无摩擦	一般隐患
21			 目视	⑤天车滑轮挡绳杆或护罩完好	一般隐患

续表

序号	检查项目（部位）	图示	检查方法	检查内容及标准	隐患定级
22	天车			⑥栏杆和边缘板完好	一般隐患
23	一般区域			①挂绳器及U型卡子、销子状况良好，无松动	一般隐患
24				②井架销子上的安全别针齐全	一般隐患
25				③吊钳绳完好，平衡砣灵活好用	一般隐患
26				④吊钳滑轮润滑良好，转动灵活	一般隐患

续表

序号	检查项目（部位）	图示	检查方法	检查内容及标准	隐患定级
27	一般区域		眼	⑤水龙带两端保险绳连接可靠	一般隐患
28			手	⑥立管固定卡子紧固	一般隐患
29			手	⑦死绳固定器、挡绳销子固定齐全紧固	一般隐患
30			手	⑧死绳固定器的压板上装有铜垫片，压板上的螺栓固定牢靠	一般隐患
31			手	⑨两套井架工安全带完好	一般隐患

第三节 综合 HSE 检查表

一、一开开钻前开工验收 HSE 检查表

凡经拆迁、重新安装的钻井队，一开钻井前应组织开钻验收；钻井队在安装结束后、申请验收前应组织骨干人员对照一开开钻前开工验收 HSE 检查表（表2-3）逐项自查并

整改，确认具备开钻条件后，提出开钻验收申请。钻井队一开验收申报条件包括：工程、地质设计已到位并完成交底；单井 HSE 作业计划书审批并交底；设备和安全设施安装、调试、运转正常，灵活可靠；冬防保温或防洪防汛物资、设备、措施到位；一开、二开材料到井，一开钻井液已经配好；标准化站队建设达到要求；各专业服务队伍、各岗位人员到位，证件齐全；水电供给正常，通信顺畅。具备一开验收条件后，在一般情况下由钻井队提前一天申报，项目部（分公司）成立专门的一开验收组，组长应由项目部（分公司）生产安全副经理担任，成员应由所属安全、生产、技术、设备等办公室专业人员组成。验收人员对照表 2-3 逐项进行验收，并填写验收结论。经验收合格的，验收组签发书面开钻令后，方可开钻。

表 2-3　一开开钻前开工验收 HSE 检查表

检查路线：会议室→入场口及道路→地面场地→钻机及机房底座→钻台面→井架→循环罐→泵房区→机房区→后场外围→生活营区					
隐患分级：危害因素：22 条　　一般隐患：83 条　　较大隐患：10 条　　重大隐患：0 条					
序号	检查项目	图示	检查方法	检查内容及标准	隐患分级
1	开工准备	××2 井钻井工程设计		钻井地质、工程正式设计	较大隐患
		××市生态环境局 关于《中石油西南油气田分公司川中北部采气管理处磨溪××井钻井工程环境影响报告表》的批复		环评批复报告	较大隐患
		中国石油 ××1 井施工方案 ××钻探公司 2023 年 2 月 5 日		钻井施工审批方案	较大隐患

续表

序号	检查项目	图示	检查方法	检查内容及标准	隐患分级
1	开工准备	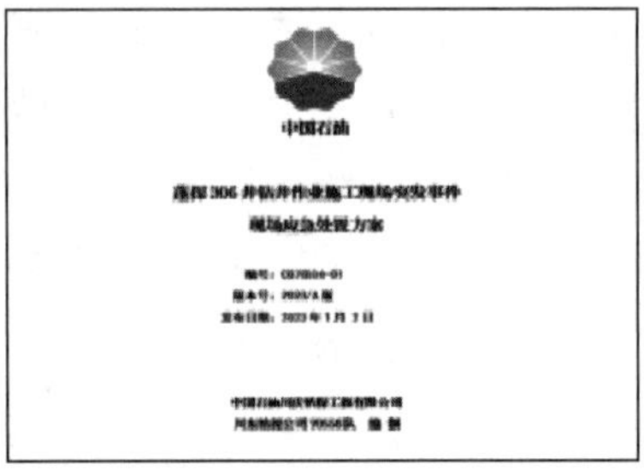	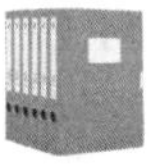	钻井作业现场编制有经上级部门批准的应急处置方案，方案中应急处置程序齐全，并对全体员工进行培训	较大隐患
		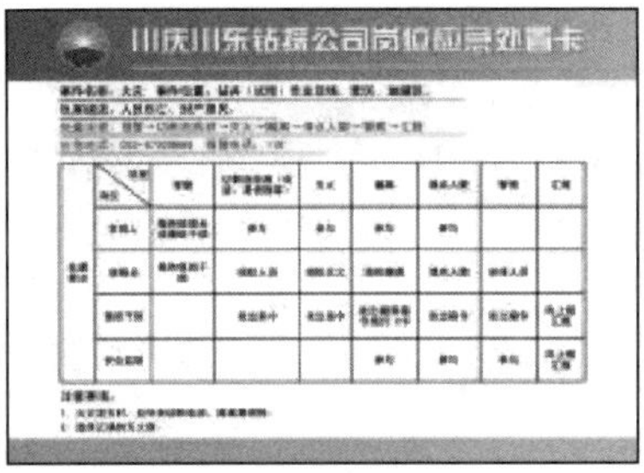	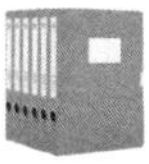	岗位应急处置卡齐全，岗位员工经过应急训练与演练，发生突发事件岗位员工能按处置卡快速正确处置	较大隐患
		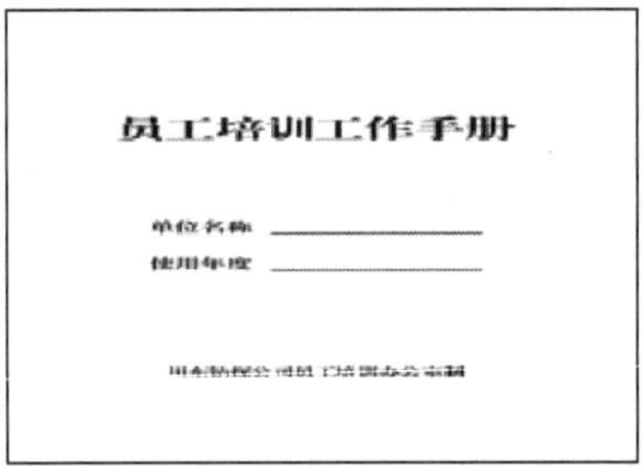	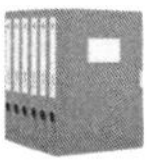	有设计、方案、应急管理等培训交底内容	一般隐患
2	HSE资料	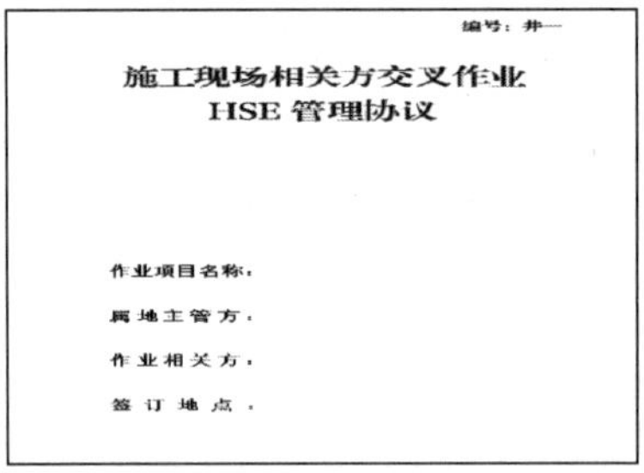	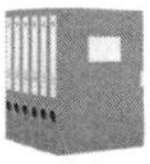	有审批的HSE作业计划书，并与相关方人员签订了HSE管理协议	一般隐患
		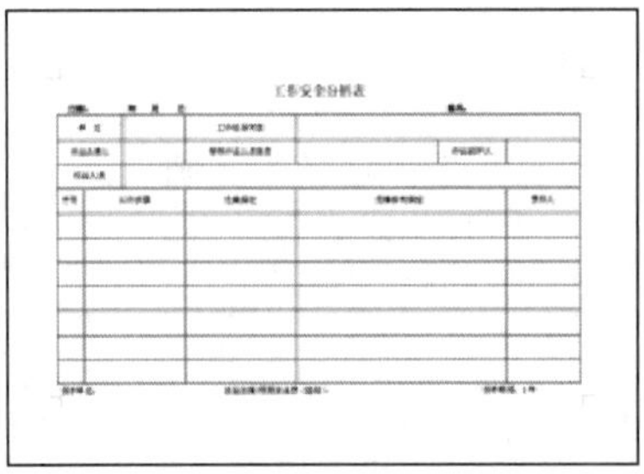	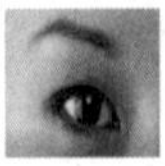	高风险作业开展工作安全分析	一般隐患

第二章 石油钻井 HSE 检查表

续表

序号	检查项目	图示	检查方法	检查内容及标准	隐患分级
2	HSE 资料			实施"高危作业安全生产挂牌制",在高危作业区域设置安全生产"区长"制公示牌	一般隐患
3	设备管理资料			钻机资质评估报告	一般隐患
				电气、设备操作规程齐全,设备管理制度、技术档案台账、运转记录及保养记录真实、齐全、清晰	一般隐患
				有防雷检测报告	一般隐患
				井场内压力表、压力容器有检测证、报告	一般隐患

续表

序号	检查项目	图示	检查方法	检查内容及标准	隐患分级
3	设备管理资料	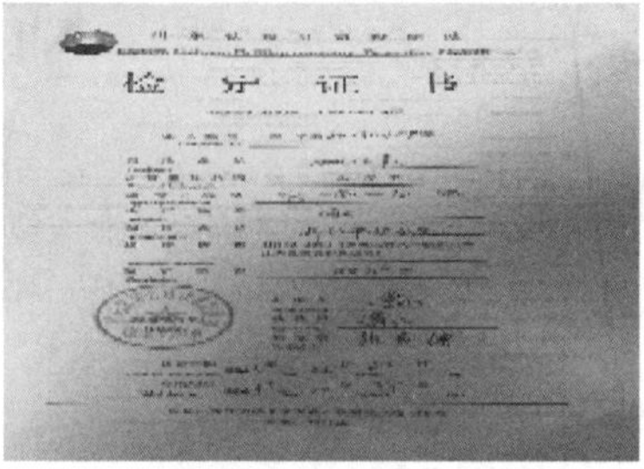		二层台逃生装置的检测报告	一般隐患
		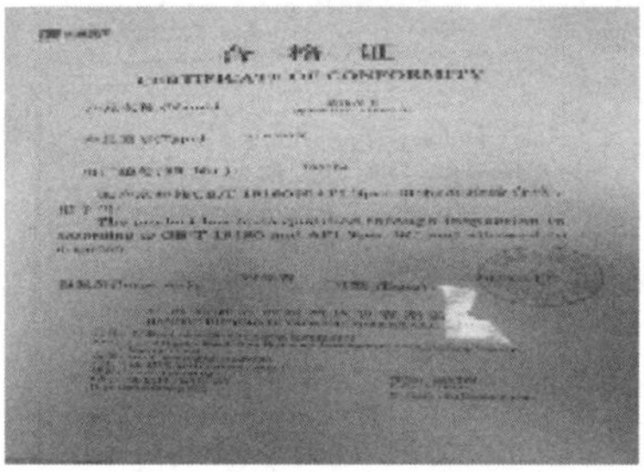		三吊一卡检验报告	一般隐患
4	岗位人员证件	  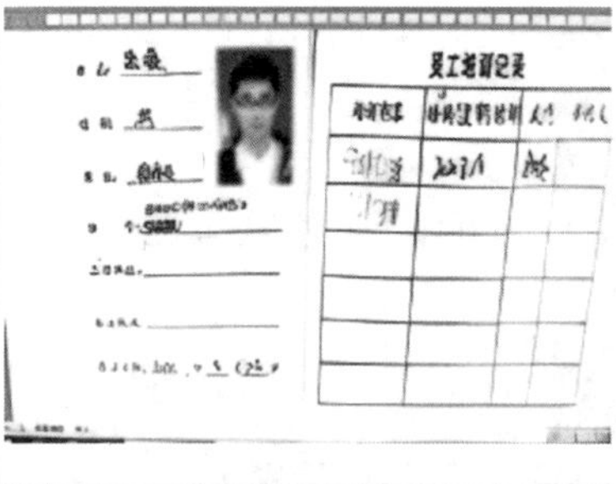 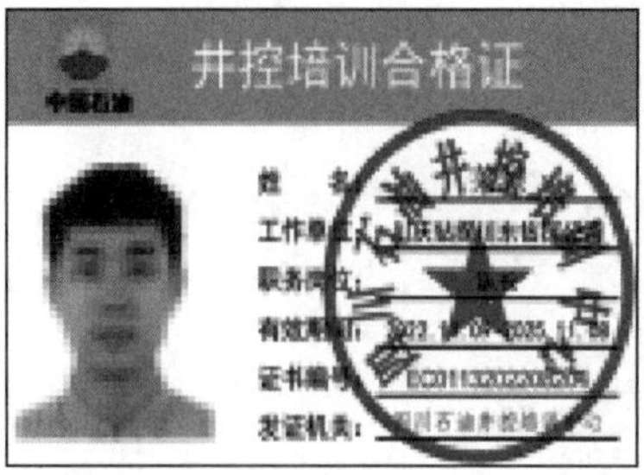	 	按照持证标准持证，证件在有效期内。 （1）钻井队证件：HSE培训证、井控证、硫化氢防护培训合格证、司钻作业证、安全生产管理证、特种作业证等。 （2）录井队证件：井控、硫化氢、HSE证。 （3）钻井液服务队证件：井控、硫化氢、HSE证。 （4）清洁化服务队证件：井控、硫化氢、HSE、装载机场内驾驶培训合格证	较大隐患

续表

序号	检查项目	图示	检查方法	检查内容及标准	隐患分级
4	岗位人员证件		👁📁	按照持证标准持证，证件在有效期内。 （1）钻井队证件：HSE培训证、井控证、硫化氢防护培训合格证、司钻作业证、安全生产管理证、特种作业证等。 （2）录井队证件：井控、硫化氢、HSE证。 （3）钻井液服务队证件：井控、硫化氢、HSE证。 （4）清洁化服务队证件：井控、硫化氢、HSE、装载机场内驾驶培训合格证	较大隐患
5	医疗救护		👁	（1）有1~2名经红十字会培训并取得救护员证的人员。 （2）执行标准《生产作业现场应急物资配备选用指南》（Q/SY 08136）的中型急救包1个。 （3）折叠担架1个	一般隐患
6	门禁管理		👁	（1）车闸橇装安装基础找平地面，左右两部分车闸之间有足够的行车空间。 （2）前场紧急集合点处设置手摇报警器	一般隐患

续表

序号	检查项目	图示	检查方法	检查内容及标准	隐患分级
6			目视	（1）车闸橇装安装基础找平地面，左右两部分车闸之间有足够的行车空间。 （2）前场紧急集合点处设置手摇报警器	一般隐患
7	门禁管理		目视	（1）入场口有警示教育内容。 （2）施工公告、主要风险告知、环境公示牌、反违章禁令与安全"保命"条款、工况提示牌、安全里程碑、井场布局及逃生示意图	一般隐患
8	道路踏勘		目视	（1）路面宽度：直线段路面有效宽度为3.5m，弯道上路面有效宽度为3.5m加上弯道加宽值。如因行驶拖车，路面宽度统一加宽0.5m。 （2）道路坡度：一般平缓路段的最大纵坡应不超过10%，坡长应不超过200m。回头曲线的最大纵坡应不超过5%、超高横坡应不超过6%、坡长应不超过100m。越岭路线的相对高差大于500m时，平均纵坡不应大于5%。 （3）路面空中障碍物离地高度：4.8m及以上（电动钻机5m及以上）	一般隐患

续表

序号	检查项目	图示	检查方法	检查内容及标准	隐患分级
8	道路踏勘			(1) 路面宽度：直线段路面有效宽度为3.5m，弯道上路面有效宽度为3.5m加上弯道加宽值。如因行驶拖车，路面宽度统一加宽0.5m。 (2) 道路坡度：一般平缓路段的最大纵坡应不超过10%，坡长应不超过200m。回头曲线的最大纵坡应不超过5%、超高横坡应不超过6%、坡长应不超过100m。越岭路线的相对高差大于500m时，平均纵坡不应大于5%。 (3) 路面空中障碍物离地高度：4.8m及以上（电动钻机5m及以上）	一般隐患
9	场地区域			(1) 管具管排架两端有专用挡销或挡杆。 (2) 管排架与钻台梯子距离不短于3m。 (3) 开钻钻头、钻具、工具、接头（按设计和施工方案验收）。 (4) 表层套管和固井附件及固井相关材料到齐	一般隐患

续表

序号	检查项目	图示	检查方法	检查内容及标准	隐患分级
10	场地区域（底座方井）		目视	底座两侧至少配置防坠落装置两个，固定在转盘大梁上，连接正确、试验可靠，钢丝绳无断丝、锈蚀、烧痕、磨损，安全钩无锈蚀、裂痕，自锁有效	一般隐患
11	场地区域		目视	（1）"当心落物""禁止吊物下过人""禁止停留""受限空间作业安全告知""钻台底座区域风险提示牌"摆放在外支梁底座前方。 （2）大门坡道下端要有保险绳与猫道连接。 （3）钻杆猫道（滑道）安装规范，连接牢固	一般隐患
12			目视	二层台逃生装置导向绳采用两条ϕ10mm钢丝绳，两个导向绳与地面的最佳角度为30°~45°，最大角度为75°，地面两地锚相距4m左右，两端用3只与之匹配的绳卡卡紧，摩擦片厚度大于3.2mm。地面有沙坑或保护垫，下滑处有安全链	一般隐患

续表

序号	检查项目	图示	检查方法	检查内容及标准	隐患分级
13				设置紧急集合点，在醒目位置摆放"紧急集合点"标示牌	一般隐患
14	场地区域	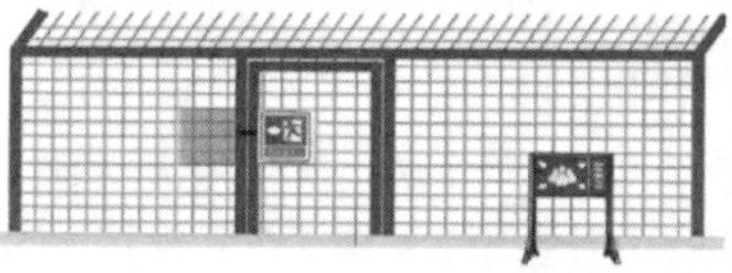 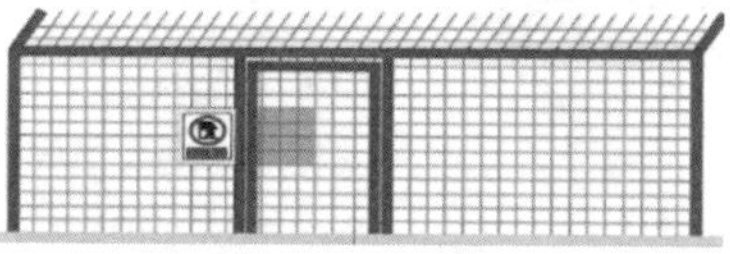  		（1）井场四周设围栏进行封闭管理，应急逃生门非紧急情况必须处于常闭状态，不允许外来人员随意进出。 （2）应急逃生门内侧应加装插销门锁，不能用铅丝或链条代替门锁。 （3）逃生门内门锁右侧设置"紧急逃生门"提示牌，应急逃生门外左侧设置"非工作人员严禁入内"提示牌	一般隐患
15		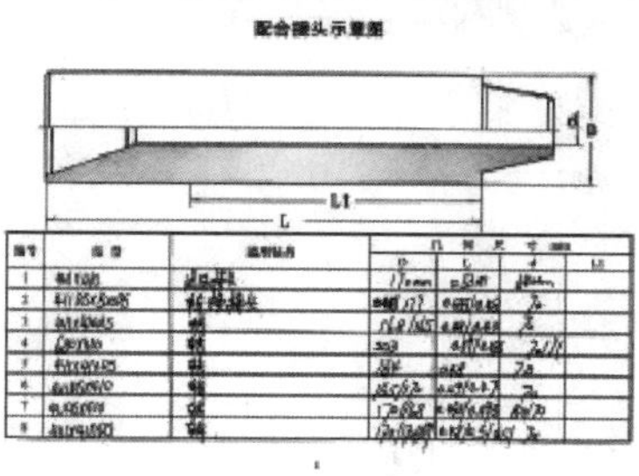		钻具记录本记录齐全准确，入井工具及打捞工具草图绘制准确齐全	一般隐患

续表

序号	检查项目	图示	检查方法	检查内容及标准	隐患分级
16	场地区域		👁	岗位人员劳动防护用品配备齐全	危害因素
17			👁	设置"清洁生产现场风险告知""清洁生产工程简介""板框压滤机操作规程""挖掘机安全操作规程""清洁生产区域主要风险及控制措施"等标识标牌，每块标牌按顺序摆放	危害因素
18	场地区域（清洁化）		👁	压滤机应设置"当心跌落""当心机械伤人""当心碰头""当心滑倒"安全警示标志于栏杆外侧；设置"当心挤压""当心夹手""禁止依靠"安全警示标志于栏杆内侧	危害因素
19			👁	（1）下沉池四周应修筑高度为200mm以上的挡水墙，"当心坑洞""当心坠落"应集中制作在不锈钢架上，置在面向井场醒目位置。 （2）岩屑传输装置应设置"当心机械伤害"警示牌	危害因素

续表

序号	检查项目	图示	检查方法	检查内容及标准	隐患分级
20	场地区域（清洁化）		目视	（1）岩屑暂存区旁设置"一般固体废物"或"危险固体废弃物"标识牌。 （2）岩屑传输收集区应搭建防雨棚，防雨棚立柱应粘贴警示条，并设置围挡	危害因素
21			目视	材料堆放区域应设置紧急洗眼器，洗眼器工作正常，水质干净、无损坏	危害因素
22	钻台机房底座		目视	钻台、机房底座各部件无开裂、扭曲变形及严重锈蚀；应使用专用销子连接牢固，销子边缘无卷曲、别针齐全	一般隐患
23			目视	钻台下方应设置速差自控器不少于两个，并在挂钩上设置引绳	一般隐患

续表

序号	检查项目	图示	检查方法	检查内容及标准	隐患分级
24	钻台面区域		目视	钻台应区分出危险区域、安全通道，保持通道地面干净无杂物、无钻井液，鼠洞未使用时应盖好盖板	一般隐患
			目视	"当心坠落""当心滑跌""当心落物""禁止抛物"固定在外支梁钻杆盒前，距离楼梯口40cm处	一般隐患
			目视	"当心井喷"固定在内支梁一侧，面对司钻操作室	一般隐患
			目视	钻台面区域风险提示牌固定在前场上钻台梯子入口左面护栏便于安装处	一般隐患
			目视	洗眼器工作正常，水质干净、无损坏	危害因素

续表

序号	检查项目	图示	检查方法	检查内容及标准	隐患分级
24	钻台面区域		目视	（1）钻台安装有3个梯子通道，其与水平面呈40°～50°角，支撑平稳。 （2）踏板完整呈水平位置，扶手齐全，连接平顺，无凹凸、无旷动	一般隐患
			目视	（1）钻台逃生滑道连接可靠，销子别针齐全，防护链便于取挂，且处于防护状态；钻台逃生滑道内清洁无阻。 （2）钻台逃生滑道出口应设置缓冲沙堆，尺寸不小于1.2m×1.0m×0.4m，周边无障碍物	一般隐患
			目视	钻台四周防护栏杆齐全，安装固定牢靠	一般隐患
			目视	大门门柱齐全，拴挂不少于两道防护链	一般隐患

续表

序号	检查项目	图示	检查方法	检查内容及标准	隐患分级
25	钻台面区域（B型大钳）		👁	B型大钳： （1）B型钳尾绳固定牢固、可靠。 （2）大小尾绳销及保险销齐全。 （3）B型大钳吊绳为ϕ16mm，两端各卡绳卡3只；尾绳直径为ϕ22.2mm，3只与之匹配的绳卡卡紧；吊绳为ϕ15.9mm	一般隐患
26	钻台面区域（吊环）		👁	吊环固定销牢固，有安全帽和保险销。吊环保险绳固定、耳钩保险螺栓紧固牢靠，吊环表面无裂纹	一般隐患
27	钻台面区域（吊卡）		👁✋	吊卡： （1）活门、弹簧、活门轴销、手柄、锁销、负荷台阶、保险销工作灵活，吊卡磁性销子系绳牢固。 （2）吊卡手柄固定可靠；销子无弯曲、裂纹，拴绳牢固	一般隐患

续表

序号	检查项目	图示	检查方法	检查内容及标准	隐患分级
28	钻台面区域（安全卡瓦）	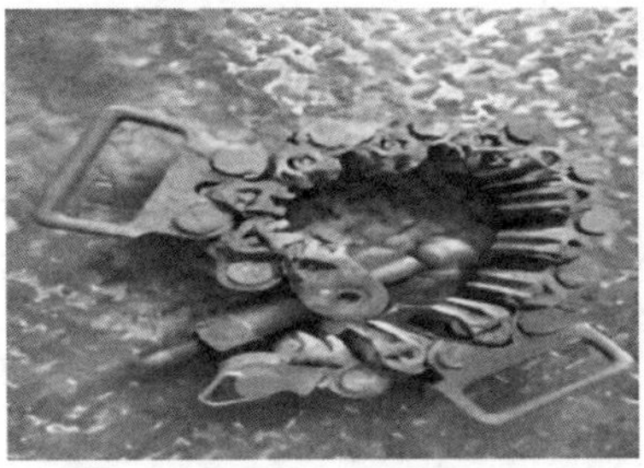	 看	安全卡瓦销子、卡牙齐全、完好；螺纹、紧帽配合良好、好用	一般隐患
29	钻台面区域	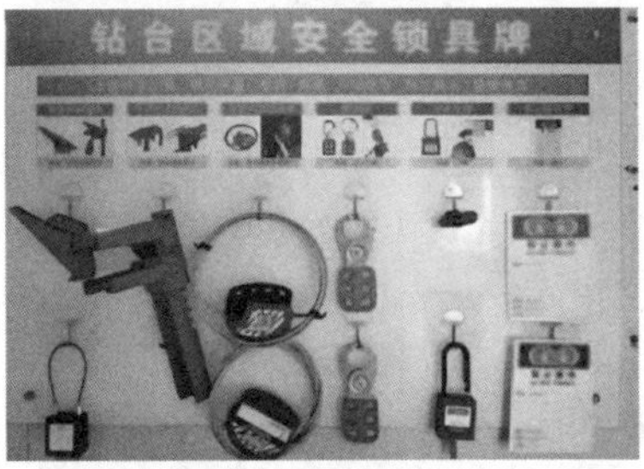	 看	钻台偏房设置安全锁具牌。包含楔型球阀锁具、可调节球阀锁具、可调节钢缆锁具、联锁器、安全挂锁、禁止操作标签	一般隐患
30	钻台面区域（司钻操作室）	 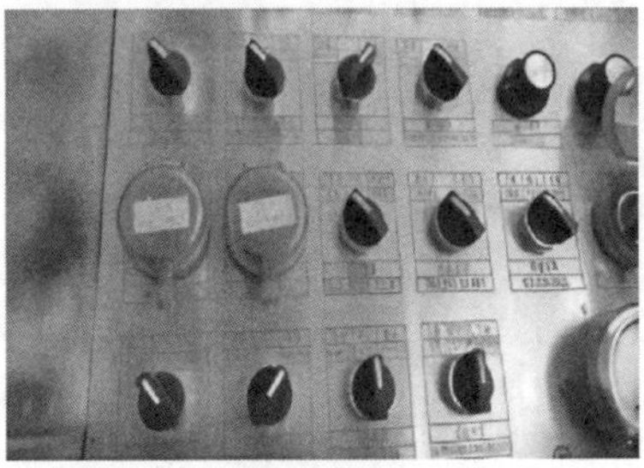 	  看、操作	（1）仪表、阀件齐全，工作正常（灵敏可靠）。 （2）所有操作手柄（开关）标识控制对象及开关状态。 （3）司控房或司控台醒目处粘贴"仅限指定人员操作"	一般隐患

续表

序号	检查项目	图示	检查方法	检查内容及标准	隐患分级
31	钻台面区域（司钻操作室）		目视	二层台、滚筒、钻井泵、振动筛处的视频系统图像清晰，云台转动灵活，固定连接可靠、声讯系统工作正常	一般隐患
32	钻台面区域（偏房）		目视	灭火器：配置8kg ABC干粉灭火器2具，5kg二氧化碳灭火器1具，放置在消防箱内	危害因素
33	钻台面区域（外挂指重表）		目视	指重表悬挂于井架右侧大腿拉筋上或专用支架上，表盘清洁，指针灵敏准确有减振措施	一般隐患
34	钻台面区域（死绳固定器）		目视	死绳固定器固定牢靠、挡绳杆齐全无变形。压板螺栓、并帽齐全，螺栓下端螺纹上完，上端余扣相等，余绳防退标记清晰；传感器油囊无渗漏，管线及接头紧固无刺漏	较大隐患
			目视	钻井大绳经过钻台铺台及底座端有防护措施	一般隐患

序号	检查项目	图示	检查方法	检查内容及标准	隐患分级
35	钻台面区域（液压盘刹）		目视	（1）盘刹液压站的油位处于刻度线以内。 （2）系统压力8MPa（以厂家说明书要求为准），工作钳压力8MPa以上，安全钳压力值8MPa以上，管线无漏油	一般隐患
36	钻台面区域（绞车）		目视	绞车固定牢固，设备整体卫生清洁，无跑冒滴漏，地面无油污、无钻井液、无积液	危害因素
			目视	滚筒排绳整齐，无断丝、扭曲、变形	一般隐患
				活绳头锥度卡螺栓紧固、并帽齐全，余绳约0.1m；余绳防退标记清晰	一般隐患

续表

序号	检查项目	图示	检查方法	检查内容及标准	隐患分级
36	钻台面区域（绞车）		目视	绞车排绳器固定牢靠，排绳器滚轮加挡板装置	危害因素
37	钻台面区域（防碰天车）		目视	插拔式防碰天车的挡绳采用 ϕ9mm 钢丝绳，距天车滑轮大于 4m；工作时高低速离合器放气灵敏；于 1s 内刹死	较大隐患
			目视	数码防碰天车屏显清晰，数字准确，在设定的动作圈数，报警、刹车灵敏	较大隐患
			目视	过卷阀动作位置设在游车距天车台底部不小于 5m 处，工作时高低速离合器放气灵敏；于 1s 内刹死	较大隐患
38	钻台面区域（转盘）		目视	（1）转盘顶丝螺栓齐全，无松动现象。 （2）转盘锁紧装置灵活可靠。 （3）转盘连接轴（器）牢固、可靠。 （4）转盘及传动装置油池液面在最低刻度以上	危害因素

第二章　石油钻井 HSE 检查表

续表

序号	检查项目	图示	检查方法	检查内容及标准	隐患分级
38	钻台面区域（转盘）		眼	（1）转盘顶丝螺栓齐全，无松动现象。 （2）转盘锁紧装置灵活可靠。 （3）转盘连接轴（器）牢固、可靠。 （4）转盘及传动装置油池液面在最低刻度以上	危害因素
39	钻台面区域（液气大钳）		眼、手	液压大钳安全门框无损坏、上下颚板无损坏，上下滑块紧固无断裂破损，上下钳牙无损坏、固定螺丝齐全、紧固，定位扶正螺栓紧固	一般隐患
			眼	液压大钳刹带平整，张紧适度，刹带正反扣调节筒、护罩齐全无损坏，液压大钳离合器气囊无损坏，连接液、气管线无漏气、漏液，阀件无损坏	一般隐患
			眼、手	液压大钳操作手柄灵活可靠，换向阀无漏气，操作手柄限位装置齐全，液压大钳气、液压力表无损坏，读数准确	一般隐患
			眼	吊绳及尾绳单头压制，无断丝，无变形，移送气缸与钳头连接钢丝绳，气缸叉头无松动；尾座耳板无变形，连接销、保险销无变形，无退位	一般隐患

续表

序号	检查项目	图示	检查方法	检查内容及标准	隐患分级
40	钻台面区域（铁钻工）	 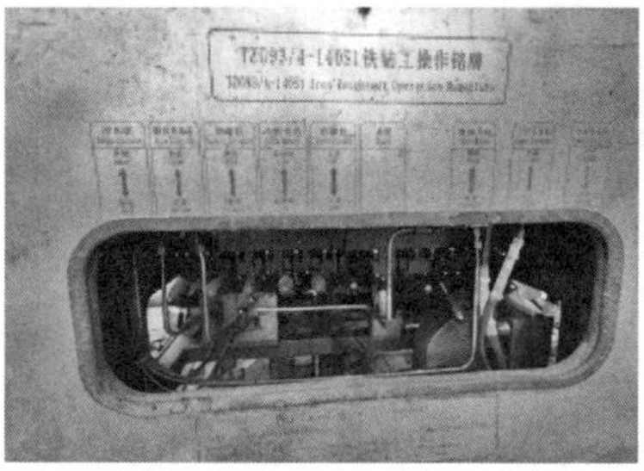	  看、摸	（1）液压油管线无破损刺漏、连接紧固密封、悬挂排列整齐，防磨措施到位，溢流阀等阀件牢靠密封。 （2）液压阀件无刺漏，操作手柄完好	一般隐患
41	钻台面区域（气动小绞车）	 	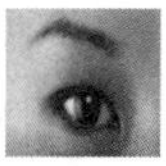 看	小绞车未使用时，吊钩应固定，小绞车"十不吊"张贴在绞车面向操作人员的护罩上。钢丝绳排列整齐，无锈蚀、无断丝、刹车可靠	一般隐患
42			 看	气动绞车油雾器油质无乳化，油量为油标尺的1/3~2/3	一般隐患

续表

序号	检查项目	图示	检查方法	检查内容及标准	隐患分级
43	钻台面区域（电动小绞车）		 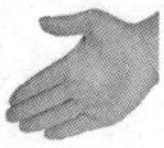	电机、减速机、电控运转平稳，无异响；电控系统正常（变频器、指示灯、开关等），接地线牢固可靠	一般隐患
44	井架区域（天车）	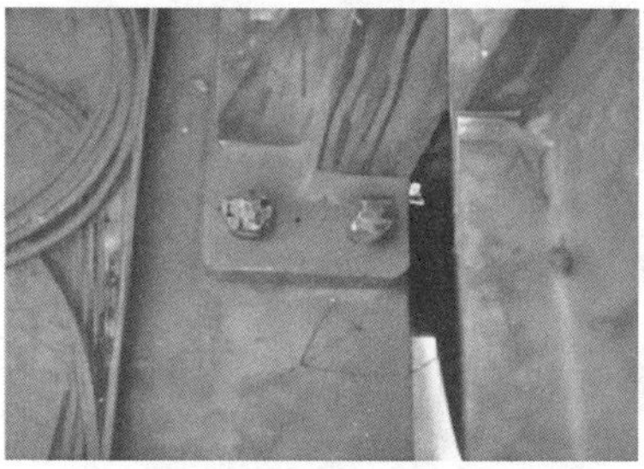 	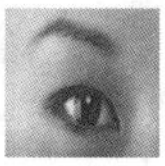 	（1）天车固定牢靠，固定螺栓防松装置齐全有效。 （2）顶部信号灯工作正常	一般隐患
45	井架区域（游车）	 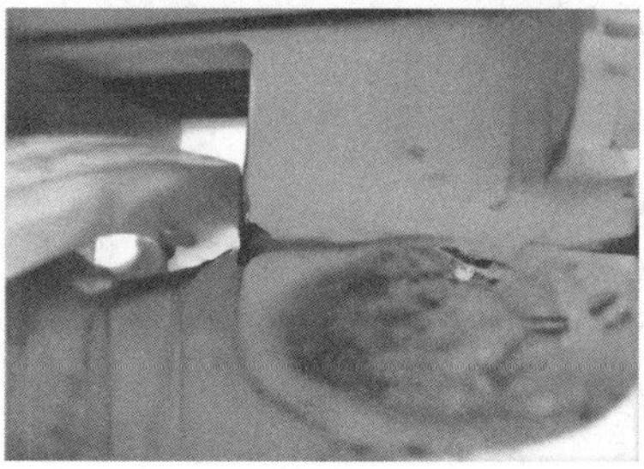	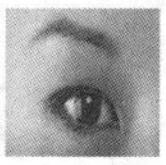 	（1）游车及大钩的螺栓、销子及护罩齐全、紧固。 （2）游车与大钩连接环销灵活可靠	一般隐患

续表

序号	检查项目	图示	检查方法	检查内容及标准	隐患分级
46	钻台面区域（顶驱）		看	顶驱外观清洁，无锈蚀；液压系统无刺漏	一般隐患
47			看	顶驱导轨总成（天车头悬挂耳板、连接卸扣、调节板、导轨及连接销、两道反扭矩梁）固定牢靠	一般隐患
48			看	"当心滑跌""当心坠落""当心中毒""发现溢流立即正确关井，疑似溢流立即关井检查"固定在1#循环罐上正对井场大门的护栏上	一般隐患
49	循环罐区域		看	"当心触电""必须戴耳塞""循环罐区域风险提示牌""职业危害因素检测公示牌"固定在1号振动筛前方护栏上，最右侧紧靠前场护栏	一般隐患
50			看	走道板拉筋无变形，销子、别针齐全到位	一般隐患

续表

序号	检查项目	图示	检查方法	检查内容及标准	隐患分级
51	循环罐区域		👁	循环罐面整洁，盖板齐全，无坑洞，通道畅通	一般隐患
52			👁	泄压管线使用φ16mm钢丝绳作为保险绳或两头防脱卡，连接牢靠	一般隐患
53	循环罐区域（振动筛）		👁✋	（1）振动筛上、外有挡泥板。 （2）减振器完好无破损，角度调整器完好工作正常	一般隐患
54	循环罐区域（除砂除泥一体机）		👁✋	（1）除砂、除泥一体机泵试运转正常、有外挡泥板。 （2）每个旋流器畅通无堵塞。 （3）压力值在0.2～0.4MPa	危害因素

续表

序号	检查项目	图示	检查方法	检查内容及标准	隐患分级
54	循环罐区域（除砂除泥一体机）		目视	（1）除砂、除泥一体机泵试运转正常、有外挡泥板。 （2）每个旋流器畅通无堵塞。 （3）压力值在 0.2～0.4MPa	危害因素
55			目视	配浆罐栏杆上固定"配浆时戴橡胶围裙""配浆时戴橡胶手套""配浆时戴防溅眼镜""配浆时戴滤尘口罩"标识牌	一般隐患
56	循环罐罐面		目视	循环罐配置4具8kg干粉灭火器。4具灭火器分别放于振动筛和循环罐后场出口栏杆处	危害因素
57			目视	循环罐上入口（盖板）处设置"受限空间"标识	一般隐患

续表

序号	检查项目	图示	检查方法	检查内容及标准	隐患分级
58	循环罐罐面		 看	洗眼器工作正常,水质干净、无损坏	危害因素
59		 	  看、摸	(1)循环罐固定梯子、扶手、栏杆、各出口蝶阀手柄、盖板等安全附件配置齐全、完好。 (2)循环罐走道畅通,无障碍物,走道板固定牢靠	一般隐患
60	循环罐区域(加重泵)		 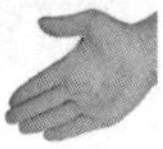 看、摸	泵体不漏、开关阀件完好、喷嘴不刺漏	危害因素
61			 看	配置洗眼器1个,工作正常、水质干净、无损坏	危害因素

续表

序号	检查项目	图示	检查方法	检查内容及标准	隐患分级
62	循环罐区域（剪切泵）		看	剪切泵试运转正常，开关阀件完好	危害因素
63			看	钻井泵整体清洁卫生，管线、泵体无跑冒滴漏，每个钻井泵单独有围堰和积污坑	危害因素
64	泵房区域		看	压力表在检定有效期内，张贴有检定合格证，工作正常	一般隐患
65			看	润滑油清洁无污染，油面在油标尺上下刻度线之间	一般隐患
66			看	冷却水清洁，喷淋泵连接规范，无跑冒滴漏，喷淋管线畅通，喷嘴齐全，喷淋泵运转正常，不漏水	危害因素

续表

序号	检查项目	图示	检查方法	检查内容及标准	隐患分级
67				钻井泵空气包预充氮气，充气值为工程设计泵压的1/3~1/4，最高不超过8.6MPa，压力表压力等级应与之匹配，压力表灵敏、无破损	一般隐患
68	泵房区域			"当心机械伤人""高压危险禁止逗留""禁止乱动阀门""当心高压伤害"摆放在节流管汇与1号泵间便于观察不影响泵房区域通道处	一般隐患
				泵房设置安全锁具牌。包含可调节蝶阀锁具、阀门锁具、可调节球阀锁具、联锁器、安全挂锁、禁止操作签	一般隐患
				高压管汇应固定，各阀门开关状态应进行挂牌标识。高压管汇及高压软管介质和流向按图示要求进行标识	一般隐患

续表

序号	检查项目	图示	检查方法	检查内容及标准	隐患分级
69			眼	"当心烫伤""当心机械伤人""当心超压""注意防爆""必须戴护耳器""噪声危害告知卡""机房区域风险提示牌""职业危害因素监测公示牌"固定在机房入口右侧护栏上	一般隐患
70	机房区域		眼、手	外观及安装状况： （1）柴油机与底座固定应牢靠，柴油机与联轴器连接应可靠，飞轮、万向轴、风扇等处护罩应完整稳固。 （2）减震胶块无损坏。 （3）柴油机零部件齐全完整。 （4）飞轮等旋转运动部位附近无杂物。 （5）油、水、气无泄漏，管路连接正确、畅通无阻	一般隐患
71			眼	（1）空气压缩机运转正常，固定牢靠。 （2）使用油品符合规定要求，油位在刻度范围内。 （3）气瓶输出压力值在0.8~1MPa	一般隐患

续表

序号	检查项目	图示	检查方法	检查内容及标准	隐患分级
72	机房区域		看	（1）储气瓶安全阀、压力表灵敏可靠，有定期检查合格证。 （2）空气干燥装置安全阀、压力表灵敏可靠，有定期检查合格证。 （3）管线无刺漏。 （4）排水通畅	一般隐患
73			看	机房区域配置8kg ABC干粉灭火器4具，放置在两个消防箱内，摆放在气源房靠近上梯子墙边	危害因素
74	发电房及电气设施		看	井场采用等电位接地保护	一般隐患
75			看	总等电位联结母线统一为完整的截面积为25mm² 的铜芯导体或35mm² 的铝芯导体，总等电位联结母线总长不大于150m	一般隐患

续表

序号	检查项目	图示	检查方法	检查内容及标准	隐患分级
76			目视	（1）接地桩使用 50×50×5mm 镀锌角钢，长度大于 0.6m，总等电位接地桩（3个以上）之间间距 1～1.5m。 （2）除检测接地桩露出地面 10cm 左右外，其余接地桩埋于地下，电气设备接地电阻不高于 4Ω，其他接地电阻不高于 10Ω	一般隐患
77	发电房及电气设施		目视	发电房、电控房电缆接入、输出端均应有盖板和胶垫防护	一般隐患
78			目视	有地埋电缆的区域应设置"注意！下有电缆"标志	一般隐患
79			目视	电控柜下铺垫 100mm×100mm 绝缘胶皮	一般隐患

续表

序号	检查项目	图示	检查方法	检查内容及标准	隐患分级
80	发电房及电气设施			发电房区域配置7kg二氧化碳灭火器2具，并配有防冻手套	危害因素
81	应急池			（1）应急池四周应设置栏杆，栏杆高度不低于1.2m。应急池四周应设置"当心坠入""当心溺水"标识。 （2）应急池围栏有入口的一侧与对侧的内侧围栏上应分别规范悬挂一只配备有30m救生绳的专用全塑救生圈	一般隐患
82	消防房			（1）配置35kg干粉灭火器4具、8kg干粉灭火器10具、5kg CO_2 灭火器7具、消防水带（不短于150m）、ϕ19mm直流水枪2支、消防斧2把、消防锹6把、消防钩2支、消防桶8只、消防毡10张。 （2）灭火器有合格证，出厂日期、检测日期，在有效期内（自出厂之日起不超过5年）。 （3）瓶体、外观无尘污、损坏，涂层脱落面积不超过瓶体总面积的1/3。 （4）保险销、铅封完好。压把使用灵活，无破损。喷管连接良好无松动，喷嘴（管）本体无老化、粘连、破损、堵塞。 （5）干粉灭火器检查压力表完好，压力在绿区。 （6）正前方张贴"禁止乱动消防器材""钻井队消防房器材配置表"	一般隐患

续表

序号	检查项目	图示	检查方法	检查内容及标准	隐患分级
83	营地区域		看	（1）野营房基础平、稳、牢固。内部通道畅通、平整、营区周边无杂草。 （2）营地临边处栏杆齐全。营地干净卫生，无废物、垃圾	危害因素
84	营地区域		看	营地内无私接乱接线路	一般隐患

二、设备启动前 HSE 检查表

启动前安全检查是指在工艺、设备启动前对所有相关因素进行检查确认，并将所有必改项整改完成，批准启动的过程。新设备、停工检修设备、长期停运设备、重新安装的设备及经过变更的设备，启动必须进行启动前安全检查。设备启动前 HSE 检查表见表 2-4。

第二章 石油钻井 HSE 检查表

表 2-4 设备启动前 HSE 检查表

检查路线：井架→底座→转盘→绞车→盘刹→钻井泵→柴油机→发电机→电控房→顶驱
隐患分级：危害因素：54 条　　一般隐患：78 条　　较大隐患：1 条　　重大隐患：0 条

序号	检查项目（部位）	检查点	图示	检查方法	检查内容	隐患分级
1	井架	起升前的检查	① ② ③ ④ ⑤		①所有构件之间连接销安装应正确齐全，别针应穿好	一般隐患
					②所有螺栓螺母应上紧，并有开口销或防松垫圈	一般隐患
					③所有转动部位润滑应良好	危害因素
					④起升大绳和游动系统钢丝绳，不得有扭结、断丝、压扁、锈蚀等缺陷	一般隐患
					⑤清理井架上一切与起升无关的杂物，以免下落伤人	一般隐患

续表

序号	检查项目（部位）	检查点	图示	检查方法	检查内容	隐患分级
1	井架	预起升			确定风速小于8.3m/s，应用绞车最低挡，将井架起升至离支架200mm左右时，刹车5min进行起升前检查	一般隐患
		预起升后的检查			①确认起升大绳和游动系统钢丝绳穿绳无误，钢丝绳均在绳槽中，挡绳装置可靠	一般隐患
					②起升大绳的活绳头，不得有滑移现象	一般隐患
					③死绳固定器的压板应上紧，死绳无滑动	较大隐患
					④人字架前后支脚、支座、井架大支脚、起升导向轮支座、起升大耳板、起升滑轮、井架体立柱和斜横拉筋、钻台底座关键受力耳板及钻台底座与机房底座连接耳板等不得有变形、焊缝开裂等现象	一般隐患

续表

序号	检查项目（部位）	检查点	图示	检查方法	检查内容	隐患分级
2	底座	外观	①	目视	①连接销子、抗剪销、螺栓、别针、保险销齐全紧固，连接销专销专用	一般隐患
			②		②焊缝无开裂现象，底座构件无弯曲、变形、裂纹	一般隐患
			③		③钻台栏杆齐全牢固，下方有踢脚板（高度不低于120mm），踢脚板下沿与走道间隙8～15mm	一般隐患
			④		④平拉筋、斜支撑平直，主立柱无变形，拉筋变形量小于10mm	一般隐患
		润滑	①	目视	①起放底座前，应给左右起升的滑轮轴承注满润滑脂（加注时一定要见到旧油挤出），快绳支架上的快绳导向滑轮槽加机油润滑	危害因素

续表

序号	检查项目（部位）	检查点	图示	检查方法	检查内容	隐患分级
2	底座	润滑		目视	②起升和下放前必须向底座旋转部位加注润滑脂	危害因素
		操控		目视	在底座起升后，将起升大绳挂在井架内侧的悬绳器上	危害因素
3	转盘	外观及安装		目视	①转盘安装前要仔细检查清理转盘底面油污及钻台底座转盘梁上的油污，检查并确保转盘上端盖及各部位传动护罩装配齐全、固定可靠	危害因素
				目视、手动	②转盘安装时，要进行必要的调整，转盘中心必须与井架中心对正；转盘面应保持水平，上盖与台面平齐，安装时用垫片调整。各连接销子保险销必须穿好，防止振动连接销子脱落	危害因素
					③使用链条传动方式的转盘，转盘输入链轮与绞车输出链轮平面度必须进行找正，偏差小于1.5mm	一般隐患

第二章 石油钻井 HSE 检查表

续表

序号	检查项目（部位）	检查点	图示	检查方法	检查内容	隐患分级
3	转盘	外观及安装			④使用万向轴转动方式的转盘，螺栓必须紧固，螺栓上开口销或保险铁皮（保险铁丝）必须完好	一般隐患
		润滑			①箱体内润滑油液面应保持在油窗下油孔以上	一般隐患
		润滑			②箱内轴承、链轮和链条、齿轮啮合处应受到充分润滑	一般隐患
		润滑			③齿轮油泵、滤油器安装稳固，滤芯清洁。油管线、喷淋装置完整、通畅。压力表应完好，并已校验。检查转盘油池中的润滑油位与状况，油面应在油标尺上、下限的刻线间偏上	一般隐患
		操控			①检查转盘水平轴锁紧装置，在转盘启动前应不在锁紧位置	一般隐患

续表

序号	检查项目（部位）	检查点	图示	检查方法	检查内容	隐患分级
3	转盘	操控			②检查方瓦与转台、方补心锁销，当销子端部箭头指向转台、方补心时，则表示方瓦与转台、方补心锁定，反之表示方瓦与之分离	危害因素
					③操作司控台手轮、旋钮，信号灵敏、准确，转盘电动机及风机反应及时、准确	一般隐患
					④操作控制旋钮时，阀岛箱内惯刹阀件动作到位，相应离合器气路动作应正确	一般隐患
4	DB绞车	外观及安装			①钻台大班检查并确保各部位护罩及紧固件装配齐全、固定可靠	一般隐患
					②机房大班检查润滑系统、冷却系统、液压系统和辅助刹车系统的动力线和控制线连接情况，确保接线规范、准确	危害因素

续表

序号	检查项目（部位）	检查点	图示	检查方法	检查内容	隐患分级
4	DB 绞车	外观及安装			③启动动力机和空气压缩机，做好为绞车提供动力和供气准备，为绞车各用电系统供电。钻工打开储气罐上的供气阀给绞车供气	危害因素
					④钻台大班检查气路管线、液压管线、冷却通道、润滑管线连接情况，确保各个管线连接正确、规范，无渗漏	危害因素
					⑤绞车刹车盘无油污，单边磨损不大于 5mm	一般隐患
		供气系统			①钻台大班将气源供气压力调至 0.7～0.9MPa	危害因素
					②司钻操作司钻台上的气控制阀件两次，由钻台大班检查阀件的动作和逻辑关系，确保阀件动作准确，逻辑关系正确	一般隐患

续表

序号	检查项目（部位）	检查点	图示	检查方法	检查内容	隐患分级
4	DB 绞车	润滑		目视	①油池油面在刻度范围内，必要时加注；润滑油泵压力是否为 0.1～0.6MPa	一般隐患
					②各链条润滑喷嘴无堵塞，喷嘴方向正确；润滑良好，润滑管线无漏油	一般隐患
		冷却系统		目视	①检查冷却风机固定牢靠	一般隐患
				手触、耳听	②司钻启动冷却风机，检查冷却风机工作情况，确保工作正常	一般隐患
		启动系统		目视	①检查钻机挡位	危害因素
				手触	②电机运转方向、绞车空转、主刹车、辅助刹车、能耗制动、防碰系统、应急电机的调试，确保正常	一般隐患

续表

序号	检查项目（部位）	检查点	图示	检查方法	检查内容	隐患分级
4	DB 绞车	仪表		看	仪表和控制面板应完好	一般隐患
		空运转		听、看、触	在绞车滚筒缠绳前,让绞车空运转 20min,检查以下项目: (1)检查润滑系统工作状况,油压 0.2～0.6MPa。 (2)检查绞车无异常响声及震动。 (3)检查绞车各保护功能有效。 (4)检查 PLC 工作正常	一般隐患
5	盘刹	外观及安装		看、触、测	①检查各管路连接是否畅通和正确,特别是工作钳、安全钳管路安装是否正确	一般隐患
					②液面:最高液面以下,最低液面以上	危害因素

续表

序号	检查项目（部位）	检查点	图示	检查方法	检查内容	隐患分级
5	盘刹	外观及安装	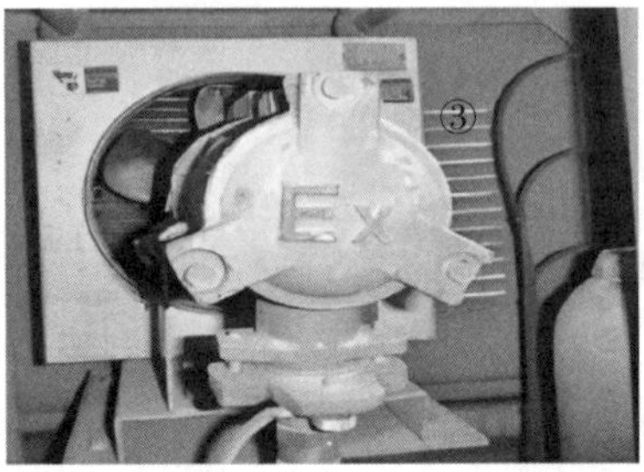		③温度：油温不高于60℃	一般隐患
					④系统压力：PSZ75，9MPa；PSZ65，7MPa	一般隐患
			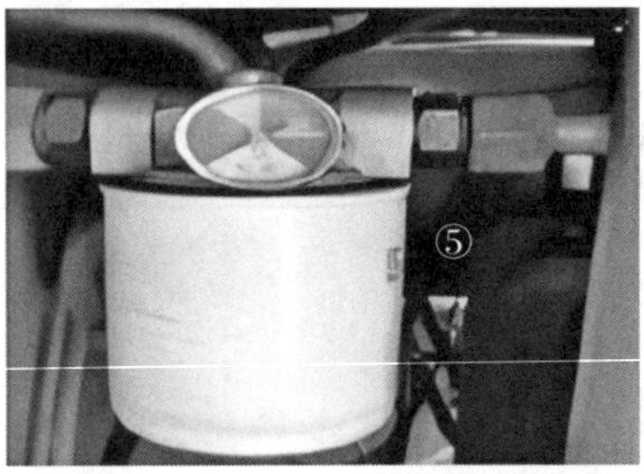		⑤滤油器：堵塞指示器的指针应在绿色区域	一般隐患
					⑥油缸密封性：无滴漏	一般隐患
					⑦刹车块最大间隙（单边）：工作钳，1mm；安全钳，0.5mm	一般隐患

续表

序号	检查项目（部位）	检查点	图示	检查方法	检查内容	隐患分级
5	盘刹	外观及安装			⑧刹车块厚度：最小厚度12mm	一般隐患
					⑨各管线及接头：密封良好无渗漏、无损坏	一般隐患
					⑩各销轴是否粘连：无载下推、拉、转各销轴并确认移动自由无粘连	一般隐患
		液压系统			①开启吸油口截止阀、柱塞泵泄油口截止阀，关闭蓄能器组截止阀。若使用场合不需冷却器工作，则将冷却器旁路截止阀开启；若需要冷却器工作，则将冷却器旁路截止阀关闭	一般隐患
					②检测蓄能器充氮压力，确保充氮压力为4MPa	一般隐患

续表

序号	检查项目（部位）	检查点	图示	检查方法	检查内容	隐患分级
5	盘刹	液压系统			③启动电动机，检查旋转方向是否正确（柱塞泵旋向为顺时针，即按泵上红色箭头方向）	一般隐患
6	钻井泵	外观及安装			①由大班司钻检查油量：油位在油标尺刻度范围之内。如果有明显的油乳化现象则须更换润滑油	一般隐患
					②检查冷却水水质良好；检查喷淋泵转动可靠、不漏水；喷淋管道干净畅通，各个喷嘴齐全、完好	危害因素
					③检查钻井泵各部位紧固螺栓确保牢固。测量卡箍两个半夹的开口间隙，使活塞杆端面形成良好的金属对金属连接。当两半夹间隙小于2mm时，需要更换卡箍	危害因素
					④安全阀无锈蚀，在检定有效期内，安全销按规定选用穿销，定压标尺完好，标识清楚，定期检查记录	一般隐患

续表

序号	检查项目（部位）	检查点	图示	检查方法	检查内容	隐患分级
6	钻井泵	外观及安装		看、摸	⑤泄压管线略高于循环罐，固定牢固并加保险绳，出口弯头为120°，入循环罐内长度150~200mm，管线无变径，焊缝合格，不超2道焊缝	一般隐患
		润滑系统		看	①35MPa钻井泵用CKD320（或KG320）齿轮油，52MPa钻井泵用KG320齿轮油，加至油标尺上刻度线位置，由大班司钻进行确认	一般隐患
				看、测温、摸	②润滑油泵各连接管线连接可靠、无渗漏	危害因素
					③新泵（或长时间停用泵）首次使用时，必须打开各检查端盖，向齿轮、轴承、十字头油槽内加油，使钻井泵在启动时各摩擦装置得到良好润滑	一般隐患
		空气包		看、摸	①空气包充气压力值正确（原则上充气压力是泵出口压力的1/3），35MPa钻井泵空气包充气压力[（4±0.5）MPa]，52MPa钻井泵空气包充气压力（宝石F1600HL不高于8.6MPa）	一般隐患

续表

序号	检查项目（部位）	检查点	图示	检查方法	检查内容	隐患分级
6	钻井泵	空气包		目视	②充气包顶部压力表和放气阀齐全完整，放气阀灵敏可靠，压力表定期检测	一般隐患
				手检	③充气包充气开关完好，管线螺纹完好，护帽齐全	危害因素
7	柴油机	外观及安装		目视	①柴油机与底座固定应牢靠，柴油机与联轴器连接应可靠，飞轮、万向轴、风扇等处护罩应完整稳固	一般隐患
				目视	②减振胶块无损坏	危害因素
					③柴油机零部件齐全完整	一般隐患

续表

序号	检查项目（部位）	检查点	图示	检查方法	检查内容	隐患分级
7	柴油机	外观及安装		 👁	④飞轮等旋转运动部位附近无杂物；油、水、气无泄漏，管路连接正确、畅通无阻	危害因素
		燃油、冷却系统		 👁	①水箱内的冷却液液面必须保持在规定位置	一般隐患
			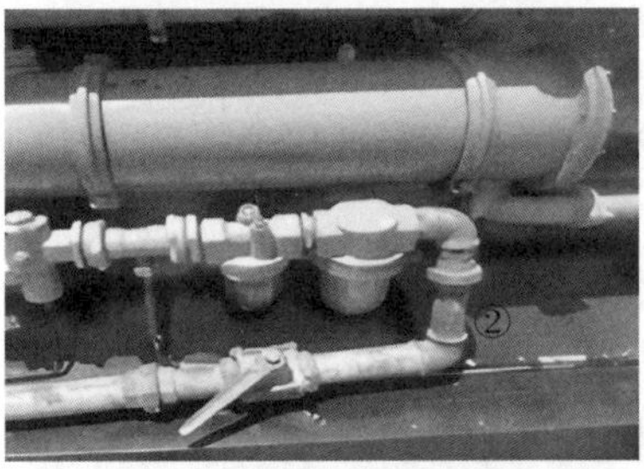		②燃油箱内油料应充足，管路畅通	危害因素
		操控系统		 👁	①转动油门手柄，操作传动杠杆应轻便、灵活	一般隐患
					②扳动调速器上的停车手柄，齿条应移动灵活，不应有卡滞现象	一般隐患

续表

序号	检查项目（部位）	检查点	图示	检查方法	检查内容	隐患分级
7	柴油机	操控系统	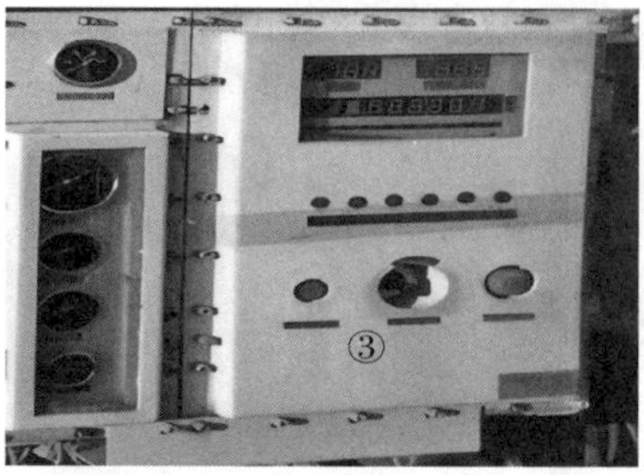	 看	③仪表和控制面板应完好	危害因素
			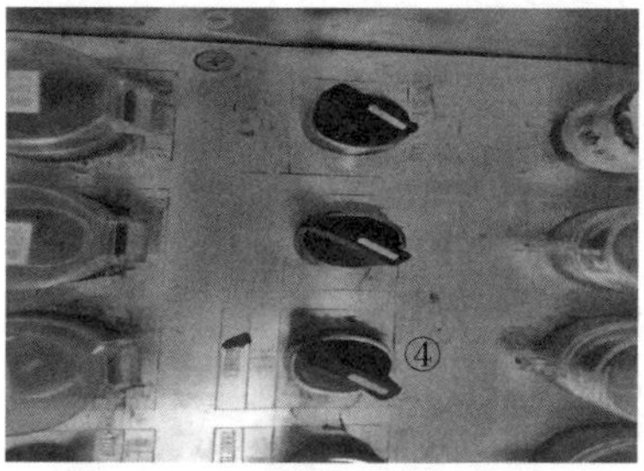		④柴油机动力输出离合器开关位于摘开位置	一般隐患
8	发电机	外观及安装	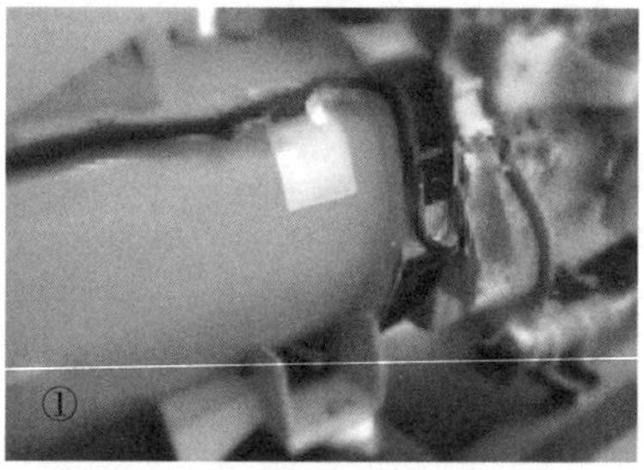	   看、摸	①发电机组与底座固定应牢靠、柴油机与联轴器连接应可靠、护罩应完整稳固	危害因素
			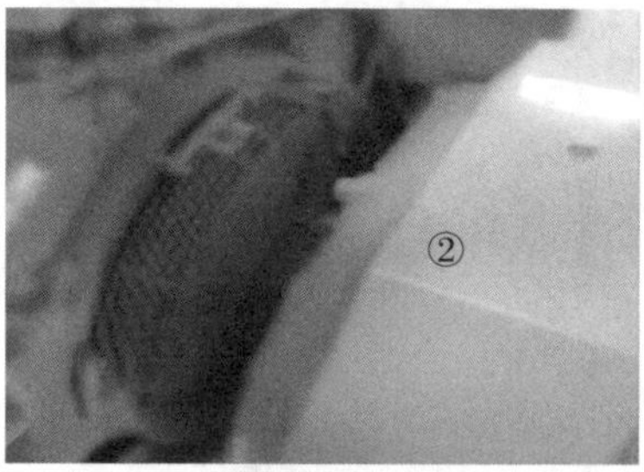		②减振胶块无损坏	危害因素
					③发电机组零部件齐全完整，飞轮等旋转运动部位附近无杂物	一般隐患

续表

序号	检查项目（部位）	检查点	图示	检查方法	检查内容	隐患分级
8	发电机	外观及安装			④油、水、气无泄漏，管路连接正确	一般隐患
					⑤接线柜内清洁无灰尘，柜门紧，滤网清洁，散热良好	危害因素
					⑥接线板及控制线固定牢靠，动力输出电缆无老化、破损，线鼻子压实、螺母紧固，电缆卡箍衬套无缺失、松动	一般隐患
		燃油及冷却系统			①检查燃油箱内油料是否符合说明书规定的品种、规格。油箱内应注入充足的燃油，注入的燃油必须经过48h沉淀，并经过滤后使用	危害因素
					②接通燃油油路，排除柴油滤清器及喷油泵的空气，使柴油充满输油泵、燃油滤清器和喷油泵	危害因素

续表

序号	检查项目（部位）	检查点	图示	检查方法	检查内容	隐患分级
8	发电机	燃油及冷却系统		 	③油底壳内机油液面应保持在油标上、下两刻线之间	一般隐患
			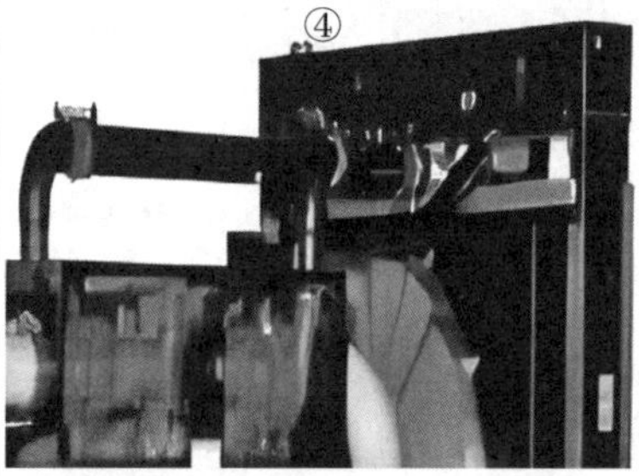		④水箱内的冷却液液面保持在规定位置	一般隐患
					⑤采用气动马达启动系统时，检查气源压力应达到588~882kPa，输气管路不得漏气	危害因素
			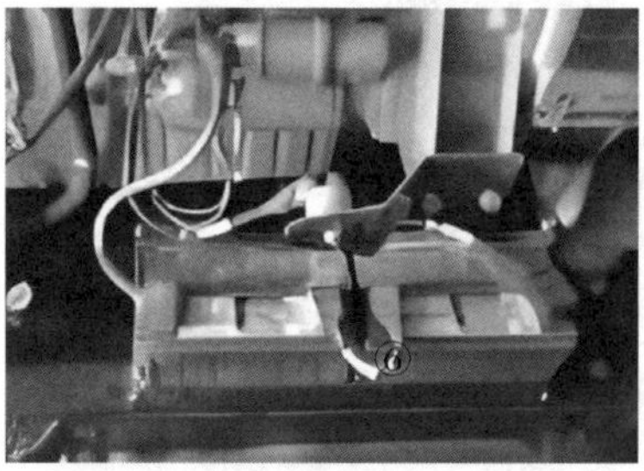		⑥采用电动马达启动系统时，检查蓄电池电压及电解液密度，应处于饱和状态。启动电瓶电压不低于24V（DC）	危害因素
		操控系统	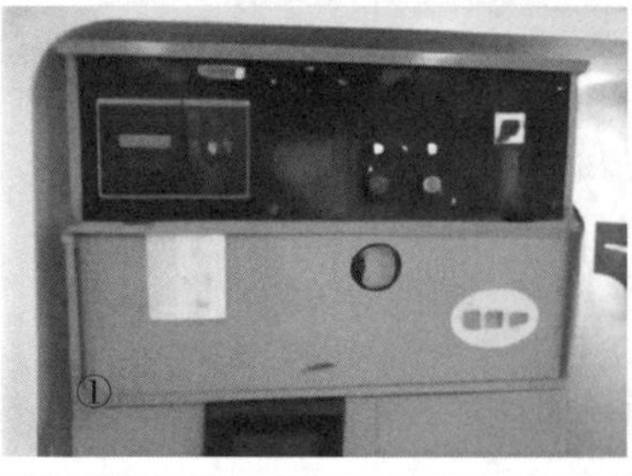		①发电机组控制按钮中"怠速"按键处于按压状态	一般隐患

续表

序号	检查项目（部位）	检查点	图示	检查方法	检查内容	隐患分级
8	发电机	操控系统		目视	②速度调节旋钮及电压调节旋钮处于中间位置	一般隐患
					③柴油机上的超速跳闸机构处于复位。仪表和控制面板应完好	一般隐患
					④发电机组动力输出断路器开关位于断开位置	一般隐患
9	电控房	开关接线		目视	①确认电控房内主断路器、控制柜内启动马达蓄电池开关和发电机组控制屏上的启动开关在"断开"位置	一般隐患
					②电缆插头、插座无损坏和松动，电缆无损伤	危害因素

续表

序号	检查项目（部位）	检查点	图示	检查方法	检查内容	隐患分级
9	电控房	并机系统		目视	①确认电控房内所有断路器在"断开"位置，电压表、电流表、功率表的指针在"0"位，频率表的指针在45Hz以下位置	危害因素
				目视	②确认"待上线"发电机组控制柜面板上的"转速调节"旋钮和"电压调节"旋钮的指针应位于旋钮量程的1/3位置	危害因素
				目视	③确认"待上线"发电机组控制柜面板上的"3AT"组合开关在"停止"位置（"3AT"是指发电机组的停止、运行、急速三种工作状态）	一般隐患
				目视	④确认"待上线"发电机组的"紧急停车"按钮、"超速杆"已复位	一般隐患
		变压器		目视	变压器油标位置不低于油尺量程的1/3处。变压器运行无异常声响。变压器接线端子和分接开关无过热变色现象	一般隐患

续表

序号	检查项目（部位）	检查点	图示	检查方法	检查内容	隐患分级
9	电控房	MCC柜		 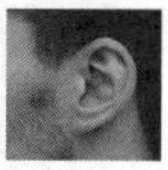 👁️👂	内各电气元件（断路器、接触器、继电器等）工作正常。空气开关完好，摘挂灵活，连接线螺栓紧固	危害因素
		变频柜	 ①	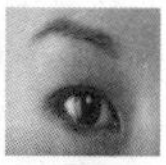 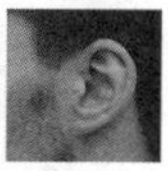 👁️	①整流柜、逆变柜、制动电阻柜内电路板无尘，柜门上锁，风机风道畅通，运转时无杂音	危害因素
			 ②	👂	②变频器参数正常，各指示灯正常，运行状态符合当前工况，无过载现象	一般隐患
10	顶驱	外观及安装	 ①	  👁️🔧	①鹅颈管及接头完好	危害因素
			 ②	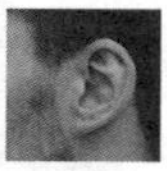  👂🌡️	②保险绳、安全链及安全销连接齐全牢靠	危害因素

续表

序号	检查项目（部位）	检查点	图示	检查方法	检查内容	隐患分级
10	顶驱	外观及安装		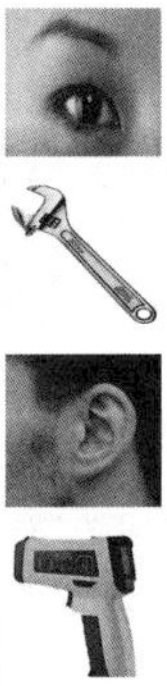	③背钳和钳牙固定牢靠	一般隐患
					④钳牙和保护接头螺纹磨损在要求范围以内	危害因素
			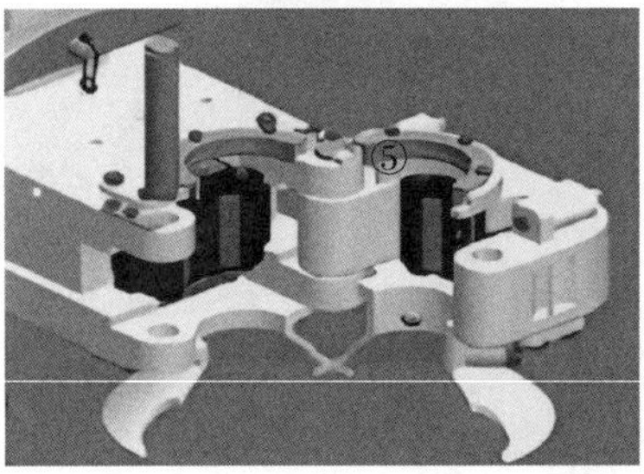		⑤背钳钳头锁止销及螺栓连接可靠	一般隐患
					⑥液压系统油箱液位在刻度范围以内	一般隐患
					⑦变速箱专用齿轮油油质油量合格，端盖紧固密封。推荐冬季使用美孚 626# 齿轮油，夏季选用美孚 629，酷热天气（30℃以上）用美孚 632	危害因素

序号	检查项目（部位）	检查点	图示	检查方法	检查内容	隐患分级
10	顶驱	外观及安装			⑧液压油过滤器显示在正常范围以内	危害因素
					⑨主轴防松装置紧固螺栓无松动	一般隐患
					⑩各润滑点是否按要求加润滑油（脂）	危害因素
					⑪减速箱油箱液位在要求范围内	一般隐患
					⑫液压站蓄能器压力在要求范围内	危害因素

续表

序号	检查项目（部位）	检查点	图示	检查方法	检查内容	隐患分级
10	顶驱	外观及安装			⑬倾斜臂及U型卡固定牢靠，前后倾角适度，浮动灵活，复位正常，左右平衡无憋劲	危害因素
					⑭背钳附件齐全牢靠，钳头夹持范围、扭矩达标，咬合、泄压灵敏到位，钳牙磨损度不大于齿高的1/3，钳头锁止销紧固牢靠	危害因素
					⑮导轨连接紧固可靠，（顶部调节板、最下一节导轨）两道防脱保险绳齐全完整，保险绳绳径22mm，松弛范围200～300mm，导轨防提装置有效	危害因素
		电缆及液压管线			①爬架电缆及液压管线在井架固定牢靠	危害因素
					②液压软管及电缆接头连接牢靠，电缆接线正确	危害因素

续表

序号	检查项目（部位）	检查点	图示	检查方法	检查内容	隐患分级
10	顶驱	电缆及液压管线		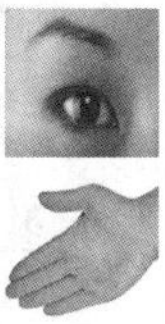	③液压软管及电缆防护层完好	危害因素
					④游动电缆无缠绕	危害因素
		液压系统		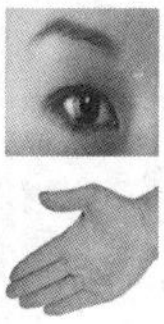	①液压油箱油质油量合格，过滤器清洁，液压泵工作正常无刺漏	危害因素
					②液压泵电机固定牢靠，转向正确，转速、功率、温度正常	一般隐患
					③系统储能器压力正常，固定牢靠	危害因素

续表

序号	检查项目（部位）	检查点	图示	检查方法	检查内容	隐患分级
10	顶驱	液压系统	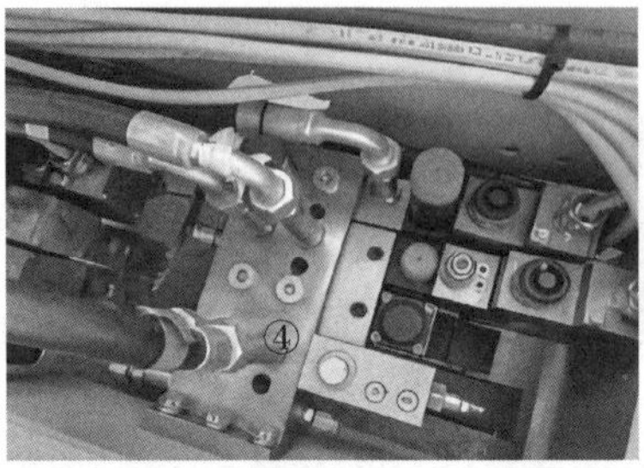	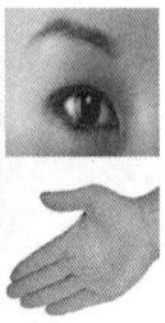	④液压阀组密封可靠，灵敏有效，液压电控箱完好可靠	一般隐患
		电控系统	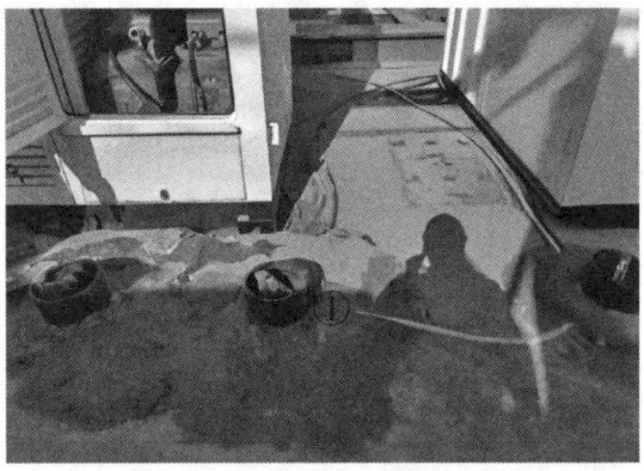		①电控房、变压器接地装置安装正确、规范	一般隐患
					②电控房空调固定良好，工作正常，冷凝器、蒸发器外表干净	危害因素
					③电控房摆放位置合理，外部走线、接线合理、紧固	危害因素
					④电控房内/外门完好、锁紧；地面铺设绝缘橡胶垫	危害因素

序号	检查项目（部位）	检查点	图示	检查方法	检查内容	隐患分级
10	顶驱	电控系统			⑤电控房各指示灯及仪表显示正常，各操作开关完好	一般隐患
					⑥司控台控制箱密封良好，正压防爆装置工作正常	危害因素
					⑦司控台电缆走向合理，防护得当，无破损，电缆槽安装规范	危害因素

第四节 专项 HSE 检查表

一、井控 HSE 检查表

钻井公司每季度进行一次井控工作检查，及时发现和解决井控工作存在的问题，落实各项井控规定和制度。钻井队应定岗、定人、定时对在用井控装备和工具进行检查、维护保养，并认真填写保养检查记录。钻井现场井控 HSE 检查表见表 2-5。

表 2-5 钻井现场井控 HSE 检查表

隐患分级：危害因素：15 条		一般隐患：111 条	较大隐患：21 条	重大隐患：10 条	
序号	检查项	检查点	图例	检查方法	检查内容及标准	隐患定级
1	井场布局及安全距离	井口距离			井口距高压线及其他永久设施不小于 75m；井口距民宅不小于 100m；井口距铁路、高速公路不小于 200m；井口距学校、医院、油库、河流、水库、人口密集及高危场所不小于 500m；在地下矿产采掘区钻井，井筒与采掘坑道和矿井通道之间的距离不小于 100m	重大隐患
		井间距离			油气井之间的井口间距不小于 5m；高压、高含硫油气井井口与其他井井口之间的距离大于本井所用钻机钻台长度且不小于 8m；丛式井组之间的排间距不小于 20m	一般隐患
		配套设备距离			锅炉房与井口相距 50m 以上；发电房、储油罐摆放在距井口 30m 以上；储油罐距发电房 20m 以上	一般隐患
		放喷出口及隔离带			放喷管线出口前方 50m 以内无居民区、营房、道路、河流、湖泊，也没有其他设备等障碍物；在草原、苇塘、林区钻井作业时，井场四周设防火墙或设置隔离带，井场外围植物高度低于 2m 时设防火墙，高于 2m 时设隔离带。防火墙高度不低于 2.5m，防火隔离宽度不小于 20m	一般隐患

续表

序号	检查项	检查点	图例	检查方法	检查内容及标准	隐患定级
1	井场布局及安全距离	紧急集合点			井场周围设置两处紧急集合点，并配备两台手摇报警器，其中一个位于当地季节风的上风方向，并做好防尘措施	较大隐患
2	防喷器组及套管头	防喷器组安装			①防喷器组合、压力级别执行钻井工程设计要求	重大隐患
					②铭牌标识清楚	一般隐患
					③井口、转盘、天车中心偏差不大于10mm；井口防磨法兰单边磨损不超过6mm	一般隐患
		法兰及防溢管安装			①防磨法兰用40mm厚的专用法兰，法兰通径比防喷器通径小20mm左右，套管头安装防磨套	一般隐患
					②环形闸板防喷器未使用的螺栓孔有防污染保护措施	一般隐患
		挡泥伞			装有挡泥伞且防喷器组、四通及阀门清洁	危害因素
		防喷器固定			①防喷器用4根不小于ϕ16mm钢丝绳和正反螺栓在井架底座的对角线上固定绷紧，固定处使用卸扣；环形＋双闸板组合固定在环形防喷器固定点或吊耳上；环形＋剪切闸板＋双闸板组合增加一层固定，固定在剪切闸板与双闸板防喷器之间，即共8道绷绳	一般隐患
					②底座下设置有安全绳、速差器等防坠落装置	一般隐患

续表

序号	检查项	检查点	图例	检查方法	检查内容及标准	隐患定级
2	防喷器组及套管头	防喷器固定		目视	③防喷器连接螺栓齐全、余扣均匀（外螺纹余1~3扣），试压后进行检查和紧固	一般隐患
		液控管线		目视	①液控管线无渗漏，无破损、裂缝、鼓包等现象	一般隐患
				手动	②铭牌标识清楚，每根管线接头处标明对应阀门及开关状态	一般隐患
		手动锁紧杆		目视/手动	手动操作杆齐全，靠手轮端支撑牢固	一般隐患
				目视	手动操作杆与锁紧轴中心线之间的夹角不大于30°，转动灵活，锁紧丝杆有保护措施	一般隐患
				目视	①具备安装手动锁紧机构的闸板防喷器安装手动锁紧装置（独立剪切功能的剪切闸板不安装）	一般隐患
				手动	②手动操作杆手轮处挂牌标明开、关方向和圈数，手动锁紧杆接出井架底座外	危害因素

续表

序号	检查项	检查点	图例	检查方法	检查内容及标准	隐患定级
2	防喷器组及套管头	手动锁紧杆			③手轮离地高度超过1.6m时其下方必须设置高度适中的操作平台。操作台安装平稳牢固，栏杆齐全，便于人员站位和操作	一般隐患
		方井			圆井（方井）有盖板，便于观察套管头压力表和操作内控阀门	危害因素
		压力表及截止阀			套管头压力表齐全，其下截止阀常开	一般隐患
3	节流、压井管汇	安装情况			节流、压井管汇坑无积液	危害因素
		阀门			①阀门开关状态正确，挂牌标明编号及开关状态	一般隐患
					②手动平板阀开关灵活，开、关到底后回转1/4~1/2圈	危害因素

续表

序号	检查项	检查点	图例	检查方法	检查内容及标准	隐患定级
3	节流、压井管汇	压力表			①节流、压井管汇上安装高、低量程压力表,在校验有效期内;低量程压力表天然气井选择16MPa,油井选择10MPa,压力表下端装截止阀,截止阀处于常关状态	一般隐患
					②管汇压力级别为21MPa的高量程压力表量程选择40MPa,35MPa的选择60MPa,70MPa的选择100MPa,截止阀处于常开状态;录井传感器接口螺纹完好,连接有防脱绳	一般隐患
		套压提示牌			节流管汇处关井压力提示牌制作规范、数据正确、字迹清楚,朝向手动节流阀	一般隐患
		保温及吹扫措施			①测压法兰处设置排污口和吹扫接口,吹扫接口不用时清洁、保养并有防护措施;进入目的层前50m,完钻起钻前及固井、堵漏后进行防喷器及管汇吹扫和排污	一般隐患
					②每年的10月15日起至次年的3月底,环境温度低于0℃井控管汇、管线及阀门应采取防冻保温措施	一般隐患
					③11月15日后施工井队节流、压井管汇应搭建保温棚,棚内放置防爆电热板或油汀及防爆照明灯,内设温度计,确保室内温度0℃以上	一般隐患

续表

序号	检查项	检查点	图例	检查方法	检查内容及标准	隐患定级
3	节流、压井管汇	反压井管线			反循环压井管线活接头连接处用保险链或钢丝绳固定，管线采用内通径不小于50mm的高压耐火软管	一般隐患
4	防喷管汇、放喷管线	材质			①35MPa以上压力等级防喷管线使用专用硬质管线并采用标准整体式法兰连接，压力等级与闸板防喷器压力等级相匹配；35MPa及以下压力等级防喷管线使用相同压力级别的井控高压耐火隔热软管	一般隐患
					②放喷管线使用≥21MPa标准螺纹法兰连接的专用管线或5in钻杆，现场不允许焊接，其通径不小于78mm	一般隐患
		防喷管汇			①长度超过7m固定牢靠	一般隐患
					②必须为集团公司认定有资质的厂家产品，软管端部有生产厂家标志、生产编号和生产日期	较大隐患
					③各开次前按要求对高压耐火软管进行现场试压	一般隐患
					④防喷管汇压力等级不低于设计要求	一般隐患
					⑤管线压制头处用保险链或钢丝绳缠绕固定	一般隐患

续表

序号	检查项	检查点	图例	检查方法	检查内容及标准	隐患定级
4	防喷管汇、放喷管线	钻井液回收管线			①使用钢制管线或井控高压耐火隔热软管	一般隐患
					②通径不小于78mm转弯处使用夹角不小于120°的锻钢弯头	一般隐患
					③出口处用直径20mm的螺栓及压板双卡固定牢靠,与1#罐的专用回收仓连接,使用高压软管线用保险链固定,入罐口处不能与罐体接触	一般隐患
		阀门			阀门开关灵活,开关状态正确,挂牌标识编号及开关状态	危害因素
		放喷管线安装			①天然气井装两条放喷管线,接出井口75m以远,高含硫气井放喷管线必须接出井口100m远,两条放喷管线的夹角为90°~180°。油井至少接1条放喷管线,接出井口50m以远	一般隐患
					②因地面条件限制,无法满足安装长度要求时,可以接至井场边缘,且在现场备有不足部分的放喷管线、固定基墩及用于连接的螺栓、钢圈及压板等	一般隐患

续表

序号	检查项	检查点	图例	检查方法	检查内容及标准	隐患定级
4	防喷管汇、放喷管线	放喷管线安装			①放喷管线转弯处使用不小于120°铸钢弯头或90°的带抗冲蚀功能的灌铅铸钢三通	一般隐患
					②不使用弯曲、变形的管线，严禁放喷管线直管强行拉弯，管线任意起点10m间距最大弯曲（弦高）不超过10cm	一般隐患
					③放喷管线每隔10～15m、转弯处及管线端口用水泥基墩和地脚螺栓加压板（或支撑）固定，使用整体铸（锻）钢弯头时，其两侧用卡子固定	一般隐患
					④地脚螺栓压板双螺帽固定，压板下面垫胶皮	一般隐患
					⑤放喷管线及连接法兰全部露出地面	一般隐患
					⑥连接螺栓两端余扣均匀（余1～3扣）。有拆卸、安装的操作空间	一般隐患
		管线出口及其他			①出口修建放喷坑，尺寸0.6m×0.6m×0.6m，坑内液体（雨水）等杂物及时清理，放喷坑有防渗、防散水措施，污水完全回收	一般隐患
					②管线出口或拐弯处使用双基墩双卡固定。固定基墩距出口（或拐弯）处不超过0.5m，试压不低于10MPa	一般隐患
					③管线出口水泥基墩压板下垫耐火石棉布	一般隐患
					管线出口有两种以上的点火方式：伸缩式点火杆、自动点火装置、固定可滑动式简易点火装置（可收回，进行多次点火），注明点火人	一般隐患

续表

序号	检查项	检查点	图例	检查方法	检查内容及标准	隐患定级
4	防喷管汇、放喷管线	管线出口及其他		看	管线出口有两种以上的点火方式：伸缩式点火杆、自动点火装置、固定可滑动式简易点火装置（可收回，进行多次点火），注明点火人	一般隐患
		水泥基墩		看	水泥基墩长×宽×深为800mm×800mm×800mm，地脚螺栓直径不低于20mm、长度不低于500mm，固定压板宽度不低于100mm、厚度不低于10mm	一般隐患
		过桥		看	放喷管线车辆跨越处装过桥盖板，过桥盖板下无连接法兰或接头	一般隐患
5	远程控制台及液控管线	安装位置			①远程控制台安放在面对井架大门的左侧，距井口不少于25m，"三高井"和区域探井不少于30m	一般隐患
					②周围留宽度不少于2m的人行通道，10m范围内不堆放易燃、易爆、腐蚀物品，接地良好	一般隐患
		压力值			蓄能器压力18.5～21.0MPa，环形防喷器控制压力8.5～10.5MPa，管汇压力10.5MPa±0.7MPa	一般隐患

第二章　石油钻井 HSE 检查表

续表

序号	检查项	检查点	图例	检查方法	检查内容及标准	隐患定级
5	远程控制台及液控管线	压力表		目视	压力表安装不渗不漏，校验日期在有效期内	一般隐患
		气源		目视	总气源从气源房单独接出，配置气源排水分离器，不强行弯曲和压折气管束，气源压力保持在0.65～0.8MPa	一般隐患
		电源		目视、扳手	电源从总配电板专线专控并标识，单线截面积不低于6mm²并保持一致	一般隐患
		液控管线		目视、手感	①液（气）管线、阀门等密封无泄漏，液控管线公称通径不小于25mm	一般隐患
				目视、手感	②备用接口用钢制承压堵头堵塞	一般隐患

- 151 -

续表

序号	检查项	检查点	图例	检查方法	检查内容及标准	隐患定级
5	远程控制台及液控管线	液控管线		目视	③液控管线不允许掩埋，车辆跨越处装过桥盖板采取保护措施，不挤压，过桥盖板下无接头	一般隐患
				目视、手触	④管线接头不渗、不漏、不允许遮盖，有防渗措施，拆除系统液控管线时，液压管线接头和气管束接头包扎密封，远控房后接头下设置接油盒，不允许在液控管线上堆放杂物或在其上进行割焊等其他作业	一般隐患
		阀门开关状态及位置		目视	①环形防喷器三位四通阀手柄在中位，闸板防喷器、液动平板阀三位四通阀手柄在工作位	一般隐患
				目视、手触	②备用的换向阀处于中位，控制剪切闸板的三位四通换向阀手柄安装防止误操作的限位装置；控制全封闸板的三位四通换向阀手柄安装防止误操作的防护罩，液压控制对象总数大于实际控制防喷器和阀门总数，至少有1个备用	一般隐患
				目视	③远程控制台、辅助控制台控制对象的控制手柄设置顺序（从左到右）与井口防喷器组合顺序（从下到上）保持一致	一般隐患

续表

序号	检查项	检查点	图例	检查方法	检查内容及标准	隐患定级
5	远程控制台及液控管线	电、气泵			①油路、气路管汇无泄漏，控制系统、液控管线及接头等部位进行21MPa的密封可靠性试压	一般隐患
					②电泵、气泵工作正常，气泵截止阀常开、旁通阀常关并挂牌标识	一般隐患
					③油雾器油量在上下限之间（无上下限标线的，油量在油杯的1/3～2/3），分水滤气器内无积水	一般隐患
		油箱及充氮			工作状态下，液压油油面位于厂家规定的最高油位与最低油位之间，气囊充氮压力7.0MPa±0.7MPa	一般隐患
		防提装置			半封闸板防喷器的"常关"控制油路上安装防提装置	一般隐患

续表

序号	检查项	检查点	图例	检查方法	检查内容及标准	隐患定级
6	司钻控制台	安装位置及气管束		看、摸	①司钻控制台固定牢靠，安装在司钻操作台附近，便于司钻检查及操作，气管束胶皮无破损、接头无漏气	一般隐患
				看、问	②"三高井"及风险探井配备遥控或远程辅助关井系统，位于井场大门附近（满足操作人员快速操作，迅速撤离）	一般隐患
		压力表及压力值		看、摸	①压力表安装不渗不漏，校验日期在有效期内	一般隐患
					②司钻控制台与远程控制台上的压力差值不大于1MPa	一般隐患
		控制手柄		看、摸	全封手柄（按钮）有防误操作装置，司钻控制台不安装剪切手柄（按钮），开关防喷器后该设备上"开""关"显示牌正确，备用手柄（按钮）标识为"备用"	一般隐患
7	节流管汇控制箱	位置及压力数值		看、摸	节流控制箱摆放在钻台上靠节流管汇一侧，节流阀开度在3/8～1/2，气源压力0.65～1.0MPa，油压2～3MPa，油箱液面高度30～50mm，气动节流管汇控制箱阀位变送器、压力变送器调压值0.35MPa	一般隐患

续表

序号	检查项	检查点	图例	检查方法	检查内容及标准	隐患定级
7	节流管汇控制箱	储能器		目视	储能器充压时间不超过4min，截止阀处于常开状态	一般隐患
		阀位位置		目视	开度显示与液动节流阀阀杆一致，用开关速度调节阀调节全开在2min内完成	一般隐患
		压力表		目视	气源压力0.65～1.00MPa，油压2～3MPa；气动节流控制箱的阀位开度3/8～1/2，电动节流控制箱的阀位开度18～23mm	一般隐患
		油雾杯及管线		目视	油雾杯盛油量在1/2～2/3，分水滤气器无积水，液（或气）管线无渗漏	一般隐患
		手压泵		目视	手动泵能正常使用，手压杆固定在节控箱内规定位置	一般隐患

续表

序号	检查项	检查点	图例	检查方法	检查内容及标准	隐患定级
7	节流管汇控制箱	关井提示表	①		节控箱内张贴的关井压力提示表数据正确、字迹清楚	一般隐患
8	内防喷工具	压力等级	①		钻具内防喷工具的额定压力不低于防喷器的额定压力等级	一般隐患
		安装位置及标识	①		①安装方钻杆旋塞或顶驱旋塞阀（含液动和手动），旋塞阀通过配合接头或保护接头与下部钻具连接，开关灵活，旋塞扳手有标识、拴尾绳，放于靠近旋塞处方便取用	一般隐患
			②		②配备相应的防喷立柱（单根），防喷立柱旋塞阀（常开）接在中单根上端或下端，防喷单根上端接旋塞阀（常开），下端接与入井钻具连接螺纹相符的配合接头，防喷立柱（单根）上下两端1m长（外螺纹除外）外圆刷为红色	一般隐患

续表

序号	检查项	检查点	图例	检查方法	检查内容及标准	隐患定级
8	内防喷工具	待命状态	①	👁✋	①钻台上备用与钻具尺寸相符、装配抢接工具的钻具止回阀、旋塞阀，外螺纹端不上护丝，止回阀平时处于自然关闭状态，打开油气层后，处于顶开状态，放于专用工具架（盒）上	一般隐患
			②	👁✋	②配备旋塞扳手与现场使用及备用旋塞阀相匹配，放于便于取用位置，并进行标识	一般隐患
			③	👁✋	③本体着红色，标识槽内信息清晰，工具架（盒）上对应位置标识相应的"规格型号""压力等级""扣型""编号"等内容	较大隐患
			④	👁✋	④旋塞阀取放装置采用螺纹连接，有把手且中空无节流	一般隐患
		有效期	①	👁📁	在用和备用旋塞阀、钻具止回阀在检测有效期内	一般隐患

续表

序号	检查项	检查点	图例	检查方法	检查内容及标准	隐患定级
8	内防喷工具	待检及报废管理		看	待检和报废的内防喷工具及时回收或作明显标识后集中存放	一般隐患
9	钻井液气分离器、真空除气器	绷绳及基墩		看、摸	液气分离器采用绷绳和水泥基墩固定，绷绳为均布的3～4根直径不小于16mm的钢丝绳，固定绷绳水泥基墩尺寸不小于800mm×800mm×800mm，绷绳与水泥基墩连接处封闭无开口	一般隐患
		检验周期及附件		看、查资料	①分离器主体及安全阀及压力表在检验有效期内	较大隐患
				看、查资料	②液气分离器主体、进液、排液、排气管线及附件没有裂纹、损伤、堵塞等缺陷	一般隐患
		压力表及安全阀		看	①罐体压力表测量范围0～2.5MPa，表盘直径150mm，压力表下截止阀处于常开	一般隐患

续表

序号	检查项	检查点	图例	检查方法	检查内容及标准	隐患定级
9	钻井液气分离器、真空除气器	压力表及安全阀			②安全阀泄压口朝向井场外，不连接泄压管线	一般隐患
		进液管线			①进液管线法兰连接、钢圈密封，高压耐火软管线压力级别与节流管汇节流阀后端压力级别一致	一般隐患
					②通径不小于78mm，不形成节流	一般隐患
					③每2~3m使用水泥基墩固定牢靠，软管两端采用安全链或钢丝绳防护	一般隐患
		排液管线			①排液管线为钢制管线，直径不小于203mm，出口接至振动筛前的分配箱上，保持出液口在钻井液分配槽液面以上，出口固定牢靠	一般隐患
					②排液管安装后出口高度（罐体内液面高度）距罐体底部不超过1m，出口便于观察	一般隐患
		排污管线			U型管底部设置排污阀，方便排污。水平悬空长度超过6m时，管线中间进行支撑并加压板固定	一般隐患

续表

序号	检查项	检查点	图例	检查方法	检查内容及标准	隐患定级
9	钻井液气分离器、真空除气器	排气管线及引火装置		看、摸	①排气管线现场不允许焊接，在便于观察处安装测压法兰、截止阀及压力表，测量范围0~0.16MPa，表盘直径100mm，其下安装压力等级4MPa的截止阀，处于常开	一般隐患
				看、摸	②排气管线处于畅通、无堵塞状态，转弯处及管线端口用水泥基墩和地脚螺栓加压板（或支撑）固定，水泥基墩长×宽×深500mm×500mm×800mm	一般隐患
				看、摸	③引火装置垂直于地面安装，用直径12mm钢丝绳水泥基墩固定，钢丝绳不少于3根，点火筒绷绳与水泥基墩连接处封闭无开口	一般隐患
				看、摸	④在低洼处安装排污三通，旁通上安装阀门	一般隐患
		管线出口		看	排气管线接出井口50m以远，含硫油气井不小于75m，距放喷管线间距不小于1.5m，出口端安装防回火装置及两种及以上点火装置，出口距除放喷管线以外的各种设施不小于20m	一般隐患

续表

序号	检查项	检查点	图例	检查方法	检查内容及标准	隐患定级
9	钻井液气分离器、真空除气器	除气器排气管线		目视	除气器排气管线接出井场边缘，并保持畅通，出口端安装钢制管线，并设置集液坑	一般隐患
10		液面监测报警装置、专用灌浆罐		目视	①钻井液循环罐、起下钻专用灌浆罐都安装以立方米为单位的液面标尺或超声波探测仪等直读监测装置（胶液灌有方量刻度），精度不低于 $0.2m^3$	较大隐患
				目视、扳手	②起下钻、空井、测井、下套管等工况，使用专用灌浆罐计量，灌浆罐容积不小于 $6m^3$，必须能回流至灌浆罐	较大隐患
				目视、手动	③液面报警器气（电）源畅通、报警灵敏可靠，直读标尺刻度清晰（超声波探头灵敏）、计量准确	较大隐患
				目视、询问	④钻进中报警值按照参加循环的所有循环罐钻井液总量增减量 $2m^3$ 进行设置，未参加循环的，报警值按每个罐增减 $0.5m^3$ 进行设置	一般隐患

— 161 —

续表

序号	检查项	检查点	图例	检查方法	检查内容及标准	隐患定级
10		液面监测报警装置、专用灌浆罐		看	⑤油气层作业期间，使用一个循环罐作为上水罐	一般隐患
11		钻井液及储备材料、工具		看、查资料	①钻井液性能指标按设计要求执行，密度超出设计范围时，有建设方或上级部门的批准手续	较大隐患
				看	②储备的加重钻井液密度、数量执行细则及设计，储备的加重钻井液考虑与井浆的体系相容性，性能稳定，挂牌标识密度、数量等信息	重大隐患
				查资料	③加重钻井液每4h搅拌一次	一般隐患
				看、查资料	④储备的加重材料、除硫剂、堵漏材料等执行设计要求，储备材料公告牌内容齐全、准确。高含硫井配备重晶石粉罐，每小时不低于30t的下灰加重能力	较大隐患

续表

序号	检查项	检查点	图例	检查方法	检查内容及标准	隐患定级
11	钻井液及储备材料、工具				④储备的加重材料、除硫剂、堵漏材料等执行设计要求，储备材料公告牌内容齐全、准确。高含硫井配备重晶石粉罐，每小时不低于30t的下灰加重能力	较大隐患
					⑤备用半封闸板和密封件存放温度10~27℃、湿度80%，禁止备用闸板叠放，保证不受压、不变形、不损坏，并标识名称、规格	一般隐患
					⑥安装剪切闸板钻井现场配备与井内钻具相匹配的死卡及操作控制台，定制长度、定置摆放直径不小于22mm固定钢丝绳，安装好死卡后必须进行调试，死卡钢丝绳绷直后，钢丝绳与钻具夹角30°~45°，钻具高度满足剪切要求（避开接箍）	一般隐患
12	防火、防爆、防硫化氢				①含硫井生活区离井口不小于300m，录井仪器房、地质值班房放置在靠近振动筛一侧，录井仪器房靠近井口端，距井口30m以外	重大隐患

续表

序号	检查项	检查点	图例	检查方法	检查内容及标准	隐患定级
12	防火、防爆、防硫化氢			目视	②井场、钻台、油罐区、机房、泵房、危险品仓库、电气设备等处设置明显的安全防火标志,并悬挂牢固	危害因素
				目视	③柴油机排气管不面向油罐、不破漏、无积炭,安装具有冷却灭火功能装置	一般隐患
				目视	④钻台上下、机泵房周围禁止堆放杂物及易燃易爆物,钻台、机泵房下无积油	危害因素
				目视	⑤在井场入口、临时安全区、钻台上、循环系统、防喷器远控台等处设置风向标	一般隐患
				目视、手动	⑥油井常规井在钻台上放置一台防爆排风扇,风口正对井口,天然气井、油井非常规井配置两台防爆排风扇,一台放置在钻台上,风口正对井口,另一台放置在振动筛处,风口正对振动筛出口,顺大门坡道方向,含硫化氢天然气井、油井,在钻台上、井架底座周围、振动筛、循环罐和其他硫化氢可能聚集的地方使用防爆排风扇,循环罐轴流风机开关设置在本体注明旋转方向,钻台上、下轴流风机开关设置在偏房并注明开关位置及旋转方向	较大隐患

续表

序号	检查项	检查点	图例	检查方法	检查内容及标准	隐患定级
12	防火、防爆、防硫化氢			看	⑦固定式 H_2S、CO、可燃气体监测仪在钻台、方井、钻井液出口、循环罐处设置探头，高含硫井配备量程为 $1500mg/m^3$（1000ppm）的便携式气体检测仪	重大隐患
				看、查	⑧一、二、三级风险井配备1套固定式有毒有害气体监测仪，至少3台便携式复合气体监测仪，1台高压呼吸空气压缩机，高含硫井配备15台便携式检测仪，便携式监测仪每半年检验一次，固定式监测仪一年检验一次，校验在有效期内	重大隐患
				看	⑨作业现场按生产班组每人配备正压式空气呼吸器1套（压力25～30MPa，报警压力小于或等于5MPa），并配备3套正压式空气呼吸器作为备用；每周检查1次，高含硫井配备20台正压式呼吸机	重大隐患
				看、查	⑩井场入口处有明显、清晰、可更换的硫化氢警示标志：绿牌、黄牌、红牌、蓝牌，钻井现场紧急集合点处配置空气呼吸器充气泵的电源插座	一般隐患

续表

序号	检查项	检查点	图例	检查方法	检查内容及标准	隐患定级
12	防火、防爆、防硫化氢			看、查资料	⑩井场入口处有明显、清晰、可更换的硫化氢警示标志：绿牌、黄牌、红牌、蓝牌，钻井现场紧急集合点处配置空气呼吸器充气泵的电源插座	一般隐患
13	资料	值班室		查资料	①按岗位职责进行井控巡检记录，并将检查发现的隐患、问题填写在交接班记录	较大隐患
				查资料	②值班干部班前提示井控风险，安排井控工作，班后总结井控工作，并留有记录	较大隐患
				看、查资料	③张贴各岗位井控工作职责，张贴井控组织机构图、剪切闸板操作程序、井控管理制度、井控典型重复问题、关（开）井操作程序及关井岗位分工，溢流直接和间接显示，硫化氢、CO演练程序，张贴井控装置图，并标识半封到转盘面距离，张贴"发现溢流立即正确关井，疑似溢流立即关井检查""溢流发现及时率100%，正确关井及时率100%""司钻是现场关井第一责任人""坐岗工是溢流发现第一责任人"警示牌	一般隐患

续表

序号	检查项	检查点	图例	检查方法	检查内容及标准	隐患定级
13	资料	会议室	①		现场管理、技术及施工人员持有有效井控培训合格证，施工气井时现场管理、技术及施工人员持有效硫化氢培训合格证	重大隐患
			①		有井控相关文件宣贯记录	危害因素
			①		有本井设计书及设计变更书	重大隐患
			①		生产期间每周组织召开井控例会，并留有例会记录，参加会议人员签字	较大隐患
			①		有防喷演习记录，执行"七个必须"，演习相关人员签字齐全	较大隐患

续表

序号	检查项	检查点	图例	检查方法	检查内容及标准	隐患定级
13	资料	会议室	①		有"六个评估"、开工验收、钻开油气层批准书,井控作业报告批准书	较大隐患
			①		钻开油气层、特殊作业等有相关方参加的技术交底会记录	较大隐患
			①		单井施工方案有针对性井控要求及技术措施	较大隐患
			①		有井控装置、工具检测试压资料:防喷器、四通、防喷管线、节流压井管汇、旋塞阀试压资料(车间、现场安装后);井口装置更换承压部件后试压资料(试压记录、试压曲线);套管柱及井口套管试压资料(试压记录、试压曲线);防喷器控制装置、放喷管线、反压井管线安装后的试压资料	重大隐患
			①		有各岗位井控设备检查保养、活动记录,内防喷工具的车间检测合格证、台账、检查活动记录	危害因素

续表

序号	检查项	检查点	图例	检查方法	检查内容及标准	隐患定级
13	资料	会议室	①		有地层漏失压力试验,低泵冲小排量试验,油气上窜速度监测	危害因素
			①		有井控装备巡检记录,井控检查问题整改记录	危害因素
			①		有坐岗人员培训记录	危害因素
			①		有井控突发事件、H_2S(CO)有毒有害气体等应急处置程序,并有相关培训、演习记录	较大隐患
		坐岗房	①		①坐岗记录,数据填写齐全,坐岗人员和值班干部签字齐全,值班干部进入目的层每2h检查一次坐岗工坐岗情况并签字	较大隐患

续表

序号	检查项	检查点	图例	检查方法	检查内容及标准	隐患定级
13	资料	坐岗房	②		②坐岗房有开泵与停泵过程中钻井液槽面占有量（或回流量）及起下钻实测灌入（返出）量与理论值校正的提示表和钻井液处理告知书	较大隐患
		坐岗房	③		③张贴循环罐、钻具体积对照表、进尺消耗对照表和"发现溢流立即正确关井，疑似溢流立即关井检查""溢流发现及时率100%，正确关井及时率100%"警示牌	较大隐患
		司钻房			司钻操作室粘贴"发现溢流立即正确关井，疑似溢流立即关井检查""溢流发现及时率100%，正确关井及时率100%""司钻是关井第一负责人"警示牌，司钻操作室醒目位置张贴井口装置示意图，标注各闸板芯子距转盘面的距离和安全关井高度范围	危害因素
		远控房	①		粘贴远程控制房操作规程，安装有剪切闸板时粘贴剪切闸板操作规程，标识三位四通控制手柄开关对象	危害因素

二、消防专项 HSE 检查表

钻井作业中地层油气失控外溢、动火作业、使用的物料及日常生活中，都可能引发火灾爆炸。钻井公司每半年组织一次消防安全检查，项目部（分公司）、专业公司每季度组织一次消防安全检查，钻井队每月组织一次消防安全检查，做到检查时间、内容和组织人员"三落实"。检查内容应当包括灭火器材配置及有效情况、消防安全重点部位的管理情况、消防演练情况等。消防专项 HSE 检查表见表 2-6。

表 2-6　消防专项 HSE 检查表

检查顺序：消防安全管理→消防器材管理						
隐患分级：危害因素：25 条　　一般隐患：53 条　　较大隐患：5 条　　重大隐患：0 条						
序号	检查项目（部位）	检查点（内容）	图示	检查方法	检查内容及标准	隐患分级
1	消防安全管理	消防安全责任制			消防安全责任制健全	一般隐患
2		消防安全管理制度			消防管理制度完善；有效落实川庆钻探工程有限公司消防安全管理办法	一般隐患
3		消防安全年度规划			明确消防安全年度工作目标，制订年度工作规划计划	一般隐患
4		消防检查			各单位每月开展一次消防安全检查；消防安全重点场所、要害部位应进行每日防火巡查；检查、巡查情况记录齐全	一般隐患

续表

序号	检查项目（部位）	检查点（内容）	图示	检查方法	检查内容及标准	隐患分级
5	消防安全管理	消防培训			开展经常性的消防安全宣传与培训，并留有相关记录；重点场所、部位、关键岗位人员的消防安全培训每半年进行一次；有消防安全责任人、消防安全管理人	危害因素
6			初级证书样本 中级证书样本 高级证书样本		消防控制室的值班、操作人员接受消防安全专门培训，并取得五级以上"消防设施操作员"职业资格证书	较大隐患
7		消防安全管理			编制火灾突发事件专项应急预案或应急处置方案	一般隐患
8		消防应急与演练			与地方或油田公司有关单位建立区域联防机制，签署联防合作协议，明确共享消防资源	一般隐患
9					林区、草原、环境保护、环境敏感等重点防火区域作业的施工单位编制火险防控方案和专项应急预案	一般隐患

续表

序号	检查项目（部位）	检查点（内容）	图示	检查方法	检查内容及标准	隐患分级
10		消防应急与演练	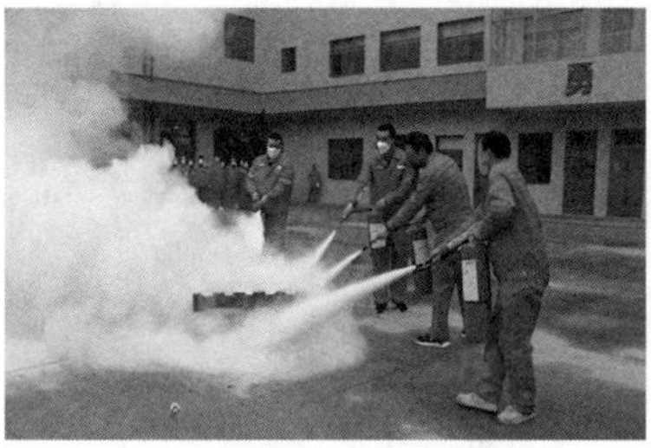	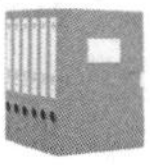	制订消防演练计划并按规定频次开展消防演练，演练记录齐全	一般隐患
11		消防档案	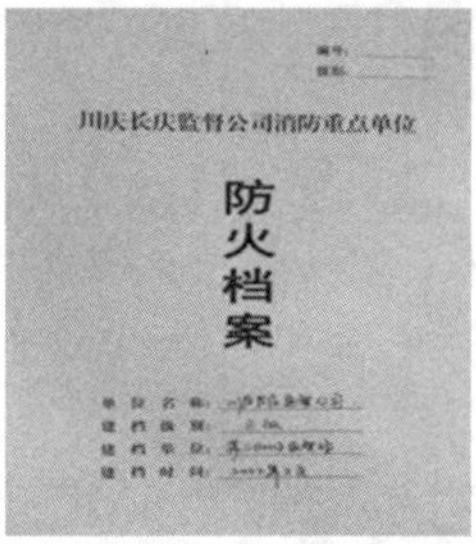	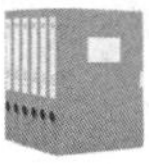	建立消防档案，内容齐全，记录完善	危害因素
12	消防安全管理	消防队伍	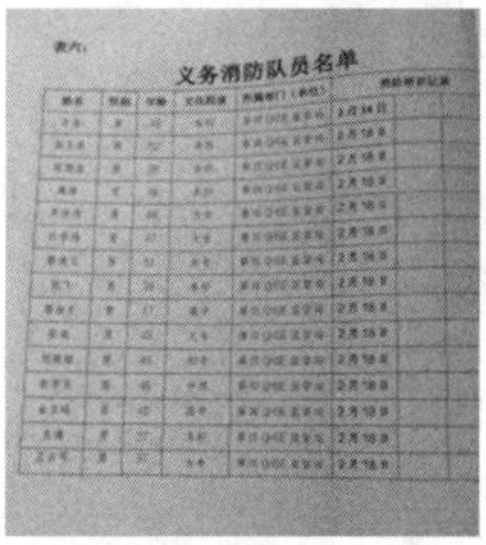	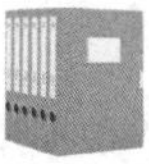	各单位按所在区域（建筑）员工总人数的30%以上建立专兼职消防队	一般隐患
13		消防控制室	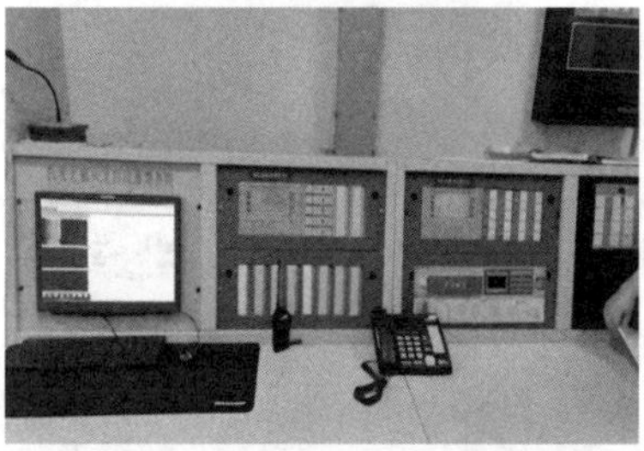 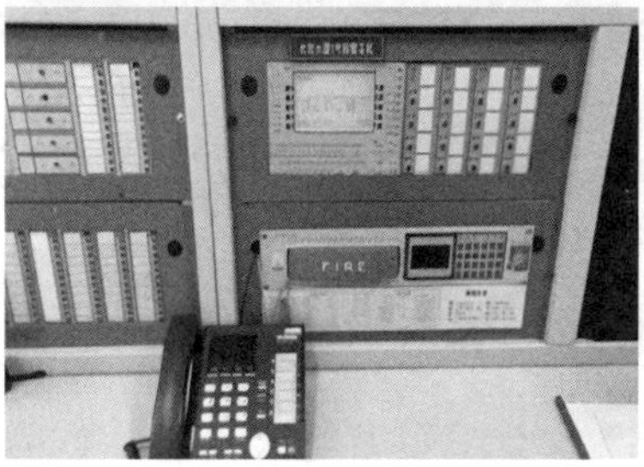	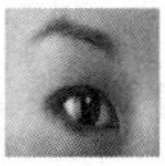	消防控制室内设置火灾报警器控制器、消防联动控制器、消防电话总机、消防应急广播控制器等	危害因素

续表

序号	检查项目（部位）	检查点（内容）	图示	检查方法	检查内容及标准	隐患分级
14		消防控制室		看	消防控制室24h有具备相应资质的人员值班	较大隐患
15				看	消防控制室值班记录、消防巡查记录等资料填写齐全	危害因素
16		消防安全管理		看	疏散要求：疏散指示标牌安装位置合适，疏散线路图合理	一般隐患
17		安全疏散		看	疏散门：民用建筑的疏散门，采用向疏散方向开启的平开门	一般隐患
18				看、摸	防火门要求： 木质防火门：割角、拼缝严实平整，无刨痕、毛刺和锤印。 钢质防火门：外观平整、光洁、无明显凹痕或机械损伤，焊接牢固、焊点分布均匀。 常开防火门，须能在火灾时自行关闭。 常闭防火门张贴"保持防火门关闭"等提示标识	一般隐患

续表

序号	检查项目（部位）	检查点（内容）	图示	检查方法	检查内容及标准	隐患分级
19					疏散走道：逃生通道畅通无堵塞，单、多层公共建筑疏散走道净宽度不小于1.10m，高层公共建筑单面布房疏散走道净宽度不小于1.30m，双面布房疏散走道净宽度不小于1.40m	较大隐患
20					疏散楼梯间：疏散楼梯间无影响安全疏散的突出物或其他障碍物	较大隐患
21	消防安全管理	安全疏散			消防应急照明灯：安装位置合理，断电、测试照明正常	一般隐患
22					井场的布置与防火间距符合《石油天然气钻井、开发、储运防火防爆安全生产技术规程》(SY/T 5225)的要求	较大隐患
23					井场入口处设置井场布局及逃生示意图，作业现场有两个方向以上的应急疏散通道	一般隐患

续表

序号	检查项目（部位）	检查点（内容）	图示	检查方法	检查内容及标准	隐患分级
24	消防安全管理	安全标志		 目视	安全标志齐全完好，张贴位置醒目合理。 安全出口：提示通往安全场所的疏散出口	一般隐患
25				 目视	疏散方向：指示安全出口方向	一般隐患
26				 目视	易燃易爆物品储存处张贴禁止和警告标识：禁止吸烟、禁止烟火、禁止放易燃物	危害因素
27				 目视	灭火设备标识：手提式灭火器、推车式灭火器、消防软管卷盘、消防栓、水泵接合器	危害因素
28				 目视	火灾报警装置：消防按钮、发生报警器、消防电话	危害因素

续表

序号	检查项目（部位）	检查点（内容）	图示	检查方法	检查内容及标准	隐患分级
29	消防安全管理	燃气防火	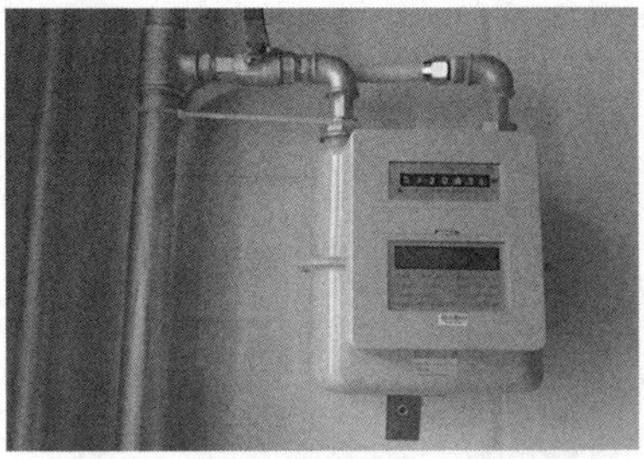		燃气表、燃气设施及附属管道无包裹	危害因素
30					燃气胶管无破裂、老化、松脱	一般隐患
31			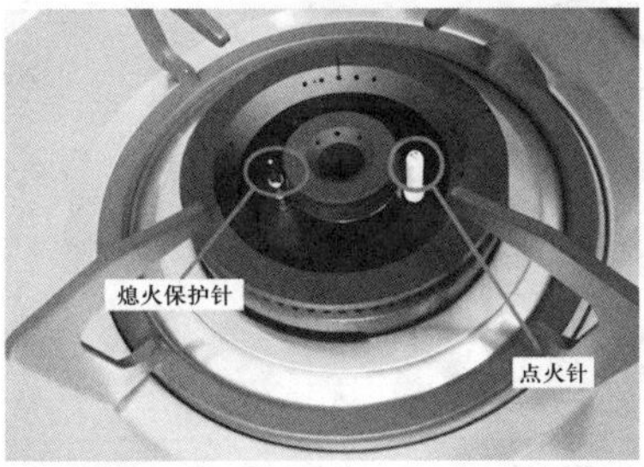	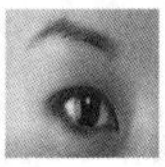	燃气灶具合格，具有熄火保护功能	一般隐患
32				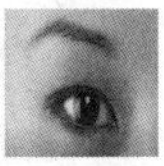 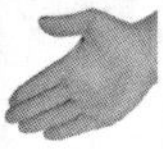	使用燃气的房间门窗敞开保持通风	危害因素
33			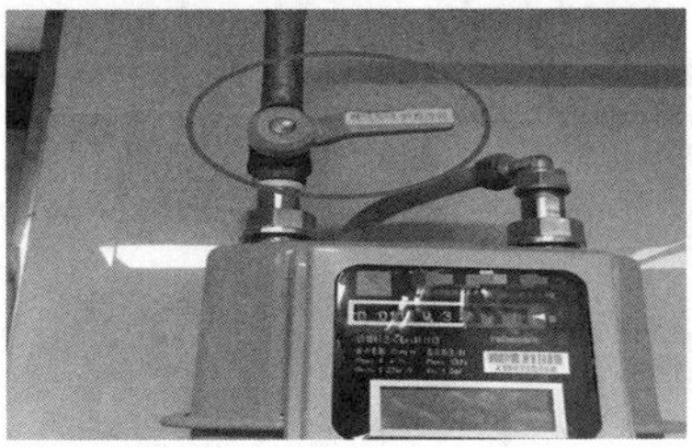	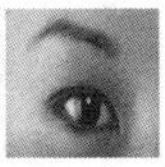	燃气未使用时，气源阀门、管道与软管连接阀门和灶具开关关闭	危害因素

续表

序号	检查项目（部位）	检查点（内容）	图示	检查方法	检查内容及标准	隐患分级
34	消防安全管理	燃气防火			燃气自动报警装置和自动切断装置功能正常	一般隐患
35		井场防火			油、气井井场内设置有明显的防火防爆标志	危害因素
36					易燃易爆物品分类存放，安全间距符合要求	一般隐患
37					油气井作业施工区域内严禁烟火，在井场进行的动火作业按相关规定执行作业审批	一般隐患
38					打开油气层后，所有车辆停放在距井口30m以外，因作业需要必须进出井场的车辆排气管安装有阻火器	一般隐患

续表

序号	检查项目（部位）	检查点（内容）	图示	检查方法	检查内容及标准	隐患分级
39	消防安全管理	井场防火			井场地面裸露的油、气管线及电缆，采取防止车辆碾压的保护措施	危害因素
40				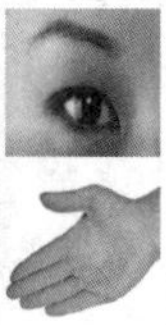	井场防雷、防静电措施完好有效	一般隐患
41			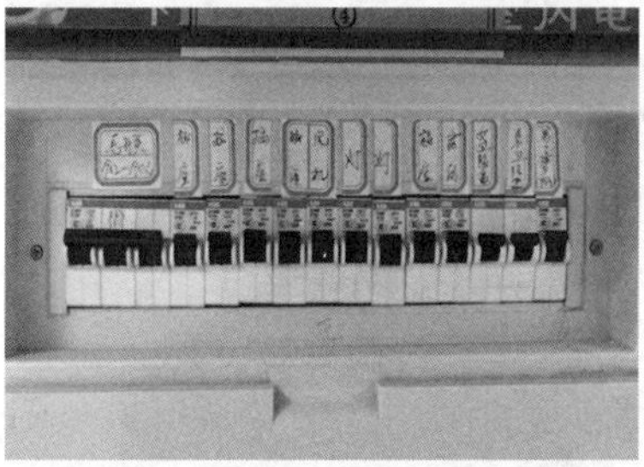		电控柜开关完好，控制对象明确，标识清晰	一般隐患
42		电气防火			漏电保护装置安装齐全	一般隐患
43			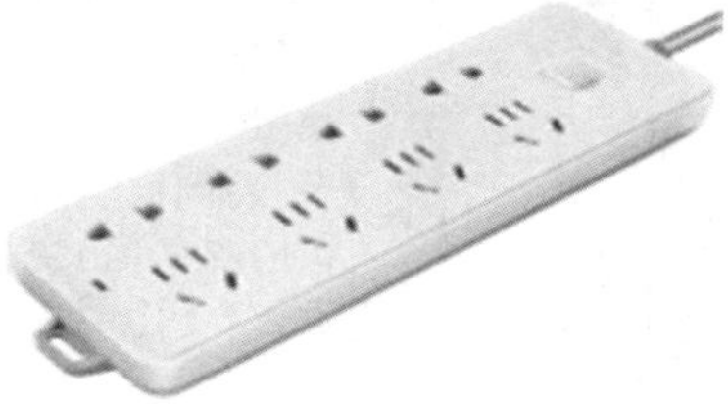		插线板使用正规合格产品	一般隐患

续表

序号	检查项目（部位）	检查点（内容）	图示	检查方法	检查内容及标准	隐患分级
44	消防安全管理	电气防火		👁	用电设备无超负荷运行	一般隐患
45				👁	电线无破皮、老化、铜芯裸露情况	一般隐患
46				👁	安全用电警示标志齐全	危害因素
47				👁	（油气作业现场）配电柜接线牢靠，电压、电流表齐全完好，相线负载平衡，航空插头紧固，控制对象明确，标识清晰	一般隐患
48				👁	（油气作业现场）距井口30m以内的电气系统，包括电机、开关、照明灯具、仪器仪表、电气线路及接插件、各种电动工具等在内的所有电气设备均应符合防爆要求	一般隐患

续表

序号	检查项目（部位）	检查点（内容）	图示	检查方法	检查内容及标准	隐患分级
49	消防安全管理	电气防火			（油气作业现场）营房、餐厅、操作间、淋浴间、库房等接地装置、漏电保护器、烟感器、电热板、温控开关、空调、换气扇、插头插座、照明灯具、灭火器等电气设施运行正常	危害因素
50	消防器材管理	消防水箱			高位消防水箱的有效容积能够满足初期火灾消防用水量的要求	一般隐患
51					消防水箱设有高低液位报警及自动补水设施	一般隐患
52		消防水泵			消防泵能正常启动运行，外观无缺陷，在明显部位设有耐久性铭牌标识，内容清晰	一般隐患
53					消防泵进出口阀门保持常开	一般隐患

续表

序号	检查项目（部位）	检查点（内容）	图示	检查方法	检查内容及标准	隐患分级
54	消防器材管理	消防管线		看	室内消防竖管的设置数量及布置方式符合设计要求，消防竖管直径不小于100mm。消火栓给水管道阀门处于常开状态	一般隐患
55		室内消火栓箱		看、摸	消火栓箱的外观无缺陷，设有耐久性铭牌标识，标识内容清晰；消火栓箱门的开启角度不小于120°；消火栓箱的安装不能影响疏散宽度	危害因素
56		消防卷盘		看、摸	卷盘旋转部分能绕转臂的固定轴向外作水平摆动，摆动角不小于90°	危害因素
57		消防栓		看、摸	栓口出水方向宜向下或与墙面呈90°角，安装平正、牢固；消火栓的栓体或栓盖上有铸出的型号、规格；手轮轮缘上铸出开关方向的箭头和字样；阀杆升降平稳、灵活	危害因素
58		消防水枪		看、摸	水枪采用耐腐蚀材料制造或经防腐蚀处理；喷嘴口径不小于19mm	危害因素

续表

序号	检查项目（部位）	检查点（内容）	图示	检查方法	检查内容及标准	隐患分级
59	消防器材管理	消防水带			消防水带表面有型号、规格、商标或厂商名称等永久性标志；织物层编织均匀，无跳经、纬线和划伤；每根消防水带的长度不超过25m；水带使用时不存在喷水现象；水带的存放和盘卷便于应急情况下快速展开	危害因素
60		消防栓、水枪、水带配套			同一建筑内消火栓、水枪和水带规格统一	危害因素
61		水泵接合器			水泵接合器安装在便于消防车接近的人行道或非机动车行驶地段，外观无缺陷，设有耐久性铭牌和标注所属系统区域的标识牌	一般隐患
62		自动喷水灭火系统			洒水喷头：规格、型号、性能参数符合设计文件要求；喷头外观无加工缺陷、无机械损伤、无明显磕碰伤痕或损坏	一般隐患
63					报警阀：商标、型号、规格等标志齐全，阀体上有水流指示方向的永久性标识；报警阀组及其附件配备齐全，表面无裂纹，无加工缺陷和机械损伤	一般隐患

续表

序号	检查项目（部位）	检查点（内容）	图示	检查方法	检查内容及标准	隐患分级
64	消防器材管理	自动喷水灭火系统		 目视	水力警铃：铃锤应转动灵活，无阻滞现象；水力警铃传动轴密封性能应良好，无渗漏水现象	一般隐患
65		烟雾报警器		  目视、手试	红灯闪烁，用发烟器测试能正常报警	一般隐患
66		排烟阀		 目视	接收到火灾探测信号时，排烟阀能自动开启	一般隐患
67		排烟风机		 目视	排烟风机与其连接的排烟阀联动正常	一般隐患

续表

序号	检查项目（部位）	检查点（内容）	图示	检查方法	检查内容及标准	隐患分级
68	消防器材管理	灭火器配置		目视	灭火器选型、数量、防护距离根据火灾类型、危险等级经计算确定，每个计算单元不少于两具： A类火灾场所选择同时适用于A类、E类火灾的灭火器。 B类火灾场所选择适用于B类火灾的灭火器。B类火灾场所存在水溶性可燃液体（极性溶剂）且选择水基型灭火器时，选用抗溶性的灭火器。 C类火灾场所选择适用于C类火灾的灭火器。 D类火灾场所根据金属的种类、物态及其特性选择适用于特定金属的专用灭火器。 E类火灾场所选择适用于E类火灾的灭火器。带电设备电压超过1kV且灭火时不能断电的场所不能使用灭火器带电扑救。 F类火灾场所选择适用于E类、F类火灾的灭火器	一般隐患
69		灭火器配置		目视	（油气作业现场）钻井、试油及修井等生产现场的消防设施器材按照川庆公司钻试修井生产现场消防设施与灭火器材配备标准进行配备	一般隐患
70		灭火器外观检查		目视	灭火器标签完整清晰，载明灭火剂、驱动气体种类、充装压力、总质量、灭火级别、制造厂名和生产日期或维修日期等标志	危害因素

续表

序号	检查项目（部位）	检查点（内容）	图示	检查方法	检查内容及标准	隐患分级
71	消防器材管理	灭火器外观检查		看	灭火器铅封、销闩保险装置完好	危害因素
72				看	灭火器筒体无明显损伤（磕伤、划伤）、缺陷、锈蚀（特别是筒底和焊缝）、泄漏	一般隐患
73				看	灭火器喷射软管完好，无明显龟裂，喷嘴无堵塞	危害因素
74				看	灭火器的驱动气体压力在工作压力范围内，贮压式灭火器查看压力指示器是否在绿区范围内	一般隐患

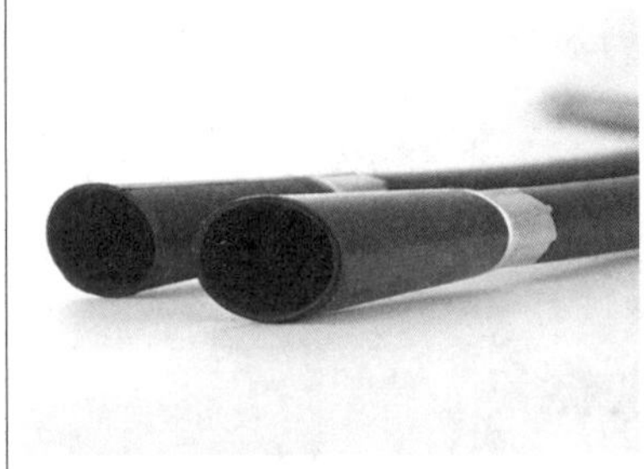

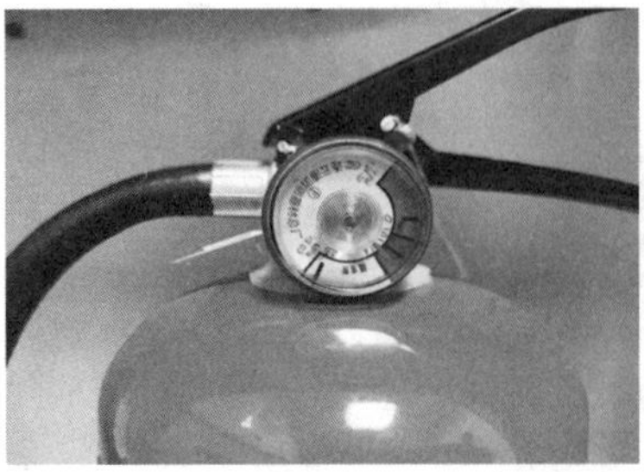

续表

序号	检查项目（部位）	检查点（内容）	图示	检查方法	检查内容及标准	隐患分级
75		灭火器外观检查			灭火器定期进行检查，并设置检查记录卡片	危害因素
76					二氧化碳灭火器记录原始称重并配置防冻手套，称重检查损失重量的不超过5%或50g	危害因素
77	消防器材管理				达到以下标准的灭火器应及时报废： （1）列入淘汰目录：酸碱性灭火器；化学泡沫灭火器；倒置使用的灭火器；氯溴甲烷、四氯化碳灭火器；1211、1301灭火器；国家政策明令淘汰的其他类型灭火器	一般隐患
78		灭火器报废	灭火器类型 首修后维修年限 出厂后维修年限 报废年限 水基型 1 3 6 干粉、泡沫、洁净气体 2 5 10 二氧化碳 12 注：每次送修数量不得超过计算单元配置灭火器总数量的1/4		（2）达到报废年限：水基型灭火器出厂期满6年；干粉、洁净气体灭火器出厂期满10年；二氧化碳灭火器出厂期满12年	一般隐患
79					（3）使用中出现以下存在严重损伤、重大缺陷：永久性标志模糊、无法识别；筒体或气瓶被火烧过；筒体或气瓶严重变形；筒体或气瓶外部涂层脱落大于总面积1/3；筒体或气瓶有腐蚀的凹坑；筒体或气瓶有修补痕迹；水基型筒体内部防腐层失效；筒体或气瓶连接螺纹有损伤；筒体或气瓶不符合水压试验要求；灭火器产品不符合市场准入制度；灭火器由不合法维修机构维修	一般隐患

续表

序号	检查项目（部位）	检查点（内容）	图示	检查方法	检查内容及标准	隐患分级
80	消防器材管理	特殊工艺防火			工厂化压裂作业现场，配属1辆专用消防车	一般隐患
81					连续油管、带压作业现场配备自动灭火系统	一般隐患
82					电带油、气带油工艺应用现场消防安全管理符合要求	一般隐患
83		消防泵			消防泵各部位完好，能正常启动，燃油量不少于油箱2/3；上水管线与水源连接牢靠	一般隐患

三、吊装作业前 HSE 检查表

石油钻井吊装作业频次高、风险大，极易出现不可控风险。为加强吊装作业风险管控，规范吊装作业行为，有效消除吊装作业隐患，防范起重伤害事故，吊装作业前应对吊装作业计划和方案、人员资质能力进行评估，起重机械、吊索具进行检查。吊装作业前 HSE 检查表见表 2-7。

表 2-7 吊装作业前 HSE 检查表

隐患分级：危害因素：0 条		一般隐患：66 条	较大隐患：12 条	重大隐患：0 条	
序号	检查项目	检查点	图示	检查方法	检查内容及标准	隐患分级
1	吊装作业计划和方案制订	作业计划书	①	👁	吊装作业分为三级：一级吊装作业吊装重物的质量大于100t；二级吊装作业吊装重物的质量不低于40t且不超过100t；三级吊装作业吊装重物的质量小于40t；针对一级吊装作业、二级吊装作业、形状复杂、刚度小长径比大、精密贵重物的吊装作业需要制订吊装作业方案并通过审批；针对钻机拆搬安、推移井架等高风险作业需编制作业计划书并通过审批	较大隐患
		一吊一许可	①	👁	吊装作业"一吊一许可"；吊臂和货物与管线、设备与输电线路的距离小于规定安全距离；货物载荷达到额定起重能力的75%；吊臂越过障碍物起吊、起重安装高度超过20m，如拆装钻机顶驱；起重物体长度超过15m；起重危险物品；两台同型号吊车协同起重作业等关键起重作业。明确被吊物情况、起重设备情况、吊具选择及捆绑要求、地面垫板、指挥要求和安全措施等，起吊前要进行轨迹模拟，试吊安全后实施起吊作业。节假日及特殊敏感时段吊装作业落实升级管控措施	较大隐患
2	过程管控	持证检查	①	👁	①查验吊车必须在检验合格期内，查验驾驶员资格核准证	较大隐患

续表

序号	检查项目	检查点	图示	检查方法	检查内容及标准	隐患分级
2	过程管控	持证检查	② 准入证图示	查验	②查验吊车车辆准入证	较大隐患
			③ 驾驶员安全培训卡	查验	③查验吊车司机培训合格证	较大隐患
			④ 机动车行驶证	查验	④查验吊车司机驾驶证	较大隐患
			⑤ 考试合格证	查验	⑤查验吊装指挥证	较大隐患
		吊车司机、吊装指挥、司索人员能力评估	"十不吊" ××队吊装指挥证人员台账及评价表	查验	(1)未经作业许可认可不吊。(2)无专人指挥、信号不明确不吊。(3)设备设施有缺陷、基础不牢不吊。(4)起重系统超负荷、吊物重量不明确不吊。(5)吊物捆绑不牢靠、固定状态未消除不吊。(6)棱角无衬垫、牵引不当不吊。(7)歪拉斜吊不吊。(8)容器盛装液体不吊。(9)危险区域有人不吊。(10)作业环境不良不吊	较大隐患

续表

序号	检查项目	检查点	图示	检查方法	检查内容及标准	隐患分级
2	过程管控	吊车司机、吊装指挥、司索人员能力评估	"十必须" ××队吊装指挥证人员台账及评价表	👁 👂	（1）较高及以上风险吊装作业前必须召开工具箱会议，按照吊装作业计划告知作业风险，明确防控措施。（2）指挥人员和监护人员必须持证上岗。（3）作业现场必须建立隔离警戒区，按规定实施区长制。（4）吊装作业前必须确认警戒区内没有无关人员。（5）吊装作业前必须进行起重机具检查，支腿全部伸出并基础牢固，起重机滑轮按设计穿满。（6）吊装作业必须选择匹配且合格的吊索具，定期检验吊索具。（7）被吊物必须标识合理吊点或明确吊挂方式，作业过程系引绳。（8）起吊前必须检查吊点可靠性，进行试吊验证。（9）吊装作业全过程指挥和监护人员必须坚守作业区域。（10）吊装作业必须限定辅助吊钩的吊装使用范围	较大隐患
			"五个确认" ××队吊装指挥证人员台账及评价表	👁 👂	（1）确认危险区域无人。（2）确认吊具选择正确。（3）确认吊挂安全可靠。（4）确认物件固定牢靠。（5）确认吊物未被连接	较大隐患
			"三不准" ××队吊装指挥证人员台账及评价表	👁 👂	（1）人员未离开吊装危险区域不准起吊。（2）有缺陷的吊索具不准使用。（3）不系安全带不准高处（临边）作业	较大隐患
		通用手势		👁 👂	"操作开始（准备）"：手心打开、朝上，水平伸直双臂	一般隐患

续表

序号	检查项目	检查点	图示	检查方法	检查内容及标准	隐患分级
2	过程管控	通用手势		看听	①"主起升机构":保持一只手在头顶,另一只手在身体一侧。在这个信号发出之后,任何其他手势信号只用于指挥主起升机构。②"副起升机构":垂直举起一只手的前臂,紧握拳头,另外一只手托于这只手臂的肘部。在这个信号发出后,任何其他手势信号只用于指挥副起升机构	一般隐患
				看听	①"匀速起升":一只手臂举过头顶,紧握拳头,并向上伸出食指,连同前臂小幅水平画圈。②"慢速起升":一只手给出起升信号,另外一只手的手心放在它的正上方	一般隐患
				看听	①"匀速下降":向下伸出一只手臂,离身体一段距离,紧握拳头,并向下伸出食指,连同前臂小幅水平画圈。②"慢速下降":一只手给出下降信号,另外一只手的手心放在它的正下方	一般隐患
				看听	①"指示垂直距离":将伸出的双臂保持在身体正前方,手心上下相对。②"指示水平距离":在身前水平伸出双臂,掌心相对	一般隐患
				看听	"指定方向的水平运行/回转":伸出手臂,指向运行方向,掌心向下	一般隐患

续表

序号	检查项目	检查点	图示	检查方法	检查内容及标准	隐患分级
2	过程管控	通用手势		看、听	"翻转（通过两个起重机或两个吊钩）"：水平、平行地向前伸出两只手臂，按翻转方向旋转90°（a、b）	一般隐患
				看、听	①"臂架起升"：水平伸出手臂，并向上竖起拇指。②"臂架下降"：水平伸出手臂，并向下伸出拇指	一般隐患
				看、听	①"臂架外伸或小车向外运行"：伸出双手紧握拳头在身前，伸出拇指，指向相背。②"臂架收回或小车向内运行"：伸出双手紧握拳头在身前，伸出拇指，指向相对	一般隐患
				看、听	①"载荷下降时臂架起升"：水平伸出一只手臂，并向上竖起拇指。向下伸出另一只手臂，离身体一段距离，连同前臂小幅水平画圈。②"载荷起升时臂架下降"：水平伸出一只手臂，并向下伸出拇指，另一只手臂举过头顶，紧握拳头并向上伸出食指，连同前臂小幅水平画圈	一般隐患
				看、听	①"停止（正常停止）"：单只手臂手心朝下，从胸前至一侧水平摆动手臂。②"紧急停止（快速停止）"：两只手臂手心朝下，从胸前至两侧水平摆动手臂	一般隐患
				看、听	"结束指令"：胸前紧扣双手	一般隐患

续表

序号	检查项目	检查点	图示	检查方法	检查内容及标准	隐患分级
2	过程管控	作业许可		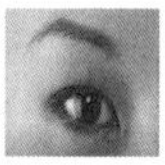 👁	①吊装作业落实作业前安全会	一般隐患
			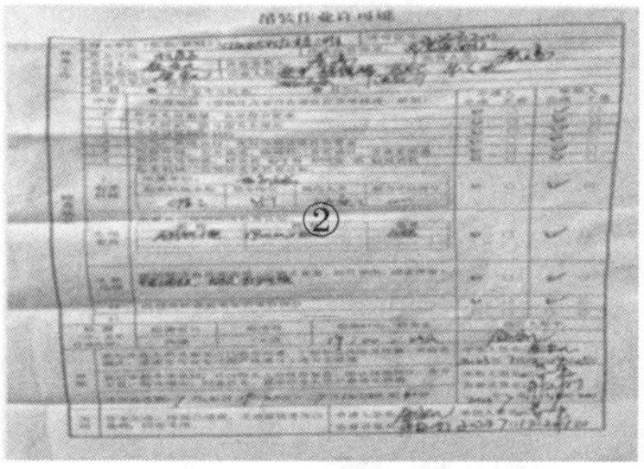	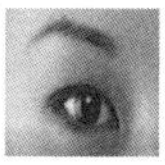 👁	②吊装作业许可	一般隐患
			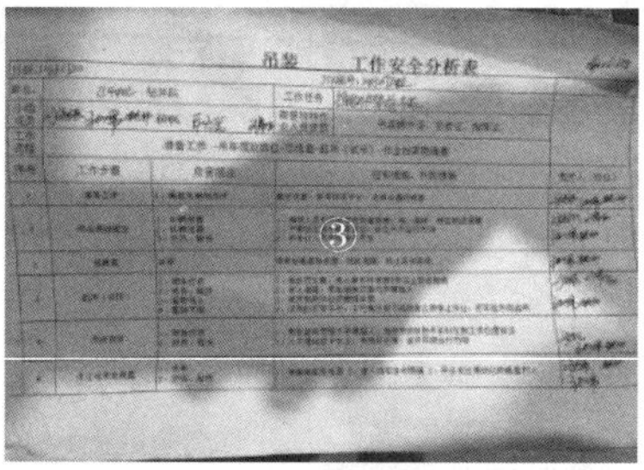	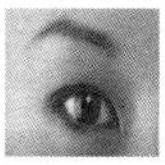 👁	③吊装作业工作安全分析	一般隐患
		吊装指挥工具		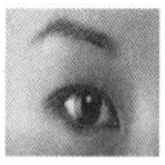 👁	①吊装指挥人员配置指挥服1套	一般隐患
				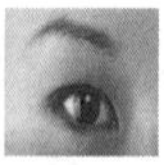 👁	②配置吊车司机与指挥耳挂式对讲机1套	一般隐患

续表

序号	检查项目	检查点	图示	检查方法	检查内容及标准	隐患分级
2	过程管控	吊装指挥工具			③吊装指挥配置口哨1只	一般隐患
		作业人员配置			严格落实"1+1+1+4"的吊装管理模式；每台吊车配备1名吊车司机、1名吊装指挥、1名监管人员（钻井队干部或驻井监督）和4名司索人员	一般隐患
3	汽车起重机安全检查	起重能力			额定起重能力满足现场需要（钢丝绳股数与报警设置相匹配）	一般隐患
		操作室设施			①操作室雨刮器、窗户、喇叭、踏板完好、有效	一般隐患
					②配置力矩报警仪及显示屏，力矩报警仪打开显示器正常显示，蜂鸣器、闪光灯无破损失效	一般隐患

续表

序号	检查项目	检查点	图示	检查方法	检查内容及标准	隐患分级
3	汽车起重机安全检查	操作杆	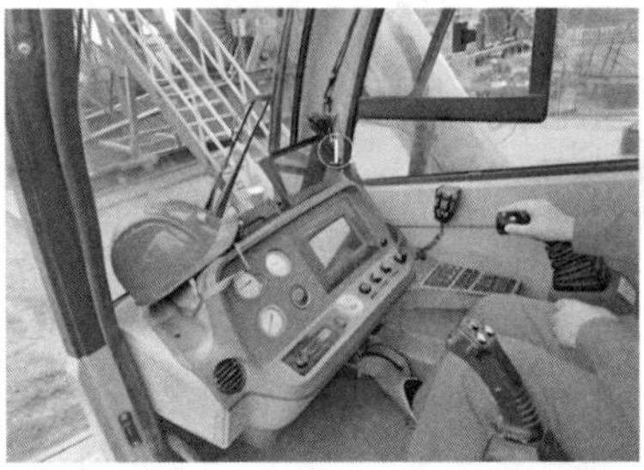	  看/扳手	操作室内操作杆齐全无破损，操作灵敏	一般隐患
		车轮		  看/扳手	车轮踏面磨损量不超过原厚度的15%；车轮无裂纹；车轮螺栓完整、拧紧	一般隐患
		刹车系统		  看/扳手	刹车分磅无漏气、漏油；刹车调整臂接头无松动	一般隐患
		倒车报警器		 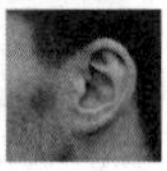 看/听	①倒车灯完好并工作正常	一般隐患
				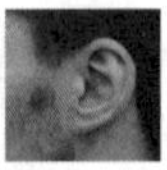 听	②倒车喇叭工作正常	一般隐患

续表

序号	检查项目	检查点	图示	检查方法	检查内容及标准	隐患分级
3	汽车起重机安全检查	支腿固定及垫板	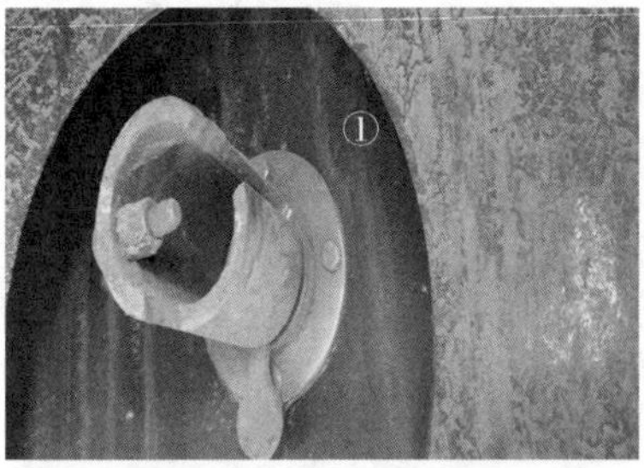		①支腿固定销完好并能正确使用，锁销无变形腐蚀现象	一般隐患
					②支腿垫板面积至少是支腿千斤的3倍，设置抓手便于挪移	一般隐患
					③支腿可完全伸出，伸缩无异响	一般隐患
		液压油面			液压油面高度在刻度尺范围内	一般隐患
		液压管线		 	液压管线接头连接紧固、无渗漏	一般隐患

续表

序号	检查项目	检查点	图示	检查方法	检查内容及标准	隐患分级
3	汽车起重机安全检查	转盘轴承		看	转盘轴承转动灵活无异响，固定螺栓齐全，紧固到位，螺栓强度符合要求	一般隐患
		绳鼓		看	绳鼓总成无裂缝、润滑到位	一般隐患
		导向滑轮、滑轮组		看、摸	导向滑轮、滑轮组无裂缝、润滑到位，转动灵活	一般隐患
		吊钩		看、摸	吊钩外观完好、无变形、无裂纹；吊钩钩口锁舌齐全完好；吊钩转动灵活	一般隐患
		力矩限制器		看	配置力矩报警仪及显示屏，力矩报警仪打开显示器正常显示	一般隐患

续表

序号	检查项目	检查点	图示	检查方法	检查内容及标准	隐患分级
3	汽车起重机安全检查	上限位开关		👁️✋	外观完好、重锤规范连接、可靠且连接绳长度大于75cm、无发卡；仰臂至大于最低角度限制，分别起升大、小钩至托起重锤，触发高度限位器，相应报警灯及蜂鸣器应报警；下降大、小钩解除重锤被托起状态，查看高度限位器报警是否停止	较大隐患
		幅度指示器		👁️	检查指针无变形、转动灵活	一般隐患
		水平仪		👁️	平坦场地停放时水平仪无误差，误差不允许超过5%	一般隐患
		吊车钢丝绳		👁️✋	伸吊臂，落大、小钩，当卷筒上的吊绳只剩3～5圈时应能自动停止落钩动作；滚筒钢丝绳整齐、无扭曲变形、直径磨损不允许超过5%	一般隐患
		吊臂		👁️	吊臂整体无可见的弯曲变形、破损	一般隐患

续表

序号	检查项目	检查点	图示	检查方法	检查内容及标准	隐患分级
3	汽车起重机安全检查	视频系统		看	①进入现场作业的吊车吊臂顶端、操作室内部、操作室正前方三个位置安装监控摄像头，拆搬安现场吊装作业设置移动视频监控，监控仪镜头拍摄角度应覆盖吊钩、吊索具、司索人员、指挥人员等	一般隐患
				看	②具备本地存储和循环记录功能，存储卡不少于128G，存储120h及以上	一般隐患
				看	③监控仪电源应连接在吊车操作室点烟器或备用电源上，确保不间断供电	一般隐患
		其他		看	①急救药品、灭火器等应急物资齐全，在有效期内	一般隐患
				看	②灭火器等应急物资齐全，在有效期内	一般隐患

续表

序号	检查项目	检查点	图示	检查方法	检查内容及标准	隐患分级
4	吊索具及其他附件工具	钢丝绳套	①②③④⑤⑥⑦⑧	目视	依照吊索具管理办法检查作业现场钢丝绳套、配置数量、性能状况、铭牌完好、标识及着色规范，钻井队设置吊索具储存专用房，定点设置存放支架，建立台账清单，分级标识，分类摆放，落实使用范围及要求，存在以下问题应报废： ①无规律分布在6倍钢丝绳直径的长度范围内，可见断丝总数超过钢丝绳钢丝总数5%的。 ②局部可见断丝有3根以上聚集在一起的。 ③索眼表面出现集中断丝，或断丝集中在金属套管、插接处附近、插接连接绳股中的。 ④严重锈蚀，柔性降低，表面明显粗糙，且在锈蚀部位实测钢丝绳直径低于原公称直径93%的。 ⑤因打结、扭曲、挤压造成钢丝绳畸变、压破、芯损坏，或钢丝绳压扁超过原公称直径20%的。 ⑥带电燃弧引起钢丝绳烧熔、熔融金属液浸烫，或长时间暴露于高温环境中引起强度下降的。 ⑦插接处严重受挤压、磨损；金属套管损坏（如裂纹、严重变形、腐蚀）或直径缩小至原公称直径95%的。 ⑧绳端固定连接的金属套管或插接部分完好	一般隐患

续表

序号	检查项目	检查点	图示	检查方法	检查内容及标准	隐患分级
4	吊索具及其他附件工具	纤维吊带		目视	纤维吊带无破损、规格型号标识牌齐全，存放至阴凉通风处，避免阳光直射	一般隐患
		四合一卸扣		目视	卸扣报废标准：任何部位产生裂纹的；销轴和扣体断面磨损超过名义尺寸10%的；扣体和销轴发生明显变形，销轴不能自如转动或螺纹倒牙、脱扣的。卸扣准备数量：四合一卸扣16支	一般隐患
		深套取挂器		目视	绳套取挂器16小+4长完好	一般隐患
		环钩引绳		目视	10～15m 吊车引绳16根完好	一般隐患
		安全带		目视	高空作业安全带配置：4副专用+6副全身式，均配备双尾绳	一般隐患

续表

序号	检查项目	检查点	图示	检查方法	检查内容及标准	隐患分级
4	吊索具及其他附件工具	登高梯			专用登高梯子4个	一般隐患
		操作平台			可移动高处作业平台1个	一般隐患
		锚固点			钻台锚固点1套	一般隐患
5	吊耳设置、吊点标识及日常管理	无吊耳或吊耳位置不合理设备设施			①钻井高压管汇、水龙带、井控内防喷软管和防喷管线、压裂固井管汇、测试防喷管线、钻井液上水软管和出口管汇等各类管材标识吊点位置	一般隐患
					②逃生滑道、大支架、顶驱房、坐岗房、生活水罐等高位吊耳均加装低位吊耳吊装	一般隐患

续表

序号	检查项目	检查点	图示	检查方法	检查内容及标准	隐患分级
5	吊耳设置、吊点标识及日常管理	无吊耳或吊耳位置不合理设备设施	 	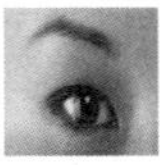 目视	②逃生滑道、大支架、顶驱房、坐岗房、生活水罐等高位吊耳均加装低位吊耳吊装	一般隐患
		有吊耳设备设施	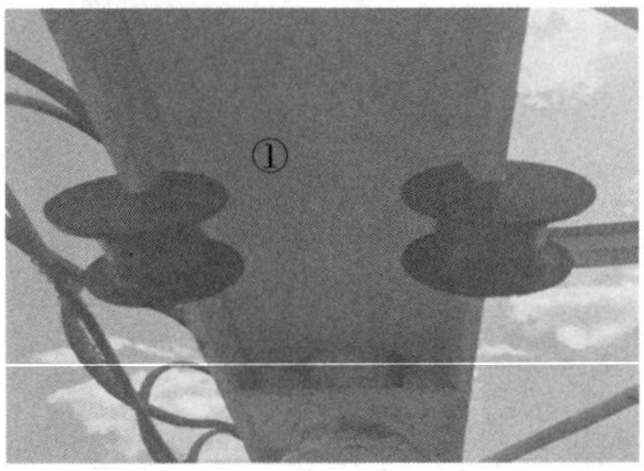	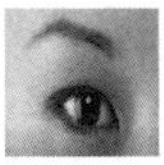  目视	①吊索具与被吊物存在切割、磨损等现象，应对棱角处或障碍物处加装垫块防护	一般隐患
			 	  目视	②循环罐、发电房等不能整改的采用安装上下梯步、安全护栏、操作平台、设置生命线等安全防护设施的方式	一般隐患

续表

序号	检查项目	检查点	图示	检查方法	检查内容及标准	隐患分级
5	吊耳设置、吊点标识及日常管理	有吊耳设备设施		看	③挂钩式吊耳，须将挂钩进行全封闭，使用符合标准要求的卸扣吊装	一般隐患
		不规则设备设施		看	梳理汇总不规则设备设施建立台账，对不规则吊物必须进行受力分析，找准吊点。新设备或改造设备必须进行变更管理，论证拆安方式	一般隐患
		吊点标识		看	①设备设施吊点处使用红色油漆进行醒目标识（若设备本体颜色为红色时，使用白色油漆进行标识），内容按绳套"直径×长度×根数"的格式进行标识（如19mm×9m×4根），需使用卸扣连接的吊物还应标明卸扣规格和数量（如19mm×9m×4根+10t×4只卸扣），文字高度统一为35mm	一般隐患
				看	②设备吊点、吊耳设置情况，标识所有需要吊装搬运的设备吊点和引绳栓挂点	一般隐患
		吊点管理		看	吊耳无锈蚀及焊接质量问题、吊耳吊点齐全、设置位置合理	一般隐患

续表

序号	检查项目	检查点	图示	检查方法	检查内容及标准	隐患分级
6	吊装作业环境	作业场地		看	①吊装作业前进行环境风险评估，检查作业场地情况，场地平整、无坑洞、塌陷，满足起重机械设备停放要求，吊装作业过程中合理摆放设备设施，应急通道畅通	一般隐患
		天气情况		看	②作业时天气无雷电、大雨、大雪、大雾、沙尘暴和风力达六级及以上等极端天气，视线清楚，能见度在30m以外	一般隐患

四、防洪防汛地质灾害 HSE 检查表

防洪防汛是指为防止和减轻洪水灾害，在洪水预报、防洪调度、防洪工程运用等方面进行的有关工作。洪汛是指江河、湖泊等水域的季节性或周期性的涨水现象。汛前钻井公司要全面检查一次防洪防汛工作，对不符合项限期销项整改。检查内容包括物资储备、井场布局、预警响应、应急演练等。防洪防汛地质灾害HSE检查表见表2-8。

表2-8 防洪防汛地质灾害 HSE 检查表

检查路线：会议室、值班房→生活营区→周边道路→井场排水工程→设备基础（主体、附属）→坑池→应急池→防汛物资器材→网络通信→会议室							
隐患分级：危害因素：5条　一般隐患：10条　较大隐患：6条　重大隐患：2条							
序号	检查项目（部位）	检查点	图示	检查方法	检查内容	隐患分级
1	值班房、会议室	文件		看	宣贯学习防汛防地质灾害相关文件和通知，有学习和培训记录。建立企地联动机制，有预警信息收集和传达记录，有汛期巡查、隐患排查和整改记录，并有签字	一般隐患

续表

序号	检查项目（部位）	检查点	图示	检查方法	检查内容	隐患分级
1	值班房、会议室	预案			建立防汛抢险指挥机构，成立现场防汛领导小组和防汛抢险小队	一般隐患
		预案			开展施工现场风险分析和危险源预判，宣贯落实施工现场预警信号、撤离路线和安全避灾场所，指定专人关注气象预警信息并及时发布预警信息，制订防汛防地质灾害应急处置方案，按照方案开展应急处置演练，有总结评估	较大隐患
2	生活营区	营房接地桩			营房防雷接地良好，接地线无锈蚀断裂失效	一般隐患
		营区排水沟			未处于泄洪区或低洼地带，未靠河流池塘，排水沟无淤塞积水	一般隐患
		营房位置			营房距离边坡堡坎1m以上，边坡堡坎无开裂变形垮塌，表面进行硬化处理或铺垫防渗膜，地表无开裂沉降	一般隐患

续表

序号	检查项目（部位）	检查点	图示	检查方法	检查内容	隐患分级
3	周边道路	路面路基		目视	井场周边道路无路面开裂下陷、路基掏空下沉、填方土质疏松流失	较大隐患
		植被		目视	路旁树木、竹林等植被无歪斜倾倒，未处于滑坡地带，未靠危岩	危害因素
		隧道漫水桥		目视	山区道路长度超过3km，无下穿隧道，无积水，未通过漫水桥，无淹没	危害因素
4	井场排水工程	井场周边		目视	井场四周排水沟（长0.8m×高0.6m）、场内清水沟（长0.4m×高0.3m）、涵洞排水系统畅通无堵塞，无废弃污染物	危害因素
		清污分流沟		目视	清污分流沟进出口坡度大于2%，未冲蚀水毁	危害因素

续表

序号	检查项目（部位）	检查点	图示	检查方法	检查内容	隐患分级
5	设备基础（主体、附属）	井场			井场位于非泄洪区，未处于低洼地带、未靠河流池塘	重大隐患
		井场周围			未靠危岩，无失稳垮塌，隔离墙无膨胀、变形、裂缝、倾斜、下沉、位移、失稳等，地基未掏空	较大隐患
		边坡堡坎			未处于滑坡地带，井场边坡及构筑物稳固，边坡堡坎已做表面硬化处理或铺垫防渗膜，无开裂破损；未堆积工具箱、备用管线等设施	较大隐患
		井场填方围栏			①井场填方未掏空	重大隐患
					②周边围栏未倾斜	一般隐患
6	坑池	集污坑			集污坑沉淀池和隔油池无外溢，按储备罐围堰4m³、发电房围堰1m³、柴油罐围堰4m³、食堂围堰20m³规格修建	危害因素

续表

序号	检查项目（部位）	检查点	图示	检查方法	检查内容	隐患分级
6	坑池	下沉池			下沉池容量设置为20m³，无外溢，空容不少于15m³，池壁无开裂	一般隐患
		转酸池			燃烧池旁转酸池设置为20m³，进行防酸防渗处理，无渗漏，池壁内外无裂缝，池内潜水泵能正常使用	一般隐患
7	应急池	池体			应急池空容不小于300m³，进行防酸防渗处理，无渗漏，池壁内外无裂缝	较大隐患
		围栏			1.2m围栏齐全，高度设置为1.2m，配置救生圈、救生绳，警示标识齐全	一般隐患
8	防汛物资器材				建立防汛物资储备台账，防洪防汛物资配置标准为沙袋200条、雨衣20套、雨靴10双、篷布或塑料薄膜200m²、扎带50个、沙子5m³、铁锹10把、白棕绳100m、铁丝100m、克丝钳2把、螺丝刀2套、潜水泵3台、警示带500m、防爆对讲机4台、防爆手电筒5把、防爆探照灯2具、救生担架1套、急救箱1个。要求井队储备物资账物数量相符、方便取用	较大隐患

序号	检查项目（部位）	检查点	图示	检查方法	检查内容	隐患分级
9	网络通信				网络通信畅通，无信号盲区。通信信号弱或无信号的地区，配备海事卫星电话	一般隐患

五、冬防保温检查表

冬防保温检查表见表 2-9。

表 2-9　冬防保温检查表

检查路线：钻台→泵房→井控装备→循环罐区→机房→锅炉→营房区域
隐患分级：危害因素：1 条　　一般隐患：22 条　　较大隐患：38 条　　重大隐患：0 条

序号	检查项目（部位）	检查点	图示	检查方法	检查内容	隐患分级
1	钻台	钻台防沙棚			①钻台上周围围好帆布或挡风板	一般隐患
		司钻房			②司钻房（司钻操作台）外露气管线用毛毡、塑料布包扎，防碰天车单向开关等处安装电加热头	较大隐患

续表

序号	检查项目（部位）	检查点	图示	检查方法	检查内容	隐患分级
1	钻台	司钻房	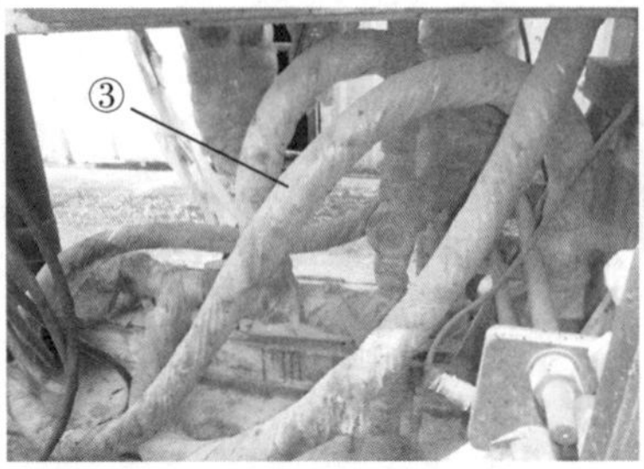	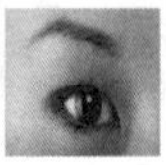	③防碰天车气管线必须使用毛毡、塑料布包扎	较大隐患
		传压包		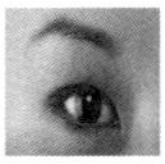	④本体采用毛毡、塑料布包扎的方式进行保温，预留观察孔	一般隐患
		气管线	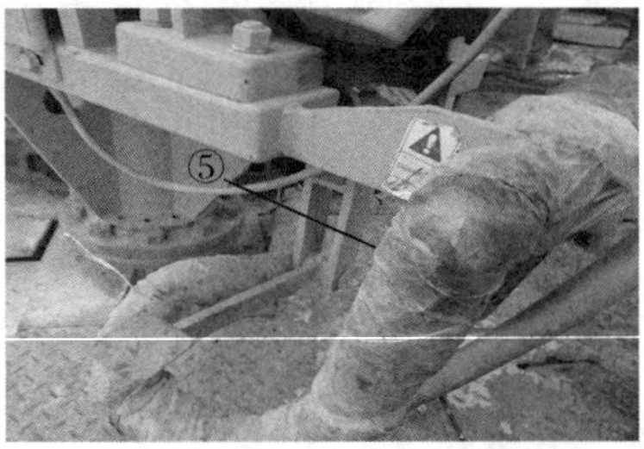		⑤主气管线、气动绞车、液压大钳气管线等用毛毡、塑料布包扎，以防积水冻结	较大隐患
		高压立管		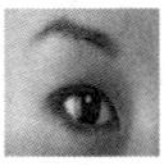	⑥高压立管、立压表用电热带、毛毡、塑料布包扎	较大隐患
			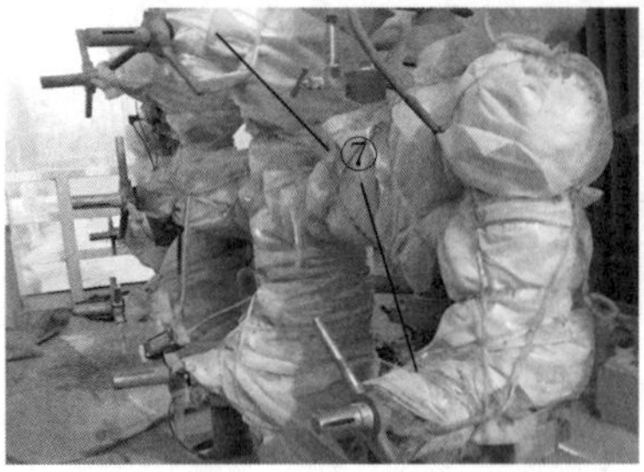		⑦阀门组用电热带、毛毡、塑料布包扎	较大隐患

续表

序号	检查项目（部位）	检查点	图示	检查方法	检查内容	隐患分级
1	钻台	液压油			⑧指重表、参数仪传感器使用液压油	一般隐患
		液压油			⑨钻机、转盘、水龙头使用工业齿轮油	一般隐患
		冷却水泵			⑩钻机冷却水泵使用纯净水，冷却水管线采用电热带或蒸汽管线、毛毡、塑料布包扎	较大隐患
		固井水罐			⑪固井水罐罐内加散热片，连接管线采用电热带或蒸汽管线、毛毡、塑料布包扎	较大隐患
2	泵房	地面高压管汇			①地面高压管线、保险阀、压力表接头用电热带、毛毡、塑料布包扎。长时间停止循环时放净钻井液，并用气体清扫干净	较大隐患

续表

序号	检查项目（部位）	检查点	图示	检查方法	检查内容	隐患分级
2	泵房	地面高压管汇		目视	②钻井泵继气器、气开关等处安装电加热热头或用塑料布包扎	较大隐患
		润滑油		目视	③钻井泵使用工业齿轮油	一般隐患
		泄压管线		目视	④钻井泵保险阀、泄压管线用电热带或蒸汽管线、毛毡、塑料布包扎	较大隐患
		高压阀门组		目视	⑤高压阀门组及高压管线用电热带或蒸汽管线、毛毡、塑料布包扎	较大隐患
		冷却水泵		目视	⑥冷却水泵、水箱周围加防爆电暖器或暖气片保温	较大隐患

续表

序号	检查项目（部位）	检查点	图示	检查方法	检查内容	隐患分级
2	泵房	灌浆装置			⑦计量罐、灌注泵、四条灌浆管线电热带或蒸汽管线保温	较大隐患
		钻井泵上水管线			⑧钻井泵上水管线用电热带或蒸汽管线、毛毡、塑料布包扎	较大隐患
		泵房防沙棚			⑨钻井泵泵房周围围好帆布或挡风板	一般隐患
3	井控装备	防喷器			①最上层套管头、四通、防喷器本体采用电热带、毛毡、塑料布包扎的方式进行保温	较大隐患
					②观察孔及法兰钢圈部位无覆盖、遮挡	一般隐患

续表

序号	检查项目（部位）	检查点	图示	检查方法	检查内容	隐患分级
3	井控装备	节流压井管汇			③内防喷管线、压井管汇、反循环压井管线等部位用电热带和毛毡、塑料布包扎，不得关闭四通2#、3#阀门	较大隐患
		节流压井管汇			④节流管汇等部位用电热带和毛毡、塑料布包扎	较大隐患
		液气分离器			⑤钻井液回收管线、液气分离器进液管线、排污口采用电热带和毛毡、塑料布包扎进行保温	较大隐患
		远控房			⑥远程控制台与司钻控制台连接的气管束用毛毡、塑料布包扎进行保温	较大隐患
		气源分配罐			⑦气源分配罐用电热带和毛毡、塑料布包扎进行保温，安装自动排水电磁阀，定时排水	较大隐患

序号	检查项目（部位）	检查点	图示	检查方法	检查内容	隐患分级
3	井控装备	防提装置			⑧防提装置及管线用毛毡、塑料布包扎	较大隐患
		其他			⑨每次节流循环压井后或相关施工后，要将液气分离器内的残余液体尽快排除，并使用压缩空气对节流压井管汇、分离器进液管线、放喷管线进行吹扫	较大隐患
					⑩备用内防喷工具清洗保养后注意防冻，确保灵活可靠	一般隐患
4	钻井液固控	加重泵、除砂泵、除泥泵			①除砂泵、除泥泵所有管线使用暖气管线或电保温毛毡、塑料布包扎	较大隐患
					②加重泵所有管线使用暖气管线或电保温毛毡、塑料布包扎	较大隐患

续表

序号	检查项目（部位）	检查点	图示	检查方法	检查内容	隐患分级
4	钻井液固控	钻井液罐上排水管线		看	③钻井液罐侧面连接管线使用暖气管线或电保温毛毡、塑料布包扎	较大隐患
		钻井液罐上排水管线		看	④钻井液罐上方连接管线使用暖气管线或电保温毛毡、塑料布包扎	较大隐患
		离心机、除砂器、除泥器		看	⑤离心机、除砂器、除泥器各连接管线使用暖气管线或电保温毛毡、塑料布包扎	较大隐患
		钻井泵进排液管线		看	⑥钻井泵之间连接管线和进液管线、接空气包泄压管线采用电热带缠绕保温	较大隐患
		循环罐防沙棚		看	⑦钻井液循环罐搭建保温防砂棚，帆布齐全，保温良好（硫化氢区块除外）	一般隐患

续表

序号	检查项目（部位）	检查点	图示	检查方法	检查内容	隐患分级
5	机房设备	机房防沙棚			①机房搭建保温防砂棚，帆布齐全，保温良好	一般隐患
		油气管线			②机房、发电房油管线包扎毛毡、塑料布，油罐内装蒸汽管线，油罐周围要通暖气防止柴油结蜡	较大隐患
		继气器			③机房油、气管线用毛毡、塑料布包扎保温	较大隐患
		储气瓶			④储气瓶安装自动排水电磁阀放水，用毛毡、塑料布包扎保温	较大隐患
		燃油、润滑油			⑤柴油机使用润滑油、燃油、防冻液	一般隐患

续表

序号	检查项目（部位）	检查点	图示	检查方法	检查内容	隐患分级
5	机房设备	油、水、气管线及阀门			⑥井场外露油、水、气管线及阀门用毛毡、塑料布包扎，排列整齐埋入地下，深度0.3～0.5m与蒸汽管线并埋	较大隐患
		高架油罐			⑦高架油罐采用蒸汽管线和毛毡包裹保温	较大隐患
6	锅炉设备	锅炉设备			①对于山前及塔中地区的井，采用两台锅炉（每台蒸气量不低于1t/h）加电保温结合的方式进行保温。对于其他地区的井，采用一台锅炉（每台蒸气量不低于1t/h）加电保温结合的方式进行保温	较大隐患
					②对于其他地区的井，采用1台锅炉（每台蒸气量不低于1t/h）加电保温结合的方式进行保温	较大隐患
		电磁排水阀			③提供干燥、清洁的压缩空气，气源排水分配器安装电磁排水阀	危害因素

续表

序号	检查项目（部位）	检查点	图示	检查方法	检查内容	隐患分级
6	锅炉设备	使用证、检验检测报告		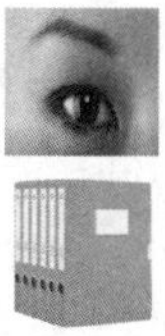	④锅炉有锅炉使用证和年检验报告，有锅炉安全阀、压力表和温度表及相关校验报告	较大隐患
		燃料	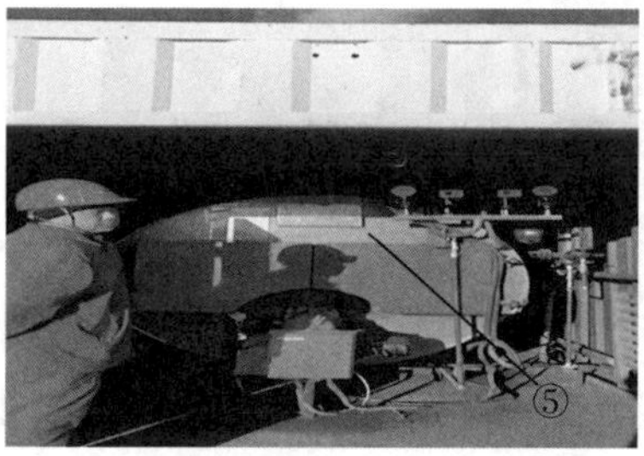	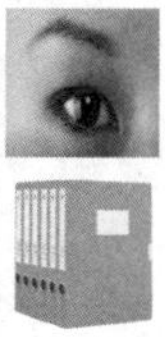	⑤有备用水罐、足够燃料	一般隐患
		蒸汽管线			⑥蒸汽管线连接完好、规范，且外露管线做保温处理	一般隐患
		人员操作证	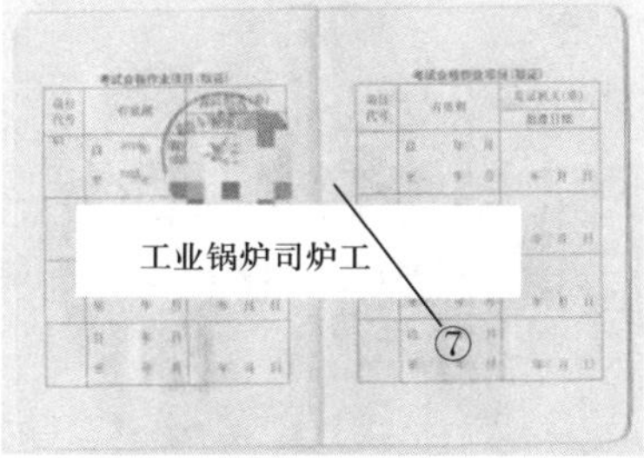	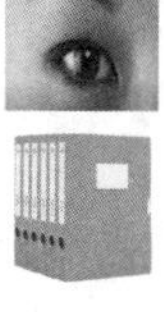	⑦锅炉操作人员不低于两人，并有锅炉操作证，证件在有效期内	较大隐患

续表

序号	检查项目（部位）	检查点	图示	检查方法	检查内容	隐患分级
6	锅炉设备	运行记录		 	⑧锅炉监控值班记录、锅炉运行记录填写正确、记录有井队领导签字	一般隐患
7	营房区域	医务室		 	①井队医务室备有冻伤药品，井场急救箱药品齐全、不过期	一般隐患
		供水系统	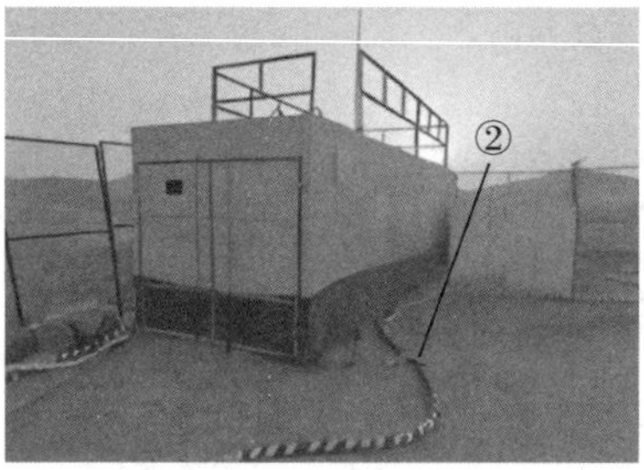		②生产水使用蒸汽+电保温，生活水使用电保温+加热棒进行保温	较大隐患
		烟雾报警器	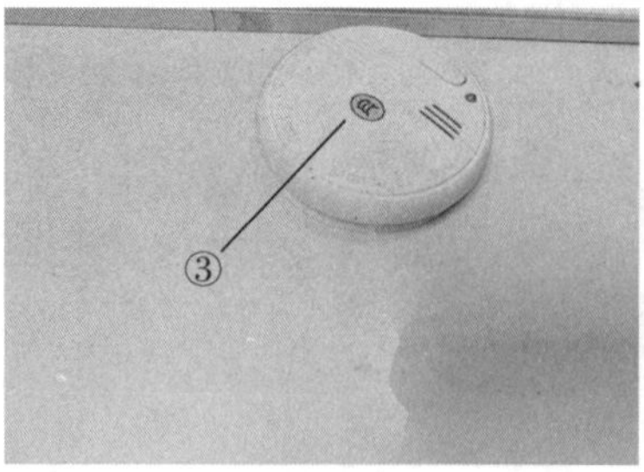	 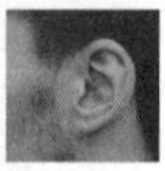	③营房防火设施齐全，测试烟雾报警器能及时报警	一般隐患

续表

序号	检查项目（部位）	检查点	图示	检查方法	检查内容	隐患分级
7	营房区域	消防器材			①检查应急消防泵外观完好，附属配件齐全，连接紧固	一般隐患
					②检查电瓶电压是否正常，电瓶启动和手拉启动装置功能完好，启动线路完好合格	一般隐患
					③检查柴油机机油量、油质，油量应在标尺上下限之间，柴油机加油为轻柴油，加油量为油箱的1/2～3/4	一般隐患
		消防器材			检查上水管线、水带外观、密封完好	一般隐患
		电热板			营房电暖设备严禁覆盖	一般隐患
		巡检制度			生活区管理人员巡回检查有记录	一般隐患

第五节　专业 HSE 检查表

一、钻井队 HSE "三标一规范"验收表

钻井队 HSE "三标一规范"验收表见表 2-10。

表 2-10　钻井队 HSE "三标一规范"验收表

隐患分级：危害因素：97 条　　一般隐患：224 条　　较大隐患：16 条　　重大隐患：1 条　　一般操作违章：4 条 一般管理违章：7 条　　严重管理违章：4 条　　重大管理违章：1 条							
序号	检查项目（部位）	检查点	图示	检查方法	检查内容	隐患分级	
1	标准化现场	门禁区域			车闸橇装安装基础找平地面，左右两部分车闸之间有足够的行车空间	一般隐患	
2					智能门禁系统内包含：施工公告、主要风险告知、环境公示牌、反违章禁令与安全"保命"条款、工况提示牌、安全里程碑、井场布局及逃生示意图、周界视屏、人车统计、安全培训等	一般隐患	
3					酒精检测功能测量值为 0mg/mL	一般隐患	
4					前场门禁旁设置紧急集合点，地面平整、标识牌醒目，周围安全通道畅通，10m 内不能有易燃易爆物品，手摇报警器摇动有报警声，有防水防尘措施	一般隐患	

第二章 石油钻井 HSE 检查表

续表

序号	检查项目（部位）	检查点	图示	检查方法	检查内容	隐患分级
5	标准化现场	门禁区域			门禁系统配置2kg干粉灭火器1具	一般隐患
6		井控辅助司控台			换向阀标牌齐全，手柄位置指示所显示的开、关位置与实际一致，半封操作手柄处标识封芯尺寸	危害因素
7					各阀件手柄未挂任何物品，全封的操作转阀手柄防误操作装置完好	危害因素
8					油路、气路无渗漏	危害因素
9		管具区			场地钻具、管材摆放在专用支架上，保养、排列整齐，各层边缘应固定，支架两端应设置挡杆，挡杆高度不少于2m	一般隐患
					钻杆架区域应用白蓝相间的抗风围栏进行隔离，围栏与管排架的距离不少于1m，围栏高度为0.8m。"区域责任与风险告知牌"悬挂在正对井场大门的围栏上	一般隐患
					外螺纹端带护丝或进行遮盖、防污处理	一般隐患

续表

序号	检查项目（部位）	检查点	图示	检查方法	检查内容	隐患分级
10					"当心落物""禁止吊物下过人""禁止停留""受限空间作业安全告知""钻台底座区域风险提示牌"摆放在外支梁底座前方	一般隐患
11					上钻台梯子处应安装人体静电释放器、设置"注意防爆""必须消除静电"标志牌。梯子、栏杆无缺失、变形，安全别针（销子）齐全，栏杆张贴有"上下梯子扶好扶手"标识	一般隐患
12	标准化现场	底座区域			钻台安装有3个梯子通道，其与水平面呈40°~50°角，支撑平稳。踏板完整呈水平位置，扶手齐全，连接平顺，无凹凸、无旷动	一般隐患
13					使用转脚梯子上下钻台的，转角立梯有固定拉筋连接。转角梯上有爬梯	一般隐患
14					方井处设置固定式硫化氢监测仪探头，数据显示正确，保持清洁卫生，距离地面高度0.3~0.6m	一般隐患

续表

序号	检查项目（部位）	检查点	图示	检查方法	检查内容	隐患分级
15					方井处设置防爆排风扇	一般隐患
16	标准化现场	底座区域			方井为受限空间，方井盖板应齐全、牢固，并在方井盖板上设置"危险！受限空间未经许可禁止入内"标识	一般隐患
17					防喷器组清洁卫生、方井无污水	一般隐患

续表

序号	检查项目（部位）	检查点	图示	检查方法	检查内容	隐患分级
18		底座区域		看	手动操作杆手轮处挂牌标明开、关方向和圈数，计数装置完好、有效	危害因素
19		底座区域		看	手轮离地高度超过2m时其下方安装操作台，操作台安装平稳牢固，栏杆齐全完好，便于人员站位和操作	一般隐患
20	标准化现场			看	底座两侧至少配置防坠落装置两个，固定在转盘大梁上，连接正确、试验可靠，钢丝绳无断丝、锈蚀、烧痕、磨损，安全钩无锈蚀、裂痕，自锁有效	一般隐患
21		钻台面		看	转盘四周及井架两侧应根据不同钻机的实际情况用绿色标出安全通道，宽度不小于80cm，绿色安全通道两边为黄色实线，线宽为10cm 转盘区域垫黄色防滑垫。保持通道地面干净无杂物、无钻井液，鼠洞未使用时应盖好盖板	一般隐患

续表

序号	检查项目（部位）	检查点	图示	检查方法	检查内容	隐患分级
22					"当心坠落""当心滑跌""当心落物""禁止抛物"固定在外支梁钻杆盒前，距离楼梯口40cm处	一般隐患
23					"当心井喷"固定在内支梁一侧，面对司钻操作室	一般隐患
24					"钻台区域风险提示牌"固定在前场上钻台梯子入口左面护栏便于安装处	一般隐患
25	标准化现场	钻台面			"当心坠落""必须系安全带""必须使用防坠器"标识张贴在左右笼梯入口旁井架大腿上	一般隐患
26					内支梁井架大腿上设置固定式硫化氢监测仪探头，不阻挡安全通道，高度300～600mm	一般隐患
27					钻台上防爆风机放在靠机房一侧正对井口位置	一般隐患

续表

序号	检查项目（部位）	检查点	图示	检查方法	检查内容	隐患分级
28		死绳固定器			死绳固定器固定牢靠、挡绳杆齐全无变形。压板螺栓、并帽齐全，螺栓下端螺纹上完，上端余扣相等，余绳防退标记清晰。传感器油囊无渗漏，管线及接头紧固无刺漏	较大隐患
29					大绳经过钻台铺台及底座端有防护措施	一般隐患
30	标准化现场				压力表完好，校验日期在有效期内	危害因素
31		节流控制箱			油雾器盛油量在油杯标记范围内（油杯无标记的油量在1/3～2/3）、分水滤气器无积水	危害因素
32					手动泵能正常使用，手柄固定在节控箱内规定位置	危害因素

续表

序号	检查项目（部位）	检查点	图示	检查方法	检查内容	隐患分级
33		节流控制箱		👁	节控箱内张贴的关井压力提示表数据正确、字迹清楚	危害因素
34				👁	绞车固定牢固，设备整体卫生清洁，无跑冒滴漏，地面无油污、无钻井液、无积液	危害因素
35	标准化现场	绞车		👁	滚筒排绳整齐，无断丝、扭曲、变形	一般隐患
36				👁	活绳头锥度卡螺栓紧固、并帽齐全，余绳约0.1m。余绳防退标记清晰	一般隐患
37				👁	绞车排绳器固定牢靠，排绳器滚轮加挡板装置	危害因素

续表

序号	检查项目（部位）	检查点	图示	检查方法	检查内容	隐患分级
38		绞车			钳臂与刹车块连接销子固定稳固、液缸、液压管线无渗漏	较大隐患
39					工作钳、安全钳刹车灵敏。工作钳与刹车盘调整间隙是1mm。工作钳刹车块磨损未到刻度线，安全钳与刹车盘调整间隙是0.5mm（起下钻之前，检修保养设备时进行检查）	较大隐患
40	标准化现场				盘刹液压站无跑冒滴漏，地面无油污、无钻井液、无积液	危害因素
41		液压站			盘刹液压站的油位处于刻度线以内	一般隐患
42					系统压力8~9.5MPa，工作钳压力8MPa以上，安全钳压力值8MPa以上，管线无漏油	一般隐患

续表

序号	检查项目（部位）	检查点	图示	检查方法	检查内容	隐患分级
43	标准化现场	液压站			工作钳管线用黄色标识，安全钳管线用红色标识，喷绘在管线接口上方箱体上	危害因素
44	标准化现场	防碰天车			插拔式防碰天车的挡绳采用 ϕ9mm 钢丝绳，距天车滑轮大于4m。工作时高低速离合器放气灵敏。于1s内刹死	较大隐患
45		防碰天车			数码防碰天车屏显清晰，数字准确，在设定的动作圈数，报警、刹车灵敏	较大隐患
46					过卷阀动作位置设在游车距天车台底部不小于5m处，工作时高低速离合器放气灵敏。于1s内刹死	较大隐患

续表

序号	检查项目（部位）	检查点	图示	检查方法	检查内容	隐患分级
47		井口工具			井口工具：吊卡3付、回压阀1只、螺纹脂1桶、钻杆死卡1只、钻头盒1只、卡瓦2付。每半年检测一次	一般隐患
					放置要求：具备两个钻台偏房的，放置到钻台偏房内。不具备的放置于钻台靠机房方。若为复合钻具对应增加相应工具	一般隐患
48	标准化现场				提升短节固定架应设置在钻台内支梁靠近钻台栏杆处，提升短节用矩形钢管或链条固定	危害因素
49		小绞车			小绞车未使用时，吊钩应固定，小绞车"十不吊"张贴在绞车面向操作人员的护罩上。钢丝绳排列整齐，无锈蚀、无断丝、刹车可靠	一般隐患

续表

序号	检查项目（部位）	检查点	图示	检查方法	检查内容	隐患分级
50		小绞车			气动绞车油雾器油质无乳化，油量在油标尺的 1/3～2/3	一般隐患
51					电动小绞车急停开关有效，接线防爆规范	一般隐患
52	标准化现场	内防喷工具			钻台上设置内防喷工具架，用于存放回压阀、旋塞及旋塞手柄，尺寸为高 80cm×宽 65cm，抢装回阀、旋塞扳手应标明型号及类型	一般隐患
53		液气大钳			液压大钳安全门框无损坏。连接液、气管线无漏气、漏液。操作手柄限位装置齐全，液压大钳气、液压力表无损坏，读数准确	一般隐患

续表

序号	检查项目（部位）	检查点	图示	检查方法	检查内容	隐患分级
54	标准化现场	液气大钳		目视	钢丝绳（10t用φ16mm，16t用φ22mm），活绳头用压制钢丝绳。死绳头用楔子楔紧后自由端留绳300mm，自由端对折或加60~80mm等径钢丝绳后，用1只绳卡卡紧防止滑移。猫头绳无断丝、锈蚀、变形	一般隐患
55		液气大钳		目视	（1）液气大钳吊绳用φ16mm钢丝绳，两端用与绳径相符的3个卡子固定。 （2）使用外接升降液缸应使用φ16mm钢丝绳作保险绳。保证升降液缸失效后液气大钳下坠距钻台面不低于20cm	一般隐患
56				目视	伸缩液缸尾端固定牢固，应使用φ22mm钢丝绳作保险绳。保险绳一端固定在液气大钳本体、一端固定在伸缩缸尾端固定点，长度为伸缩液缸最大行程	一般隐患
57		B型钳		目视	液压猫头固定牢靠，油缸无渗漏，停用时油缸处于收回状态。固定端楔块无变形，拉绳和保险绳无损伤	一般隐患
58				目视	B型大钳上下调节无阻卡，钳体平衡，开口销齐全	一般隐患

续表

序号	检查项目（部位）	检查点	图示	检查方法	检查内容	隐患分级
59	标准化现场	B型钳		👁	B型大钳本体使用红、黄、黑和绿安全色进行标识	危害因素
60		顶驱		👁	顶驱外观清洁，无锈蚀。液压系统无刺漏。顶驱插头接头外壳无变形，电缆无打扭、破损，与其他设备无干涉。本体外连接螺栓紧固，安全锁线齐全。护栏、导向器、液压电动机、润滑油电动机、风机防脱保险绳齐全有效	一般隐患
61		顶驱		👁	顶驱导轨总成（天车头悬挂耳板、连接卸扣、调节板、导轨及连接销、两道反扭矩梁）固定牢靠	一般隐患
62		自动化设备		👁	二层台、钻台机械臂等自动化管柱系统、井口行吊、铁钻工等自动化设备运行正常，无"跑、冒、滴、漏"现象	一般隐患

续表

序号	检查项目（部位）	检查点	图示	检查方法	检查内容	隐患分级
62	标准化现场	自动化设备		 看	二层台、钻台机械臂等自动化管柱系统、井口行吊、铁钻工等自动化设备运行正常，无"跑、冒、滴、漏"现象	一般隐患
63		立管	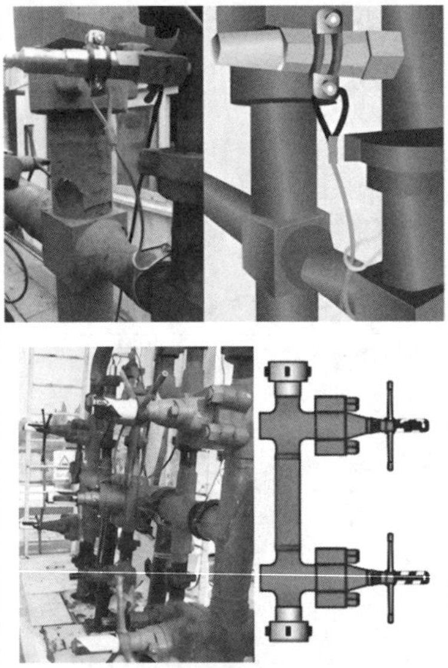	 看	立管管汇阀门丝杆护帽应用黄黑相间反光条进行标识，提示防碰撞，同时应留出观察孔	危害因素
64		水龙带	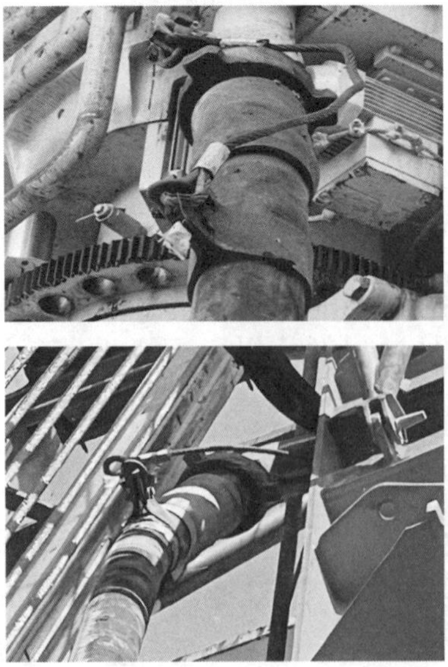	 看	水龙带两端加装防脱保险绳（直径16mm的钢丝绳），使用卡子两头固定	一般隐患

续表

序号	检查项目（部位）	检查点	图示	检查方法	检查内容	隐患分级
65	标准化现场	外挂指重表		看	指重表悬挂于井架右侧大腿拉筋上或专用支架上，表盘清洁，指针灵敏准确，有减振措施	一般隐患
66		大门坡道		看	大门坡道门桩固定牢靠，安全链至少两道，挂钩与挂环连接可靠	一般隐患
67				看	大门坡道与猫道使用保险绳（链）连接	一般隐患
68		钻台偏房		看、摸	安全带两副，并进行编号管理	一般隐患
69				看	吊带两套，检查报告上墙	一般隐患

续表

序号	检查项目（部位）	检查点	图示	检查方法	检查内容	隐患分级
70				看/触	灭火器：配置8kg ABC干粉灭火器2具，5kg二氧化碳灭火器1具，放置在消防箱内	危害因素
71				看	钻台设备操作规程张贴于偏房正前方墙上	危害因素
72	标准化现场	钻台偏房		触/看	洗眼器使用专用支架固定，检查保养牌张贴在洗眼器右侧面，使用完后，及时更换。每周更换洗眼液，每两个月清洗一次	危害因素
73				触/看	空气呼吸器：配置4具空气呼吸器，摆放在正对外支梁钻台偏房门墙边，制作专用摆放架，摆放位置不阻碍通道，检查卡张贴在箱盖内侧右下角平整处	一般隐患
74				看	钻台偏房设置安全锁具牌。包含楔型球阀锁具、可调节球阀锁具、可调节钢缆锁具、联锁器、安全挂锁、禁止操作签	一般隐患

续表

序号	检查项目（部位）	检查点	图示	检查方法	检查内容	隐患分级
75		钻台偏房		看	高处作业工具：带尾绳工具、工具包、背带式水囊、设置清单	一般隐患
76				看	钻台配置应急急救药品包。配置硝酸甘油、卡托普利片、速效救心丸各1盒	危害因素
77	标准化现场	司钻操作室		看	操作台无杂物，玻璃清洁、操作视野清晰，醒目处粘贴"司钻是关井第一责任人""仅限指定人员操作"	一般隐患
					所有操作手柄（开关）标识控制对象及开关状态	一般隐患

续表

序号	检查项目（部位）	检查点	图示	检查方法	检查内容	隐患分级
78	标准化现场	司钻操作室	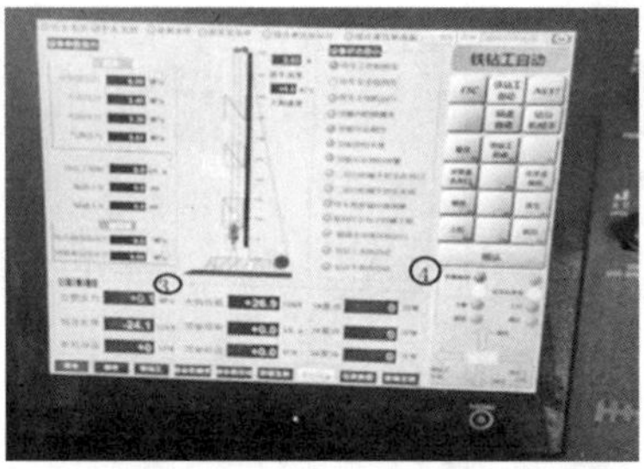	 目视	钻井参数仪无黑屏、卡屏现象，悬重、钻压、泵冲、转盘转速、扭矩等各项参数指示准确、灵敏。触摸屏无划痕破损、触点灵敏准确，显示与实际运转状态一致，无异常	一般隐患
79		井架	 	 目视	井架、底座各部件无开裂、扭曲变形及严重锈蚀，连接销及保险销齐全，连接紧固	一般隐患
80			 	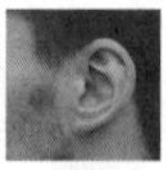  耳听、目视	井架各辅助导向滑轮转动无阻、无异响，固定牢靠，井架悬挂天滑轮有防钢丝绳跳槽挡杆或护罩	一般隐患

第二章 石油钻井 HSE 检查表

续表

序号	检查项目（部位）	检查点	图示	检查方法	检查内容	隐患分级
80	标准化现场	井架			井架各辅助导向滑轮转动无阻、无异响，固定牢靠，井架悬挂天滑轮有防钢丝绳跳槽挡杆或护罩	一般隐患
81	标准化现场	井架			井架笼梯无缺失、破损，固定牢靠，攀行通道无阻碍	一般隐患
82	标准化现场				井架防爆灯保险绳齐全	一般隐患
83		二层台			二层台固定牢固，防护栏杆无缺失、破损，各连接部位销子、别针齐全、无滑脱，销轴由里向外穿出	一般隐患
84		二层台			二层台指梁完好无变形、损坏，保险绳齐全。台面无杂物	一般隐患

- 243 -

续表

序号	检查项目（部位）	检查点	图示	检查方法	检查内容	隐患分级
85	标准化现场	二层台		看	手工具拴保险绳，猴台有防坠安全绳	一般隐患
86		二层台		看	二层台防坠落装置固定牢固、试验可靠，安全钩无锈蚀、裂痕，自锁有效	一般隐患
87		逃生滑道		看	"逃生滑道"标识安装在钻台逃生滑道入口处，入口挂保险链	一般隐患
88		逃生滑道		看	钻台逃生滑道着地点应设置长1.2m×宽1m×高0.4m的缓冲沙堆	一般隐患
89		速差自控器		看、触	配置攀爬式防坠落装置，如使用速差自控器，未使用时应将钢丝绳收回壳体内，使用引绳固定于井架上，防止钢丝绳磨损	一般隐患

续表

序号	检查项目（部位）	检查点	图示	检查方法	检查内容	隐患分级
90	标准化现场	二层台逃生装置		目视	悬挂体与井架连接要牢固	一般隐患
91	标准化现场	二层台逃生装置		目视	二层台逃生装置着地点地面平整，两个锚固点之间距离4m，钢丝绳与地面夹角30°~70°，无障碍物，着地点设置缓冲沙或缓冲垫	一般隐患
					缓降器及手动控制器高度调节适度，下方红色警示牌应处于手动控制器中，上方红色警示牌处于手动控制器外	一般隐患
92	标准化现场	循环罐区域		目视	"当心滑跌""当心坠落""当心中毒""发现溢流立即正确关井，疑似溢流立即关井检查"固定前场上循环罐楼梯正对井场大门护栏上	一般隐患
93	标准化现场	循环罐区域		目视	"当心触电""必须戴耳塞""循环罐区域风险提示牌""职业危害因素检测公示牌"固定在1号振动筛前方护栏上，最右侧紧靠前场护栏	一般隐患

续表

序号	检查项目（部位）	检查点	图示	检查方法	检查内容	隐患分级
94	标准化现场	循环罐区域		 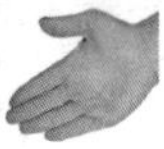 目视	上循环罐梯子处应安装人体静电释放装置	一般隐患
95				 目视	循环罐罐体卫生清洁	危害因素
96				 目视	走道板拉筋无变形，销子、别针齐全到位	一般隐患
97				 目视	循环罐面整洁，盖板齐全，无坑洞，通道畅通	一般隐患
98				 目视	振动筛用后及时清理，无钻井液外溢，无钻井液沾染设备表面	危害因素

第二章　石油钻井 HSE 检查表

续表

序号	检查项目（部位）	检查点	图示	检查方法	检查内容	隐患分级
98	标准化现场	循环罐区域		目视	振动筛用后及时清理，无钻井液外溢，无钻井液沾染设备表面	危害因素
99				目视	一体机使用后及时清理内腔，外部干净整洁，无钻井液外溢，导泥槽无岩屑，及时清理，无残留	危害因素
100				目视	离心机使用后及时清理内腔，外部干净整洁，无钻井液外溢，导泥槽无岩屑，及时清理，无残留	危害因素
101				目视	搅拌器按"循环罐搅拌器编号标识"进行编号，搅拌器控制开关上规范粘贴控制对象标识	一般隐患
102				目视	钻井泵泄压管线出口处加装黄黑相间色警示盖板，以提示此处是危险区域，泄压管线栏杆处设置"注意！泄压管线请勿靠近"标识	一般隐患
					"当心井喷"固定在坐岗处旁栏杆上第一空格	一般隐患

续表

序号	检查项目（部位）	检查点	图示	检查方法	检查内容	隐患分级
103				看	循环罐入口处设置"危险！受限空间未经许可禁止入内"标识	一般隐患
104				看、摸	循环罐配置两具正压式空呼，分别设置在振动筛出口和液面坐岗处	一般隐患
105	标准化现场	循环罐区域		看、摸	循环罐配置4具8kg干粉灭火器。分别放于振动筛和循环罐后场出口栏杆处，使用油基钻井液钻进时增配3具35kg干粉灭火器	一般隐患
106				看	振动筛处设置防爆排风扇	一般隐患
107				看	振动筛设置固定式硫化氢监测仪探头1个，显示正确，距离罐面高度0.3～0.6m	一般隐患

续表

序号	检查项目（部位）	检查点	图示	检查方法	检查内容	隐患分级
108	标准化现场	循环罐区域			上水罐设置防爆排风扇	一般隐患
109	标准化现场	循环罐区域			上水罐设置固定式硫化氢监测仪探头	一般隐患
110	标准化现场	循环罐区域			海底阀操作手柄上设置"当心碰撞"标识	一般隐患
111	标准化现场	循环罐区域			洗眼器放置在坐岗桌附近不影响通道处，检查保养牌张贴在洗眼器右侧面，使用完后，及时更换。每周更换洗眼液，每两个月清洗一次	危害因素
112	标准化现场	循环罐区域			循环罐设备操作规程固定在循环罐栏杆上	危害因素

续表

序号	检查项目（部位）	检查点	图示	检查方法	检查内容	隐患分级
113	标准化现场	循环罐区域		目视	坐岗提示牌规范摆放在坐岗桌上，坐岗桌摆放在钻井泵上水罐罐面不阻塞通道处，并在视频监控范围内，不正对泄压管线	一般隐患
114	标准化现场	循环罐区域		目视	钻井液循环罐、起下钻专用灌浆罐全部配备液面监测报警仪。液面报警器气源畅通、喇叭灵敏可靠	一般隐患
115				目视	油气层作业有专人坐岗，按规定H_2S佩戴监测仪器，并清楚液面报警器的设置、熟知溢流直接和间接显示征象	一般隐患
116				目视	钻井液及储备材料公告牌内容齐全、准确	危害因素
117					储备的重晶石粉、除硫剂、堵漏材料等满足设计要求	一般隐患
118					储备加重钻井液定期搅拌和循环，性能稳定，罐上挂牌标示密度、数量等信息	一般隐患

续表

序号	检查项目（部位）	检查点	图示	检查方法	检查内容	隐患分级
119	标准化现场	循环罐区域			循环罐上标尺灵活，刻度清晰	一般隐患
					查看各循环罐钻井液数量与坐岗记录，了解钻井液数量增减情况	一般隐患
120					循环罐固定梯子、扶手、栏杆、各出口蝶阀手柄、盖板等安全附件配置齐全、完好	一般隐患
					循环罐走道畅通，无障碍物，走道板固定牢靠	一般隐患
121		钻井泵			钻井泵整体清理卫生，管线、泵体无跑冒滴漏，每个钻井泵单独有围堰和积污坑	危害因素

续表

序号	检查项目（部位）	检查点	图示	检查方法	检查内容	隐患分级
122	标准化现场	钻井泵		看	压力表在检定有效期内，张贴有检定合格证，工作正常	一般隐患
123	标准化现场	钻井泵		看	润滑油清洁无污染，油面在油标尺上下刻度线之间	一般隐患
124	标准化现场	钻井泵		看	冷却水清洁，喷淋泵连接规范，无跑冒滴漏，喷淋管线畅通，喷嘴齐全，喷淋泵运转正常，不漏水	危害因素
125	标准化现场	钻井泵		看	钻井泵空气包预充氮气，充气值为工程设计泵压的1/3~1/4，最高不超过8.6MPa，压力表压力等级应与之匹配，压力表灵敏、无破损	一般隐患
126	标准化现场	钻井泵		看	"当心碰头"悬挂在钻井泵上水管线通道上方泄压管线上便于观察处	一般隐患
					"钻井泵保险阀检查保养牌"悬挂在钻井泵保险阀旁泄压管线便于填写处	一般隐患

续表

序号	检查项目（部位）	检查点	图示	检查方法	检查内容	隐患分级
127	标准化现场	钻井泵	 	 目视	泄压管线使用φ16mm钢丝绳作为保险绳或两头防脱卡，连接牢靠	一般隐患
128	标准化现场	钻井泵		 目视	泵房排污沟应通畅，避免污水外溢。"禁止通行"支架摆放在钻井泵传动轴护罩下方	一般隐患
129			 	 目视	运转旋转机械（传动皮带、链条、风扇、齿轮、轴）应安装防护罩，确保护罩齐全	一般隐患

续表

序号	检查项目（部位）	检查点	图示	检查方法	检查内容	隐患分级
130	标准化现场	钻井泵		目视	"当心机械伤人""高压危险禁止逗留""禁止乱动阀门""当心高压伤害"摆放在节流管汇与1号泵间便于观察且不影响泵房区域通道处	一般隐患
131		钻井泵		目视	钻井泵上水管线应分别设置过桥板，过桥高度超过70cm应设置单边栏杆。上水管线连接可靠，无跑冒滴漏	危害因素
132				目视	钻井泵泵头前应设置工作台，以方便操作	一般隐患
133		泵房区域（高压管汇）		目视	"禁止乱动阀门"悬挂在交通阀门便于观察处	一般隐患
134				目视	各阀门开关状态应进行挂牌标识。高压管汇及高压软管介质和流向按图示要求进行标识	一般隐患

续表

序号	检查项目（部位）	检查点	图示	检查方法	检查内容	隐患分级
135	标准化现场	泵房区域（高压管汇）		目视	高压管汇应固定	一般隐患
136		泵房安全通道		目视	电缆槽、通过安全通道的管线都应设置简易过桥板。过桥板边缘应用黄色油漆画线。增加有单机泵的，需确保有足够的安全通道	一般隐患
137		泵房安全锁具		目视	泵房设置安全锁具牌。包含可调节蝶阀锁具、阀门锁具、可调节球阀锁具、联锁器、安全挂锁、禁止操作签	一般隐患
138		泵房检修工作台		目视	检修工作台与工具箱放置于钻井泵附近，靠近循环罐处	危害因素

续表

序号	检查项目（部位）	检查点	图示	检查方法	检查内容	隐患分级
139	标准化现场	机房区域		看	机械钻机将"当心烫伤""当心机械伤人""当心超压""注意防爆""必须戴护耳器""噪声危害告知卡""区域风险提示牌""职业危害因素监测公示牌"固定在机房入口右侧护栏上	一般隐患
140				摸、看	机房区域配置8kg ABC干粉灭火器4具,放置在两个消防箱内,摆放在气源房靠近上梯子墙边	危害因素
141				摸、看	配置空气呼吸器1具,靠最后1个消防箱摆放	一般隐患
142				看	机房工具箱摆放在气源房门右侧过道不影响通道处,工具编号与清单相符	危害因素
143				看	机房、绞车底座应设置栏杆,标出安全通道。安全通道宽度不小于80cm,通道为绿色,边界为黄色实线,线宽为10cm	一般隐患

续表

序号	检查项目（部位）	检查点	图示	检查方法	检查内容	隐患分级
143				目视	机房、绞车底座应设置栏杆，标出安全通道。安全通道宽度不小于80cm，通道为绿色，边界为黄色实线，线宽为10cm	一般隐患
144				目视	自动压风机上张贴"危险！此机能自动启动"标志。设备操作规程整齐铆固在气源房外墙壁上	危害因素
145	标准化现场	机房区域		目视	油管线和气管线标识流向	危害因素
146				目视	机房设置安全锁具牌。包含空气断路器锁具、微型断路器锁具、楔型球阀锁具、可调节球阀锁具、联锁器、安全挂锁、禁止操作签	一般隐患

续表

序号	检查项目（部位）	检查点	图示	检查方法	检查内容	隐患分级
147		机房区域		看	气瓶安全阀、干燥塔安全阀、压力表检验标志齐全，并在有效期内	一般隐患
148	标准化现场			看	电动钻机将"当心烫伤""当心机械伤人""当心超压""注意防爆""必须戴护耳器""噪声危害告知卡""区域风险提示牌""职业危害因素监测公示牌"放在发电房区域第一栋房子前方不影响通道处，面向前场	一般隐患
149		发电房区域		摸	发电房区域配置7kg二氧化碳灭火器2具，并配有防冻手套	危害因素
150				看	有温（湿）度计，电控房应急灯、吸尘器、除湿器使用正常	一般隐患

续表

序号	检查项目（部位）	检查点	图示	检查方法	检查内容	隐患分级
151					绝缘五件套[绝缘手套（1kV及以上）、绝缘梯、高压拉闸杆、绝缘靴、绝缘胶垫]配置齐全完好	危害因素
152					绝缘五件套有监测报告，无监测过期现象	一般隐患
153	标准化现场	发电房区域			发电房、VFD房（MCC房）内无油污、无污水，地面铺设绝缘胶皮	危害因素
154					电气设备、照明线路分闸控制	一般隐患
155					钻台、井架、循环系统、机泵房、油罐区等使用防爆电器	较大隐患

续表

序号	检查项目（部位）	检查点	图示	检查方法	检查内容	隐患分级
156				看	接地电阻检测仪工作正常	一般隐患
157				看	井场采用等电位接地保护	一般隐患
158	标准化现场	发电房区域		看	总等电位联结母线统一为完整的截面积为 $25mm^2$ 的铜芯导体或 $35mm^2$ 的铝芯导体，总等电位联结母线总长不超过 150m	一般隐患
159				看	接地桩使用 $50mm×50mm×5mm$ 镀锌角钢，长度大于 0.6m，总等电位接地桩（3个以上）之间间距 1~1.5m	一般隐患
					除检测接地柱露出地面 10cm 左右外，其余接地桩埋于地下，电气设备接地电阻不超过 4Ω，其他接地电阻不超过 10Ω	一般隐患

续表

序号	检查项目（部位）	检查点	图示	检查方法	检查内容	隐患分级
160	标准化现场	发电房区域		目视	发电房、电控房电缆接入、输出端均应有盖板和胶垫防护	一般隐患
161				目视	电动钻机发电房内应标识安全通道，宽度不小于80cm，通道为绿色，边界为黄色实线（宽度为10cm）	一般隐患
162				目视	有地埋电缆的区域应设置"注意！下有电缆"标志	一般隐患
163				目视	电控柜下铺垫1m×1m绝缘胶皮	一般隐患
164		网电房		目视	网电装置区域设置硬围栏，作业区域、主体设备干净整洁，围栏应进行上锁管理	一般隐患

续表

序号	检查项目（部位）	检查点	图示	检查方法	检查内容	隐患分级
164	标准化现场	网电房		 看	网电装置区域设置硬围栏，作业区域、主体设备干净整洁，围栏应进行上锁管理	一般隐患
165				 看	标牌齐全有效，高压进线口标识"止步，高压危险"	一般隐患
166			 	 看	终端杆围网标识"小心有电""高压危险"	一般隐患
167				  看、摸	网电装置区域应配置2具8kg干粉灭火器	危害因素

续表

序号	检查项目（部位）	检查点	图示	检查方法	检查内容	隐患分级
168		网电房			电缆线沿沟渠敷设时应穿管、架高。电缆槽至循环罐应架设过桥，作为安全通道	一般隐患
169	标准化现场	消防房			正前方张贴"禁止乱动消防器材""钻井队消防房器材配置表"	一般隐患
					灭火器有合格证，出厂时间达到或超过灭火器最大报废期限（水基灭火器6年，干粉、洁净气体灭火器10年，二氧化碳灭火器12年）	一般隐患
					瓶体、外观无尘污、损坏，涂层脱落面积不超过瓶体总面积的1/3	一般隐患
					保险销、铅封完好。压把使用灵活，无破损。喷管连接良好无松动，喷嘴（管）本体无老化、粘连、破损、堵塞	一般隐患
170					干粉灭火器检查压力表完好，压力在绿区	一般隐患

续表

序号	检查项目（部位）	检查点	图示	检查方法	检查内容	隐患分级
171				目视	二氧化碳灭火器配防冻手套，应用称重法检验泄漏量，灭火器的年泄漏率不大于其额定重装量的5%（灭火器初始重量的5%），泄漏率大于5%应检查维修	一般隐患
172				目视	灭火器检查卡每月检查填写，检查信息记录准确、完整	危害因素
173	标准化现场	消防房		目视	配置35kg干粉灭火器4具、8kg干粉灭火器10具、5kg CO_2 灭火器7具、消防水带（不低于150m）、ϕ19mm直流水枪2支、消防斧2把、消防锹6把、消防钩2支、消防桶8只、消防毡10张	一般隐患
174				目视	①氮气瓶处于在用状态时悬挂"在用"标识牌	一般隐患
					②氮气瓶固定牢固	一般隐患
					③瓶体外观无尘污、损坏	一般隐患
					④氮气瓶附件连接良好，无松动，管线无老化、粘连、破损	一般隐患
					⑤压力表完好，未使用时指针指向"0"位，检定日期在有效期内	一般隐患
					⑥氮气瓶旁悬挂氮气安全警示标识	一般隐患
					⑦室内通风良好，排风扇无遮挡	一般隐患

续表

序号	检查项目（部位）	检查点	图示	检查方法	检查内容	隐患分级
175					消防泵放置在右侧靠近进门处，并将操作规程张贴在墙上	一般隐患
176	标准化现场	消防房			备用空气呼吸器摆放在消防房进门左侧靠近墙体处，规范堆放	一般隐患
177					充气泵放置在进门左侧靠近进门处，上方张贴操作规程	一般隐患

续表

序号	检查项目（部位）	检查点	图示	检查方法	检查内容	隐患分级
178	标准化现场	应急物资	 		应急物资置于消防房右侧，配置齐全，并有配置清单，防爆手电筒、移动应急灯定期充电	一般隐患
179	标准化现场				修理房机修房内整洁、通风、干燥，过道畅通，各类工具摆放整齐	危害因素
180		机修房	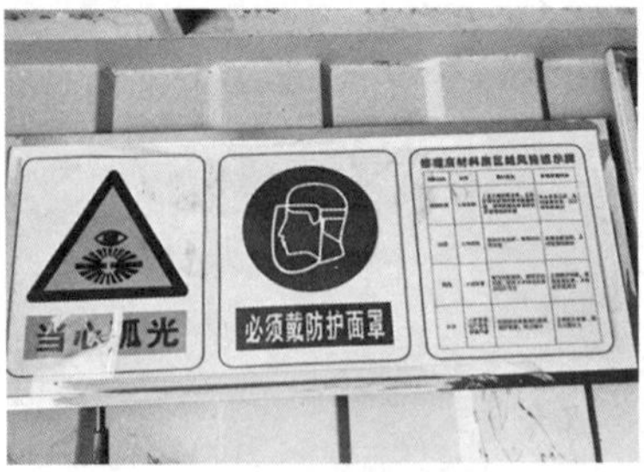 		"当心弧光""必须戴防护面罩""修理房材料房区域风险提示牌"固定在修理房电焊机上方。"当心触电""当心机械伤人"两块固定在修理房面台钻与砂轮机的墙面	一般隐患

续表

序号	检查项目（部位）	检查点	图示	检查方法	检查内容	隐患分级
181	标准化现场	机修房	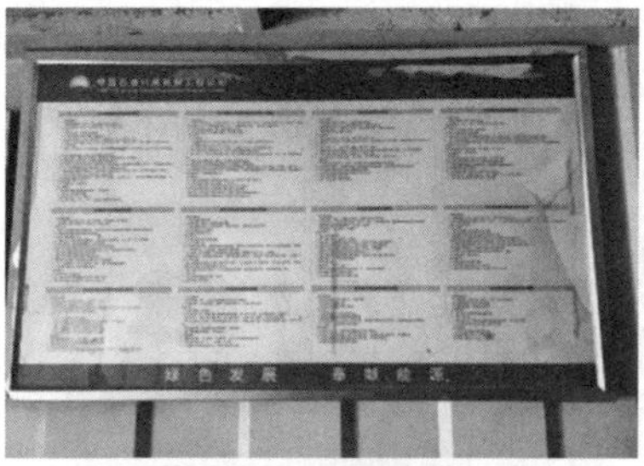		机修房内张贴台钻、砂轮机、电焊机操作规程	危害因素
182				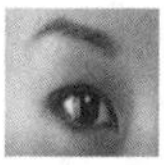	打磨面罩、安全眼镜等防护用品完好、清洁，存放地点应方便取用	危害因素
183		材料房		 	材料房外每两栋配置2具8kg干粉灭火器，使用消防箱摆放在材料房外	危害因素
184			 		账、卡、物相符，库房整洁。大宗物资（柴油、钻头、钢丝绳等）使用消耗记录与实际相符	危害因素

续表

序号	检查项目（部位）	检查点	图示	检查方法	检查内容	隐患分级
185	标准化现场	材料房		看	空调材料房定期开门通风，温度控制在5～30℃，相对湿度控制在50%～80%	危害因素
186	标准化现场	工具提篮房		看	工具提篮内按分区规范摆放，工具由小到大、由低到高排列整齐，并做好标识	危害因素
187	标准化现场	油品提篮		看	桶装油集中在油品房内，分类摆放整齐，并进行油品名标识	一般隐患
188	标准化现场	油品提篮		看	油品房内应设置抽油枪，油枪应进行用途标识，下方应设置接油桶	一般隐患

续表

序号	检查项目（部位）	检查点	图示	检查方法	检查内容	隐患分级
189		油品提篮			油品提篮门外应配置 8kg ABC 型干粉灭火器 2 具，放置于消防箱内	危害因素
190	标准化现场	远程控制台			远程控制台安放在面对井架大门的左侧，距井口不少于 25m，"三高井"和风险探井不少于 30m，活动房与井架大门平行，朝向前场，后门处于关闭（不锁）状态	一般隐患
191					远程控制台距放喷管线有 1m 以上距离，10m 范围内不堆放易燃、易爆、腐蚀物品，且接地良好	一般隐患
192					蓄能器压力表完好，校验日期在有效期内	一般隐患

续表

序号	检查项目（部位）	检查点	图示	检查方法	检查内容	隐患分级
193		远程控制台		看	电源从总配电板直接引出，有单独的开关控制并标识	一般隐患
194		远程控制台		看	控制剪切闸板的三位四通阀安装防误操作的防护罩和定位销，控制全封闸板的三位四通阀安装防误操作的防护罩	一般隐患
195	标准化现场			看、听	油路、气路管汇无泄漏	一般隐患
196		液压管线		看	液压管线无渗漏，无破损、裂缝、鼓包等现象	一般隐患
197		液压管线		看	有"禁止踩踏"标识牌	危害因素

续表

序号	检查项目（部位）	检查点	图示	检查方法	检查内容	隐患分级
198	标准化现场	节流压井管汇		看、摸	节流、压井管汇坑无积液	危害因素
199				看、摸	阀门开关状态正确，挂牌标明编号及开关状态	一般隐患
200				看、摸	进出节流、压井管汇坑有梯步	危害因素
201				看	节流、压井管汇上安装高、低量程压力表，在校验有效期内，下端装缓冲器和截止阀，含硫井作业现场压力表安装抗硫缓冲器和抗硫压力表	一般隐患
202				看	节流管汇处关井压力提示牌制作规范、数据正确、字迹清楚	危害因素

续表

序号	检查项目（部位）	检查点	图示	检查方法	检查内容	隐患分级
203	标准化现场	消防沙			消防沙箱设置在工具提篮旁，消防沙不少于4m³，沙堆上方放置两把消防铲和两个消防桶	一般隐患
204		油罐区域			油罐上方设置"严禁烟火"标识	一般隐患
					房门上应张贴"柴油危险化学品风险告知牌"	一般隐患

续表

序号	检查项目（部位）	检查点	图示	检查方法	检查内容	隐患分级
205	标准化现场	油罐区域		 看	油罐应上锁管理	一般隐患
206				 摸	油罐区域有静电释放桩	一般隐患
				 看	油品房管路无跑、冒、滴、漏	一般隐患
207			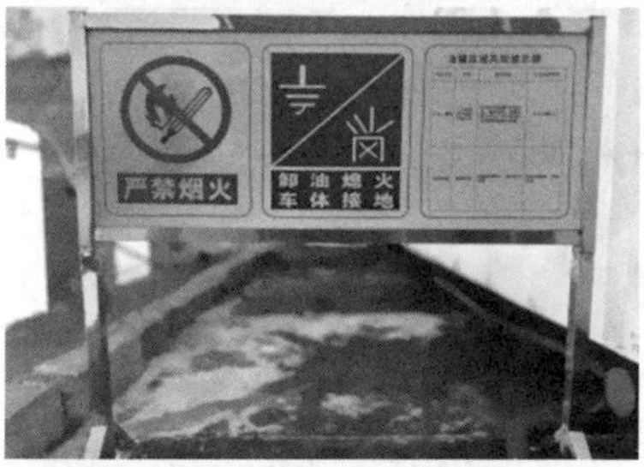	 看	设置"卸油熄火 车体接地"标志	一般隐患
			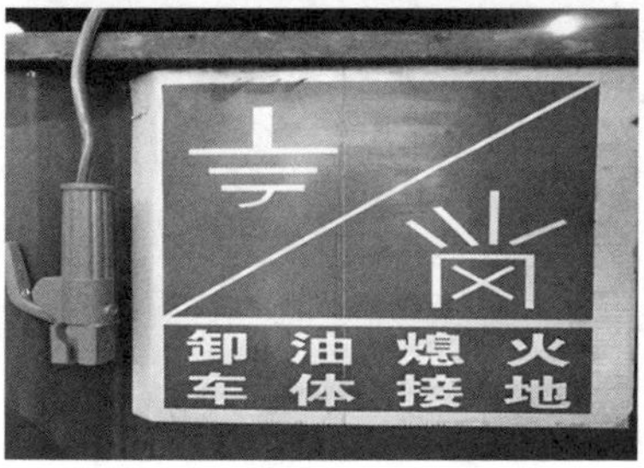		转油罐处应设置车体导静电接地装置及标志牌，油罐车转油时要导除静电。导静电接地装置应使用黄绿双色线	一般隐患

续表

序号	检查项目（部位）	检查点	图示	检查方法	检查内容	隐患分级
208				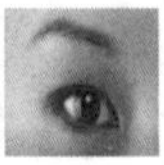 👁	油罐对角接地，电阻值小于10Ω	一般隐患
208			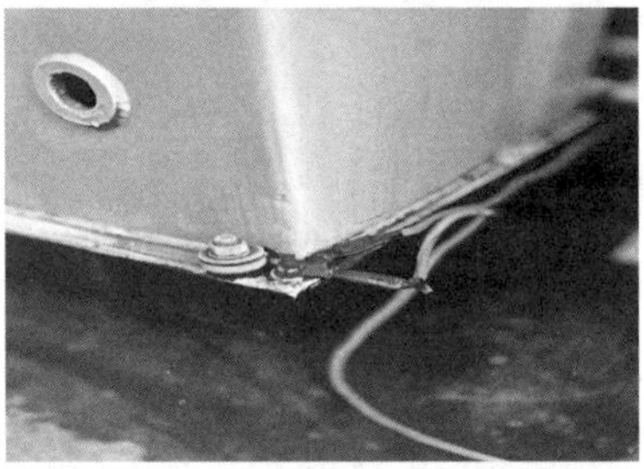	 👁	油罐对角接地，电阻值小于10Ω	一般隐患
209	标准化现场	油罐区域		 👁	管线法兰间进行跨接	一般隐患
210				 👁	沉油池上有铁网或花纹板等遮盖，无泄漏、无溢出、无杂物	一般隐患
211				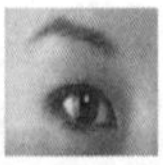 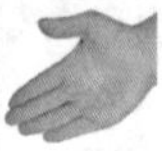 👁✋	配置2具8kg干粉灭火器	一般隐患

续表

序号	检查项目（部位）	检查点	图示	检查方法	检查内容	隐患分级
212		油罐区域			生命线：油罐上罐柜顶两侧焊接耳板后，中间用3分钢丝绳连接，采用绳卡固定	一般隐患
213	标准化现场	水罐	 	 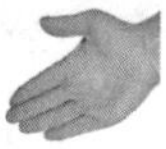	防护栏杆牢固可靠，栏杆节与节之间齐平。上下水罐之间的穿销齐全	一般隐患
214					泵组完好，转动部位护罩齐全紧固，阀门、管线连接正确，无渗漏	危害因素
215					张贴安全操作规程，管线流向标识齐全、清晰，保持干净卫生，无杂物、垃圾	危害因素

续表

序号	检查项目（部位）	检查点	图示	检查方法	检查内容	隐患分级
215		水罐		 目视	张贴安全操作规程，管线流向标识齐全、清晰，保持干净卫生，无杂物、垃圾	危害因素
216		水罐		 目视	管件、阀件、三通、弯头无裂纹。管线供水畅通、不浸、不漏、不断	危害因素
217	标准化现场	固废房区域	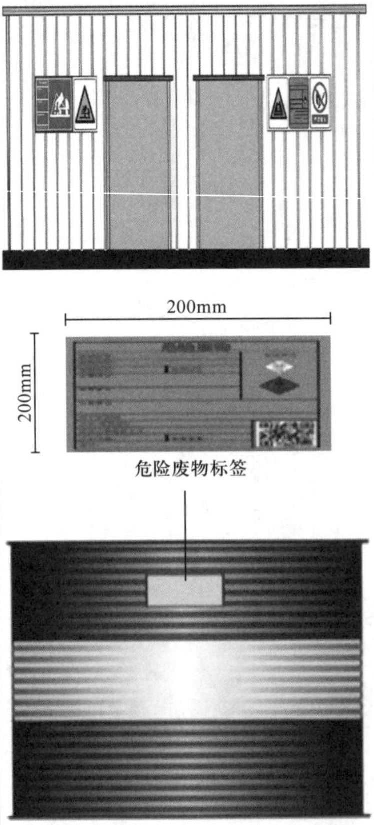	 目视	固废收集房：用于收集、暂存井场内产生的一般固体废物、废油及含油杂物。废油利用油桶收集、密封存储，含油杂物用塑料袋包装好，存放于固废收集房危废间。一般废弃物存放于固废房一般废弃物间	危害因素

第二章 石油钻井 HSE 检查表

续表

序号	检查项目（部位）	检查点	图示	检查方法	检查内容	隐患分级
218	标准化现场	固废房区域			危险废物相关单位的每一个贮存设施均应在危废间入口处设置相应的危险废物贮存设施标志。标志的设置高度与视线高度一致。危险废物贮存设施标志应填写完整危险废物设施所属的单位名称、设施编码、负责人及联系方式等要素	一般隐患
219		固废房区域			危险废物标签应完整填写废物名称、废物类别、废物代码、废物形态、危险特性、主要成分、有害成分、注意事项、产生/收集单位名称、联系人、联系方式、产生日期、废物重量等要素。危险废物标签的设置位置应明显可见且易读，不应被容器、包装物自身的任何部分或其他标签遮挡。危险废物标签在各种包装上的粘贴位置分别为： （1）箱类包装：位于包装端面或侧面。 （2）袋类包装：位于包装明显处。 （3）桶类包装：位于桶身或桶盖。 （4）其他包装：位于明显处。 对于盛装同一类危险废物的组合包装容器，应在组合包装容器的外表面设置危险废物标签	一般隐患
220		清洁生产			设置"清洁生产现场风险告知""清洁生产工程简介""板框压滤机操作规程""挖掘机安全操作规程""清洁生产区域主要风险及控制措施"等标识标牌，每块标牌按顺序摆放	危害因素

续表

序号	检查项目（部位）	检查点	图示	检查方法	检查内容	隐患分级
221	标准化现场	清洁生产		目视	压滤机应设置"当心跌落、当心机械伤人、当心碰头、当心滑倒"安全警示标志于栏杆外侧。设置"当心挤压、当心夹手、禁止依靠"安全警示标志于栏杆内侧	危害因素
222	标准化现场	清洁生产		目视	梯子栏杆应在上下右侧扶手上粘贴"上下梯子扶好扶手"警示标志。所有梯子上下两端第一个踏步应漆黄色，作警示	危害因素
223	标准化现场	清洁生产		目视	下沉池四周应修筑高度为200mm以上的挡水墙，"当心坑洞""当心坠落"应挂在不锈钢架上，置在面向井场醒目位置	危害因素
				目视	岩屑传输装置应设置"当心机械伤害"警示牌	危害因素
224				目视	岩屑暂存区旁设置"一般固体废物"或"危险固体废弃物"标识牌	危害因素

续表

序号	检查项目（部位）	检查点	图示	检查方法	检查内容	隐患分级
224	标准化现场	清洁生产	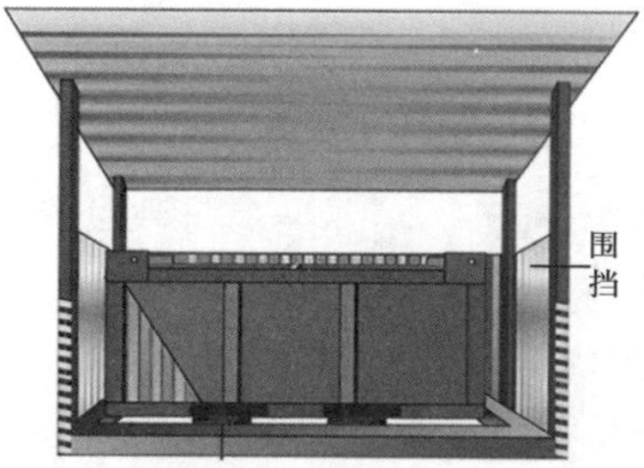		岩屑传输收集区应搭建防雨棚，防雨棚立柱应粘贴警示条，并设置围挡	危害因素
225				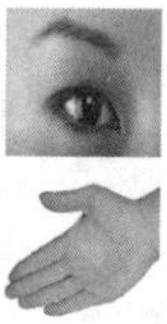	材料堆放区域应设置紧急洗眼器，洗眼液每周检查更换一次，每两个月清洗一次。并及时填写检查记录	危害因素
226				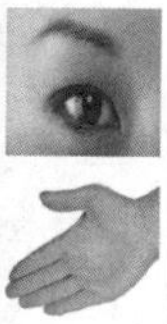	机具应停放在指定区域，严防堵塞安全通道	危害因素
					应配备1具2kg干粉灭火器并定期检查	一般隐患
					配置专用防火罩	一般隐患

续表

序号	检查项目（部位）	检查点	图示	检查方法	检查内容	隐患分级
227				目视	安全阀泄压口朝向井场外，不得连接泄压管线	一般隐患
228				目视	排气管线不得现场焊接，在便于观察处安装压力表，测量范围0~0.16MPa，表盘直径100mm，在检测有效期内，其下安装的截止阀处于常开	一般隐患
229	标准化现场	液气分离器		目视、扳手	排气管线处于畅通、无堵塞状态，直管段不大于15m、拐弯处用水泥基墩固定，在低洼处安装排污三通，旁通上安装阀门	一般隐患

续表

序号	检查项目（部位）	检查点	图示	检查方法	检查内容	隐患分级
230	标准化现场	液气分离器			排气管线接出井口50m以远，出口端安装防回火装置及点火装置（充空气钻井作业除外），出口距除放喷管线以外的各种设施不小于20m	一般隐患
231	标准化现场	液气分离器			点火装置垂直于地面安装，用地脚螺栓或直径12mm钢丝绳固定，钢丝绳不少于3根。点火装置下方排液口安装集污坑	一般隐患
232	标准化现场	应急池			应急池四周应设置栏杆，栏杆高度不低于1.2m。应急池四周应设置"当心坠入""当心溺水"标识	一般隐患
					应急池围栏有入口的一侧与对侧的内侧围栏上应分别规范悬挂一只配备有30m救生绳的专用全塑救生圈	一般隐患
233	标准化现场	积污池			井场四周积污池应用3mm及以上钢板或格栅板覆盖，避免人员踩踏和过多雨水进入	一般隐患
234	标准化现场	井场围栏			井场四周设围栏进行封闭管理	一般隐患

续表

序号	检查项目（部位）	检查点	图示	检查方法	检查内容	隐患分级
235		井场围栏		看	逃生门内门锁右侧设置"紧急逃生门"提示牌	一般隐患
236		井场围栏		看	应急逃生门外左侧设置"非工作人员严禁入内"提示牌	一般隐患
237		标准化现场		看	应急逃生门附近空旷处设置紧急集合点，在醒目位置摆放"紧急集合点"标示牌	一般隐患
238		放喷管线		看	阀门开关灵活，开关状态正确，挂牌标识编号及开关状态	危害因素
239		放喷管线		看	管线悬空跨度超过10m时，中间支撑固定，其悬空段两端在地面固定	一般隐患

续表

序号	检查项目（部位）	检查点	图示	检查方法	检查内容	隐患分级
240					水泥基墩坑长×宽×深为0.8m×0.8m×1.0m，遇地表松软时，基坑体积大于1.2m^3	一般隐患
241					管排架与放喷管线有一定的距离，车辆跨越处装过桥盖板，过桥盖板下无接头	一般隐患
242	标准化现场	放喷管线			一级井控风险气井放喷管线出口距井口100m以远，其余井放喷管线出口距井口75m以远	一般隐患
243					放喷管线出口安装燃烧筒，主放喷管线出口安装自动点火装置，出口处采用双压板固定，最后一个固定压板距燃烧筒法兰不超过1m，燃烧筒法兰进燃烧池不超过1m，出口水平正对后墙	一般隐患

续表

序号	检查项目（部位）	检查点	图示	检查方法	检查内容	隐患分级
244		燃烧池			燃烧池旁修建集液池，在目的层钻进前回收钻井液管线安装完成，回收管线近燃烧池30m以内使用硬管线，泵出口管线不得形成节流	一般隐患
245		燃烧池			以点火口为中心周边100m范围内（页岩气井、沙溪庙组及以上致密油气井50m范围内）不能有应急抢险通道、高压线和其他设施	一般隐患
246	标准化现场				点火口必须具备半径不低于50m的阻燃隔离带，每15d对主、副放喷点火口50m范围内阻燃隔离带检查并清理	一般隐患
247		营区			队铭牌及相关标识设置在营地区域入口	危害因素

续表

序号	检查项目（部位）	检查点	图示	检查方法	检查内容	隐患分级
248	标准化现场	营区		 👁	野营房基础平、稳、牢固	一般隐患
249				 👁	内部通道畅通、平整、营区周边无杂草	危害因素
250				 👁	营地临边处栏杆齐全	危害因素
251				 👁	营地干净卫生，无废物、垃圾	危害因素
252				 👁	营地内无私接乱接线路	一般隐患

续表

序号	检查项目（部位）	检查点	图示	检查方法	检查内容	隐患分级
253	标准化现场	操作间		 看	清洁卫生无油污	危害因素
254				 看	炊事员工作服整齐干净，头发拢在工作帽内，无长指甲	危害因素
255				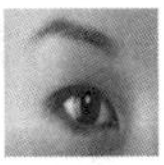  看、触	蒸饭器开关、线路完好，当心烫伤标识清楚	一般隐患
256				 看	生、熟食菜刀、菜板分类存放并有明显标识	危害因素
257				 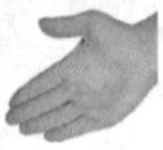 看、触	厨房、餐厅和储藏间烟雾报警器指示灯闪烁	一般隐患

续表

序号	检查项目（部位）	检查点	图示	检查方法	检查内容	隐患分级
258		操作间	 	 	①厨房和餐厅各配备2具8kg干粉灭火器。 ②干粉灭火器按月进行检查并做好记录	一般隐患
259	标准化现场				冰箱、冷藏柜开关完好，达到制冷效果	危害因素
260		储藏室			储藏室定期清理，无腐烂变质食物	危害因素
261					生、熟食材分类存放并加盖（罩）	危害因素

续表

序号	检查项目（部位）	检查点	图示	检查方法	检查内容	隐患分级
262		储藏室		 目视	食品留样柜开关完好，温度保持5℃左右，每餐每样菜品留样，做好食物留样记录	危害因素
263	标准化现场	生活水罐	 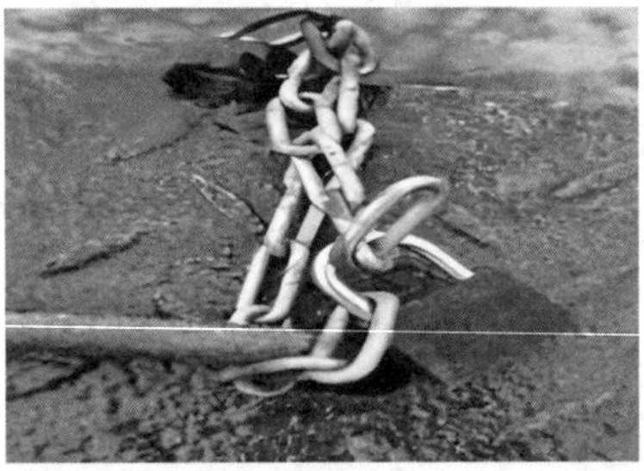	 目视	（1）生活水罐密封完好，正常使用。 （2）生活水罐加盖加锁	一般隐患
264		生活垃圾		 目视	设置垃圾桶，对生活垃圾集中收集	一般隐患
265		沉淀隔油池		 目视	沉淀隔油池四周用围网或栏杆齐全，无缺失。悬挂"防止坠落"的安全警示标识	一般隐患

续表

序号	检查项目（部位）	检查点	图示	检查方法	检查内容	隐患分级
266	标准化现场	环保卫生间		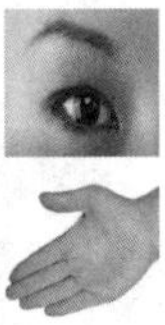 👁✋	环保卫生间 PLC 屏无故障显示，鼓风机运行	危害因素
			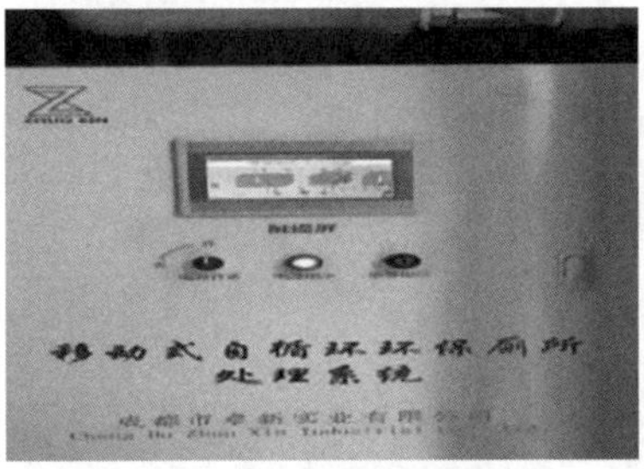 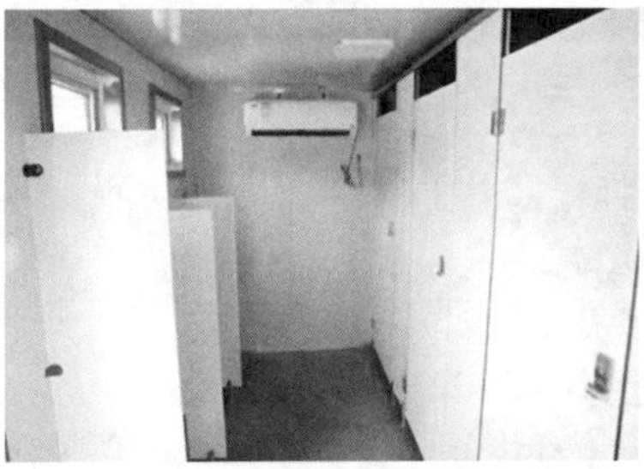		厕所空调、照明完好。厕所卫生干净、整洁	危害因素
267		生活污水处理装置		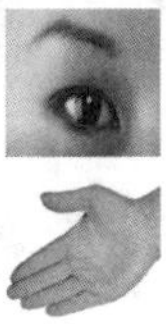 👁✋	设备管线连接完好无渗漏，设备性能完好	危害因素
					处理后的水质清澈无悬浮物	危害因素

续表

序号	检查项目（部位）	检查点	图示	检查方法	检查内容	隐患分级
268	标准化现场	浴室		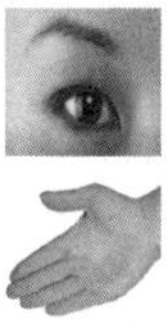	热水器管线连接完好无渗漏，设备性能完好	一般隐患
			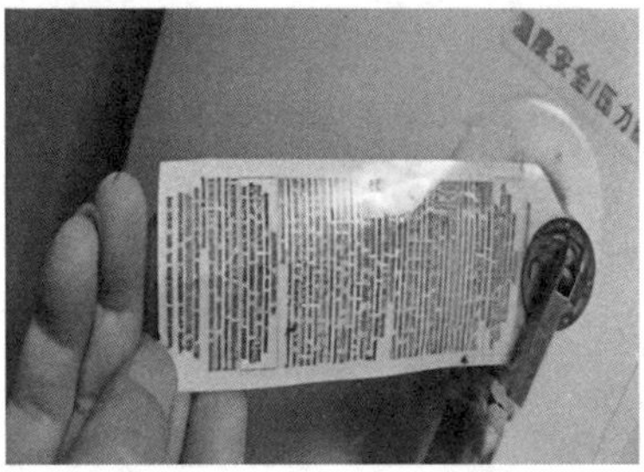		锅炉泄压阀在有效期	一般隐患
			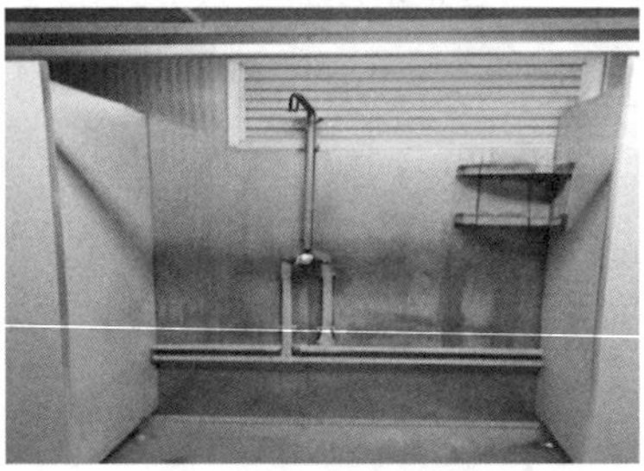		配置淋浴设施，冷热水开关把手齐全完整	一般隐患
269	标准化操作	劳动防护	 		人员正确佩戴使用防护用品，员工眼护具（安全眼镜、安全面罩、安全眼罩）、护耳器（耳罩、耳塞）、呼吸用品（空呼、防毒面罩、防尘口罩）的配置、选用与作业场所和作业类型的风险相符	危害因素

续表

序号	检查项目（部位）	检查点	图示	检查方法	检查内容	隐患分级
270					进入含硫地层配备硫化氢气体检测仪器	较大隐患
					硫化氢气体检测仪完好有效，电量满足工作需要，无异常报警，显示数据齐全，与实际值相符	较大隐患
271					手套、安全帽存放架摆放在值班室侧面，用于存放生产班人员的安全帽、手套等	危害因素
					卡槽内放入个人身份卡片，将安全帽放入本人对应的存放处	危害因素
272	标准化操作	劳动防护			公司内部员工均使用川庆钻探工程有限公司统一标准的工服	危害因素
273					管理人员佩戴白色安全帽，操作人员佩戴红色安全帽。安全帽无破损、变形	危害因素
274					在有效期内（生产之日起30个月内有效）	较大隐患

续表

序号	检查项目（部位）	检查点	图示	检查方法	检查内容	隐患分级
275	标准化操作	劳动防护	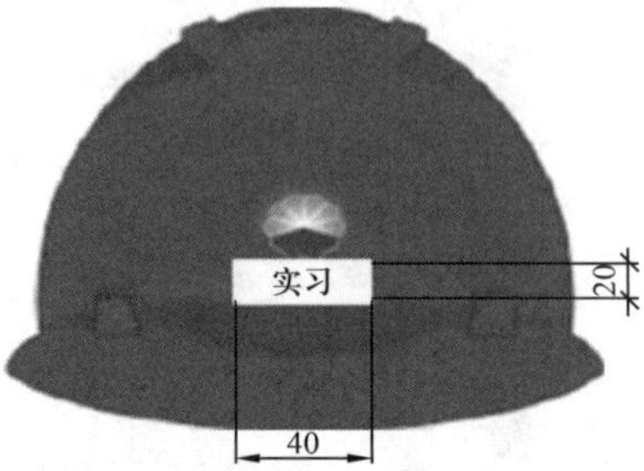	 看	对于入职不足三个月的操作人员、转岗员工和安全监督，应在安全帽指定位置张贴"实习"标识条	危害因素
276			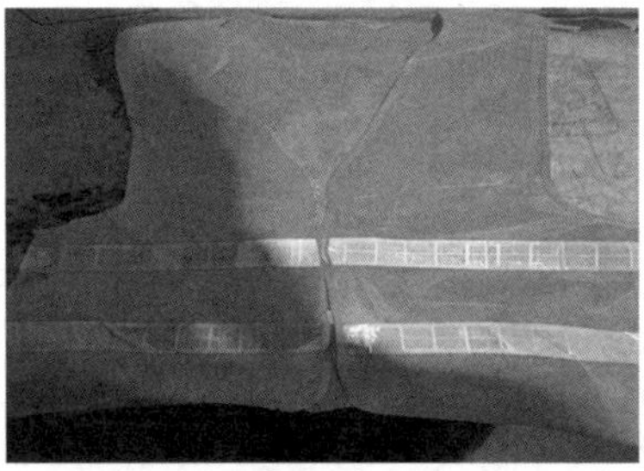 	 看	吊装作业指挥人员应穿黄色反光条信号服、"吊装指挥"袖标	危害因素
277				 看	高危作业监护人员佩戴"监护袖标"	危害因素
278			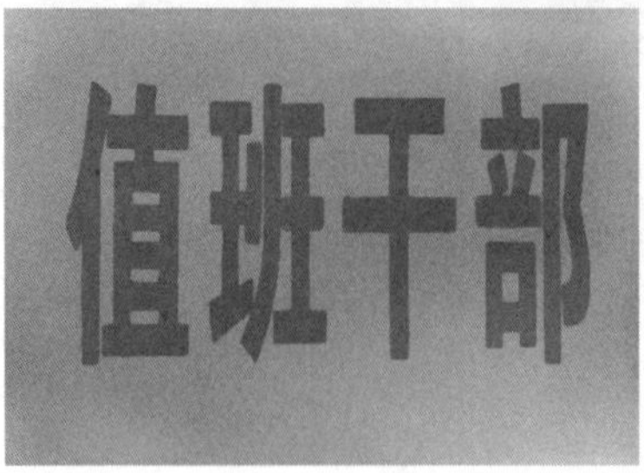	 看	值班干部佩戴"值班干部"袖标	危害因素

续表

序号	检查项目（部位）	检查点	图示	检查方法	检查内容	隐患分级
279					钻井设备操作规程齐全	危害因素
280	标准化操作	操作规程			现场人员懂得设备操作规程，具备本岗位"应知应会"的技术知识和技能。操作人员知晓设备主要技术性能参数和报警值	一般隐患
281					懂得设备维护保养规定并开展预防性的维护保养	一般隐患
282	标准化管理	会议室			会议室形象墙安装在正对会议室门墙面居中。包含项目信息、队伍简介、队伍愿景、年度目标、主要岗位人员、领导承诺、支部建设、项目进度管理	危害因素

续表

序号	检查项目（部位）	检查点	图示	检查方法	检查内容	隐患分级
282	标准化管理	会议室			会议室形象墙安装在正对会议室门墙面居中。包含项目信息、队伍简介、队伍愿景、年度目标、主要岗位人员、领导承诺、支部建设、项目进度管理	危害因素
283					进门右侧墙：钻井队岗位职责、队长、副队长、技术负责人、技术员岗位职责牌。左侧墙：基层管理人员通用规范、指导员、机电技术负责人、资料员岗位职责牌、井控典型重复问题牌	一般隐患
284					会议室干净整齐	危害因素
285					急救包放置在会议室文件柜里，应急药品按HSE作业计划书内要求配备齐全且在有效期内，领用有记录	一般隐患

续表

序号	检查项目（部位）	检查点	图示	检查方法	检查内容	隐患分级
285		会议室			急救包放置在会议室文件柜里，应急药品按HSE作业计划书内要求配备齐全且在有效期内，领用有记录	一般隐患
286		会议室			建立有员工健康档案	一般隐患
287	标准化管理				对50岁以上、有高血压疾病的人员开展日常监测并记录	一般管理违章
288		值班室			左侧墙上方挂牌顺序为：操作人员工作通用规范、值班干部等岗位责任制。左侧下方挂牌顺序为：钻井施工进度图、钻井压力曲线图、地质工程设计大表、井口装置示意图	一般隐患
289					右侧墙上方挂牌顺序为：井控九项制度、关井操作程序、关井操作岗位分工、开井操作程序。下方挂牌顺序为：现场培训栏、学习园地、信息公示、承包点信息、关键作业安全管控信息栏、能量隔离措施清单	一般隐患

续表

序号	检查项目（部位）	检查点	图示	检查方法	检查内容	隐患分级
290					将作业许可分类存放：作业许可、工作安全分析及工作安全分析模板	一般隐患
291		值班室			安全观察与沟通盒固定于值班房墙面上	一般隐患
292	标准化管理				生产管理、QHSE资料分类存放。资料内容齐全、完整、准确	危害因素
293		班组作业计划书			操作人员熟悉工艺流程、施工参数，清楚当班的工作量，按计划书要求完成工作任务	一般隐患
294		培训			编制并实施培训计划，大班、司钻等岗位履行兼职培训师职责，培训记录齐全	一般管理违章

续表

序号	检查项目（部位）	检查点	图示	检查方法	检查内容	隐患分级
295		培训			值班室设置为安全教育室，开展视频化安全教育	一般管理违章
296					所有新入厂、重新上岗、跨工种转岗或调整到关键岗位的一般管理人员、专业技术人员、操作人员接受培训	较大隐患
297	标准化管理				钻井作业现场编制有经上级部门批准的应急处置方案，方案中应急处置程序齐全，并对全体员工进行培训	较大隐患
298		应急处置			岗位应急处置卡齐全，岗位员工经过应急培训与演练，发生突发事件岗位员工能按处置卡快速正确处置	较大隐患
299					钻井作业应与所在地乡（镇）政府签订相关地企应急方案，试油作业与地方政府签订地企联动协议，同时要求政府根据本区域实际情况制订以政府为主导的疏散撤离方案，并由政府相关人员签字认可盖章确认，并对当地村民开展硫化氢防护基本知识的培训及告知	严重管理违章

续表

序号	检查项目（部位）	检查点	图示	检查方法	检查内容	隐患分级
299	标准化管理	应急处置			钻井作业应与所在地乡（镇）政府签订相关地企应急方案，试油作业与地方政府签订地企联动协议，同时要求政府根据本区域实际情况制订以政府为主导的疏散撤离方案，并由政府相关人员签字认可盖章确认，并对当地村民开展硫化氢防护基本知识的培训及告知	严重管理违章
300	标准化管理	应急处置			作业现场应制订演练计划并按期开展演练及总结，并对现场处置预案和应急管理工作提出修订及改进意见和建议	较大隐患

续表

序号	检查项目（部位）	检查点	图示	检查方法	检查内容	隐患分级
300		应急处置	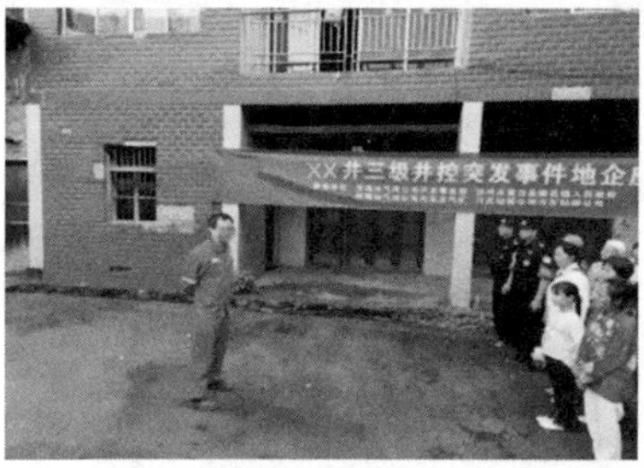	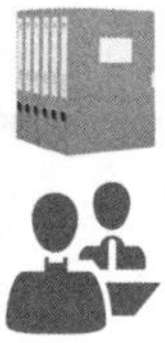	作业现场应制订演练计划并按期开展演练及总结，并对现场处置预案和应急管理工作提出修订及改进意见和建议	较大隐患
301	标准化管理	持证			按照持证标准持证，证件在有效期内	较大隐患
302		HSE协议			井场内承包商、相关方作业应签订HSE协议，明确各自职责	重大隐患

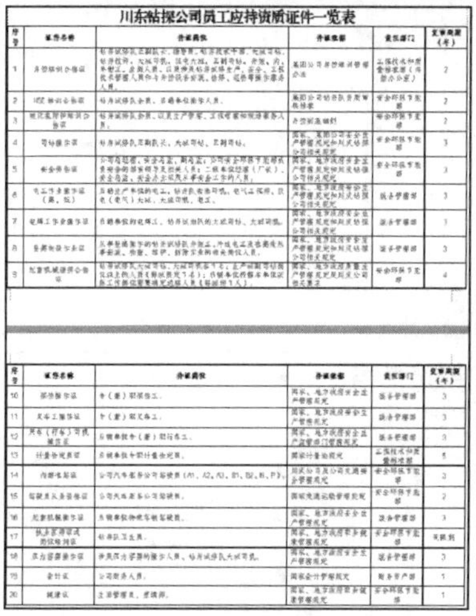

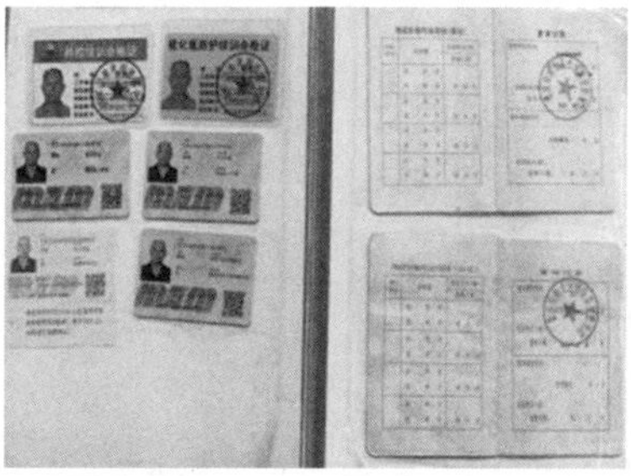

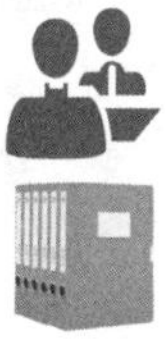

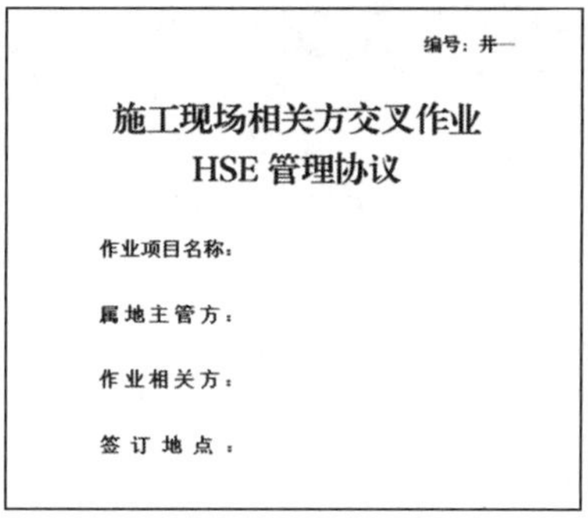

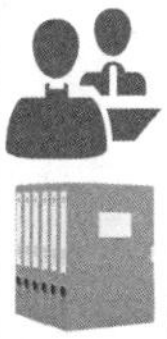

续表

序号	检查项目（部位）	检查点	图示	检查方法	检查内容	隐患分级
303		标准化作业程序			集体作业有标准化作业程序	危害因素
304		四环节			班组管理以"班前、班中、交班、班后"为节点，建立班组作业四环节风险管控机制。执行班前识别风险、班中防控风险、交班提示风险和班后总结风险"四环节"要求	较大隐患
305	标准化管理	隐患台账			建立隐患台账，隐患在限期内完成整改	一般管理违章
306		安全记分			记分满6分的，在生产会议做检查，不能批申报先进个人评比，对其进行岗位培训教育，培训考核合格并经安全生产履职能力评估合格后方可独立上岗	一般隐患

第二章 石油钻井 HSE 检查表

续表

序号	检查项目（部位）	检查点	图示	检查方法	检查内容	隐患分级
306		安全记分			记分满 6 分的，在生产会议做检查，不能批申报先进个人评比，对其进行岗位培训教育，培训考核合格并经安全生产履职能力评估合格后方可独立上岗	一般隐患
307	标准化管理	周检查、周例会、月分析			队管理以"周检查、周例会、月分析"为节点，将隐患排查、风险管控、培训演练融入作业过程，持续改进安全管理	危害因素
308		考核实施细则			建有员工认可的绩效考核实施细则	危害因素

— 301 —

续表

序号	检查项目（部位）	检查点	图示	检查方法	检查内容	隐患分级
309	标准化管理	考核实施细则			按照考核标准对安排部署工作进行绩效考核并公示	危害因素
310	规范化控制	安全经验分享	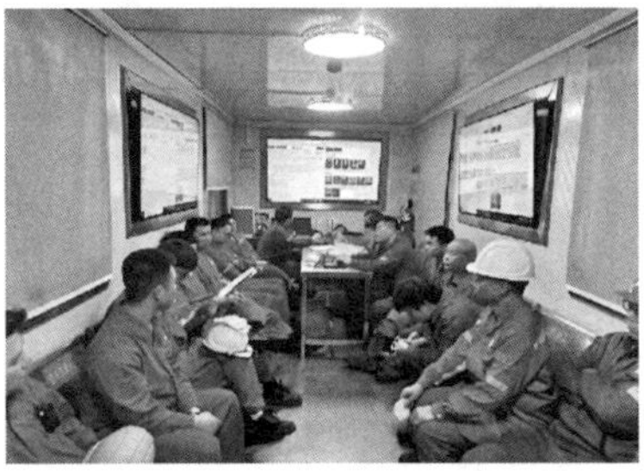	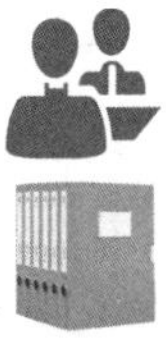	每次会议前开展安全经验分享。对于分享的良好做法，应采取积极措施进行推广。针对上级通报的事故事件应认真分析，查找本单位是否存在同类问题，制订预防措施	一般管理违章

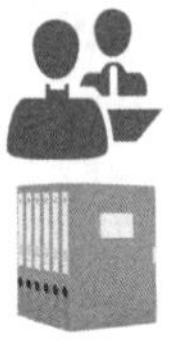

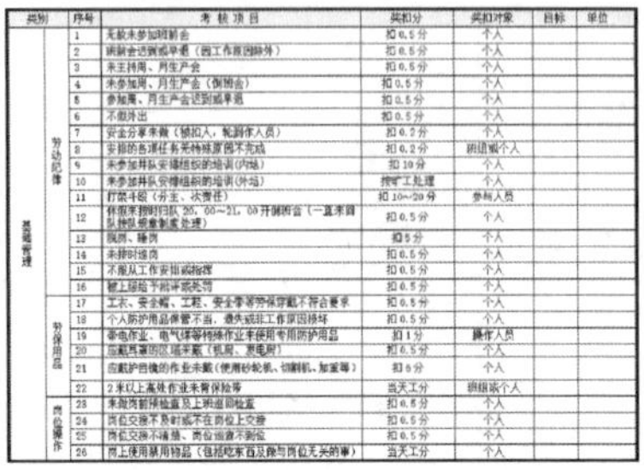

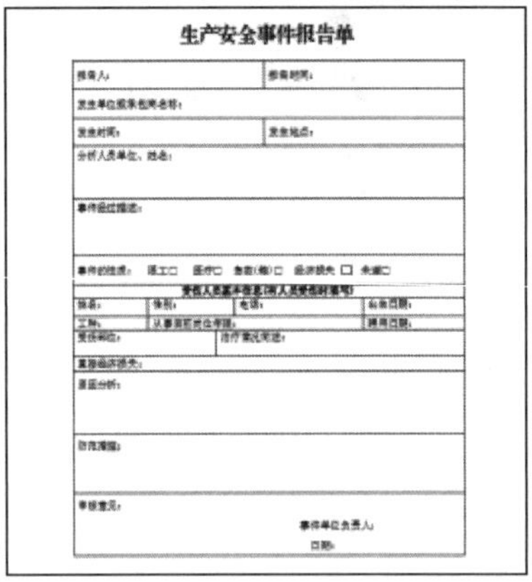

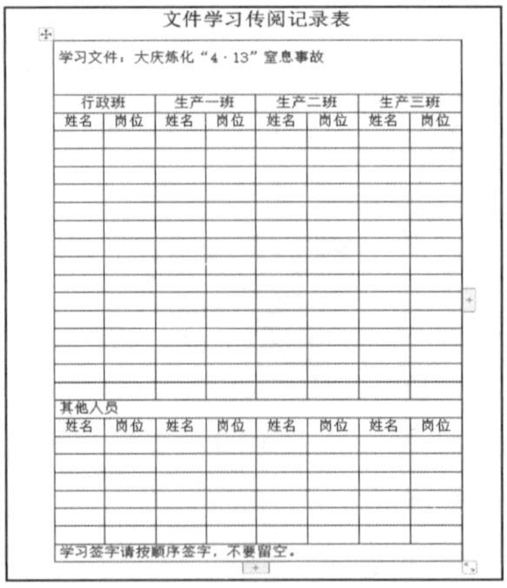

续表

序号	检查项目（部位）	检查点	图示	检查方法	检查内容	隐患分级
311		观察与沟通			员工熟悉安全观察沟通基本步骤，在全员范围开展，对于良好行为应进行鼓励，对不好行为应采取措施	一般管理违章
312	规范化控制	工作安全分析			高风险作业开展工作安全分析，提高员工危害辨识能力	一般操作违章
					员工清楚高危作业必须开展工作安全分析，把工作分解成具体工作步骤，识别每步骤潜在的危害因素，对每项危害制订相应的危害控制措施并具体到人	一般操作违章
313		作业前安全会			作业前安全会让作业人员了解本次作业任务、存在风险、预防措施、任务分工、应急处置等内容	一般操作违章
					清楚本次作业负责人是作业前安全会的召集人，作业人员知道每次作业前应召开不限形式的作业前安全会	一般操作违章

续表

序号	检查项目（部位）	检查点	图示	检查方法	检查内容	隐患分级
314	作业许可	规范化控制			员工应清楚受限空间、高处作业、起重作业、动火、试压等高风险作业，严格按作业许可清单开作业许可	重大管理违章
315					关键作业中涉及起重、高处、动火、受限空间、临时用电、检维修等特殊作业和非常规作业的，实行预约报备，并分级公示	一般管理违章
316					实施"高危作业安全生产挂牌制"，在高危作业区域设置安全生产"区长"制公示牌	一般隐患
317		能量隔离			有可能能量意外释放的设备设施在隔离部位均应上锁挂签	严重操作违章

续表

序号	检查项目（部位）	检查点	图示	检查方法	检查内容	隐患分级
317	规范化控制	能量隔离			上锁挂签应由作业人员本人操作，并通过检测确认危险能量和物料已去除或已被隔离方可进行作业	严重操作违章
					作业完成后，作业人员确认设备、系统符合运行要求，上锁者本人应亲自解锁，他人不得替代	严重操作违章
318		变更管理			工艺、设备、环境和管理等变化时，进行变更管理	严重管理违章
					变更实施分类管理，执行变更管理程序，同类替换由基层单位负责人审查后组织实施	严重管理违章
					现场人员清楚变更管理规范、变更原因及目的、变更内容、变更技术要求、变更实施过程中及变更后的风险、风险控制措施及同类事故案例	严重管理违章

二、固井队 HSE"三标一规范"验收表

固井队 HSE"三标一规范"验收表见表 2—11。

表 2-11　固井队 HSE "三标一规范" 验收表

隐患分级：危害因素：6 条	一般隐患：45 条	较大隐患：29 条	重大隐患：1 条			
序号	检查项目	检查点	图示	检查方法	检查内容及标准	隐患定级
1		整体布局		👁	对高压区域使用警戒隔离带进行警示隔离，设置出口，严禁跨越，隔离带距离危险点源不得低于 5m，设置高度距离地面 1m	较大隐患
2		整体布局		👁	警戒隔离区域出口处设置悬挂一牌一图（固井施工现场平面布置与逃生示意图、固井作业现场风险告知牌）	较大隐患
3		标准化现场		👁	固井施工现场设备视井场大小，按照施工现场平面布置图进行摆放	一般隐患
4		车辆摆放区域		👁	所有施工车辆车体外观干净整洁，牌照完好，无变形破损	一般隐患

第二章 石油钻井HSE检查表

续表

序号	检查项目	检查点	图示	检查方法	检查内容及标准	隐患定级
5					轮胎气压2.3~2.8bar；轮胎花纹磨损程度小于2.0mm	一般隐患
6					三防工具配置齐全，能够正常使用；平台梯子、护栏完好无变形	一般隐患
7	标准化现场	车辆摆放区域			施工车辆阀门手柄完好，开关灵活，并处于开启状态	一般隐患
8					安全阀手动、气动检测正常；压力表显示正常，在检验有效期内	一般隐患
9					随车管汇、工具齐全，固定牢靠	一般隐患

- 307 -

续表

序号	检查项目	检查点	图示	检查方法	检查内容及标准	隐患定级
10	标准化现场	车辆摆放区域	 	 看	水泥车混合器、混浆池、水柜清洁，滤网完好	一般隐患
11	标准化现场	车辆摆放区域		 看	水泥车柱塞泵、柴油机运转正常	一般隐患
12	标准化现场	车辆摆放区域	 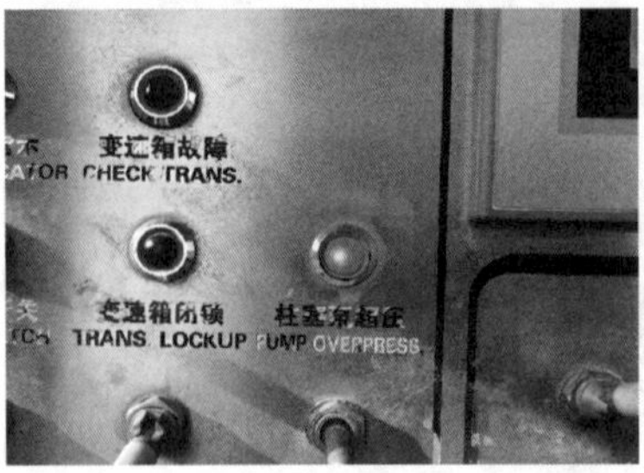	 看	水泥车超压保护装置灵敏可靠，超压指示灯灭；作业中如出现超压，超压指示灯亮，油门自动返回怠速	较大隐患

续表

序号	检查项目	检查点	图示	检查方法	检查内容及标准	隐患定级
13	标准化现场	车辆摆放区域		 目视	下灰车压风机运转正常，应急管线及快速接头匹配	一般隐患
14			 	  目视、手感	除尘装置固定牢靠，阀门关闭	一般隐患
15				 目视	进灰、出灰口畅通无杂物	一般隐患
16				 目视	人孔盖固定牢靠，密封良好，过桥管线连接牢靠无刺漏	一般隐患

续表

序号	检查项目	检查点	图示	检查方法	检查内容及标准	隐患定级
17	标准化现场	车辆摆放区域		目视	压风机车车载压风机气瓶的安全阀开启压力为0.5MPa，供气时必须在气瓶出口处接减压阀，将压力减至0.3MPa进行下灰作业	一般隐患
18				目视	压风机气瓶按要求进行注册登记，在检测有效期内	较大隐患
19				目视	批混车喷射离心泵、循环离心泵、搅拌器运转正常	一般隐患
20				目视	车辆摆放位置合理，未靠近临边、临崖区域，移动时由专人指挥，指挥人员佩戴袖标	一般隐患

续表

序号	检查项目	检查点	图示	检查方法	检查内容及标准	隐患定级
21	标准化现场	车辆摆放区域			水泥车尾部朝向钻台，尾部与井架、车辆相互之间保持一定安全距离，将高压管线限制在水泥车后部，尽量远离操作位置和工作人员	一般隐患
22					所有施工车辆安装防火罩，并在进入井场前关闭，安装紧固，无松动情况	一般隐患
23					所有施工车辆配置 2 具 8kg 干粉灭火器，瓶体无锈蚀、变形，压力处于正常区域，喷管连接紧固，铅封完好，每月检查一次并打卡	一般隐患
24					所有车辆配置急救药箱，急救药品及急救设施与清单相符，在有效期内	危害因素
25	标准化现场	立式下灰罐区域			立式下灰罐内储备的水泥种类、吨位标识清楚	危害因素

续表

序号	检查项目	检查点	图示	检查方法	检查内容及标准	隐患定级
26	标准化现场	立式下灰罐区域		看、听	罐体无坑洞，管线无变形、龟裂、刺漏等现象	较大隐患
27	标准化现场	立式下灰罐区域		看	罐体喷涂喷绘安全警示标志"警告：移动必须使用背罐车！严禁违章吊装拖移！"和"注意安全"三角标识；吊耳使用红色油漆喷涂，底座喷涂吊点标识	一般隐患
28	标准化现场	立式下灰罐区域		看	压力表量程为0.6MPa，表盘无漏油、污损等情况，在检验有效期内	一般隐患
29	标准化现场	立式下灰罐区域		看、手动	安全阀经手动、气动检测有效，整定压力为0.3MPa，在检验有效期内	一般隐患

续表

序号	检查项目	检查点	图示	检查方法	检查内容及标准	隐患定级
30		立式下灰罐区域		 👁	立式下灰罐摆放在坚实、平整、无垫方的地面，出灰口朝井架外方向，分别在倒灰作业前和施工作业前再次检查摆放情况	较大隐患
31	标准化现场			 👁	压力表安装位置便于观察，检测在有效期内	一般隐患
32		钻台井口区域	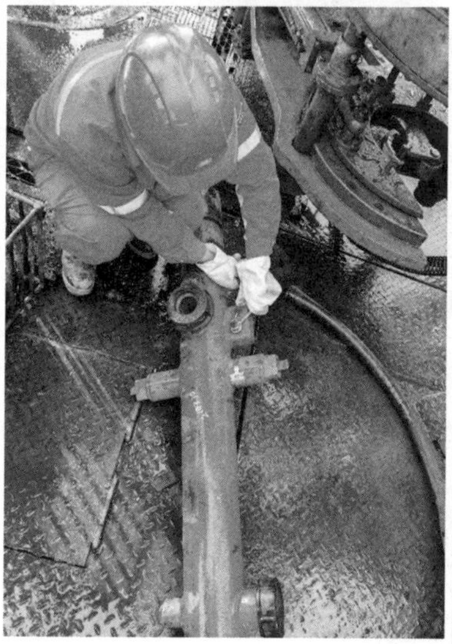	  👁✋	胶塞指示器转动灵活，其外伸长度与胶塞匹配	一般隐患

续表

序号	检查项目	检查点	图示	检查方法	检查内容及标准	隐患定级
33	标准化现场	钻台井口区域		目视	水泥头本体无变形,外表面无裂纹,密封面应无磨损、腐蚀现象;密封件齐全完好;铭牌或本体的标志完好,检验合格,水泥头卡片按要求填写(25井次外观检查、30井次清水密封试压)	一般隐患
34				目视	安装前清理井口钻井液及杂物,装入固井胶塞后对挡销进行上锁挂签,在旋塞阀处悬挂"开关"及"非岗位人员禁止转动"标识	一般隐患
35				目视	钻台鼠洞防护有效	一般隐患
36		供水区域		目视	井队水罐梯子、护栏齐全有效,无变形	一般隐患

续表

序号	检查项目	检查点	图示	检查方法	检查内容及标准	隐患定级
37		供水区域		目视	准备两台潜水泵，上提下放潜水泵时必须由两人以上进行作业，人员站稳扶好，带队负责人要安排专人进行作业过程监护	一般隐患
38		供水区域		目视	电控箱"当心触电"标识完好，控制器灵敏可靠，接地极顶面埋设深度大于0.8m，地线固定牢靠，接触良好	一般隐患
39	标准化现场			目视	线路连接完成后对供水区域警戒隔离	一般隐患
40				目视	雨天施工作业要做好电控设备防雨工作	一般隐患
41		环境保护		目视	施工准备阶段必须对所有现场使用的立式下灰罐、下灰车气化检查，排空作业时必须使用符合要求的防尘袋	危害因素

续表

序号	检查项目	检查点	图示	检查方法	检查内容及标准	隐患定级
42	标准化现场	环境保护		 眼看	下灰管线中的余灰及时清理回收	一般隐患
43	标准化现场	环境保护		 眼看	水泥车及批混车中的液体及洗车水全部排放到钻井队指定地点	一般隐患
44	标准化现场	环境保护		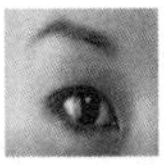 眼看	使用完的添加剂桶、包装袋落实回收处理	一般隐患
45	标准化现场	环境保护		 眼看	生活垃圾清理到钻井队指定垃圾点	一般隐患

第二章 石油钻井 HSE 检查表

续表

序号	检查项目	检查点	图示	检查方法	检查内容及标准	隐患定级
46	标准化操作	劳动防护用品配置及管理		看	现场配置安全帽、工衣、手套、劳保鞋、护目镜、降噪耳麦、耳塞、防尘口罩、绝缘手套	危害因素
47				看	劳动防护用品外观良好，能够正常使用，在有效期内	一般隐患
48		劳动防护用品使用		看	员工熟悉劳动保护用品的穿戴和使用要求，进入属地作业现场人员正确穿（佩）戴和使用劳动防护用品	一般隐患

- 317 -

续表

序号	检查项目	检查点	图示	检查方法	检查内容及标准	隐患定级
49	标准化操作	劳动防护用品使用		 看	水泥车操作工、下灰工佩戴防尘口罩	一般隐患
50				 看	供水工佩戴绝缘手套	一般隐患
51		操作规程	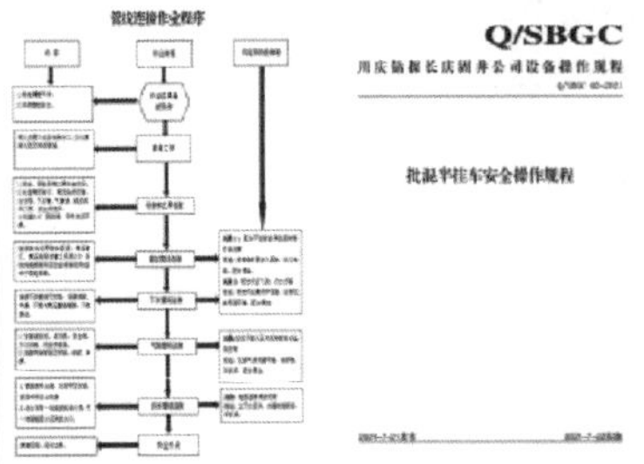	 看	现场能查阅到有效的操作规程	一般隐患
52				 看	岗位员工掌握现场设备的操作规程及标准化作业程序内容并能熟练操作	一般隐患
53	标准化管理	资料存放		 看	各类生产管理、QHSE 资料分类、统一管理	危害因素

续表

序号	检查项目	检查点	图示	检查方法	检查内容及标准	隐患定级
54		资料存放			各项资料内容齐全、完整、准确	危害因素
55					固井队队长、副队长、技术员、驾驶员、操作人员（水泥车操作工、井口操作工、供水工、下灰车操作工）持有效的井控培训合格证，全员持有效的HSE培训合格证，含硫化氢油气井作业全员持硫化氢防护安全培训合格证	较大隐患
56	标准化管理	资质证件			所有驾驶员有内部颁发的准驾证	较大隐患
57					压风机操作工持有压力容器操作证	重大隐患
58		员工培训			新入厂员工、转岗、离岗六个月以上重新上岗者进行班组级培训，有培训记录	较大隐患

续表

序号	检查项目	检查点	图示	检查方法	检查内容及标准	隐患定级
59		员工培训			员工QHSE培训记录包括培训时间、内容、参加人员及考核结果，内容齐全、完整、准确	较大隐患
60	标准化管理				领导干部从安全基本能力、安全领导能力、风险管控能力和应急处置能力等方面进行了安全环保履职能力评估，一般员工从HSE意愿、岗位基本知识、岗位HSE技能和应急处置能力四个方面进行了安全环保履职能力评估，能力能满足岗位要求	较大隐患
61		作业指导书			作业指导书内容应包括：HSE承诺和方针目标；岗位任职条件；岗位职责；岗位风险；风险识别；岗位操作规程；巡回检查及主要检查内容；应急处置程序；应知应会知识等方面资料。指导书应印发到基层岗位员工，并定期强化培训	一般隐患

续表

序号	检查项目	检查点	图示	检查方法	检查内容及标准	隐患定级
62	标准化管理	作业计划书	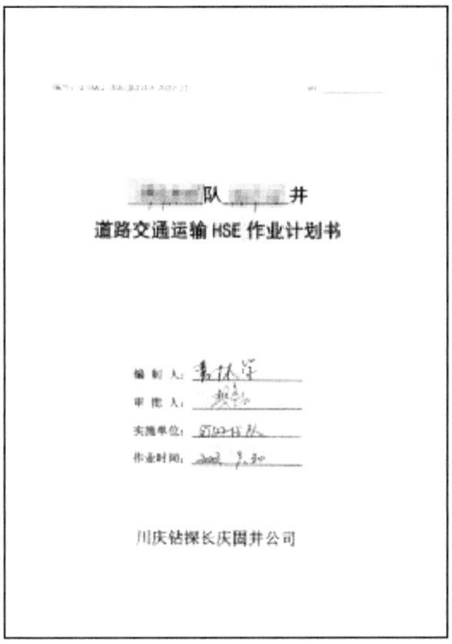 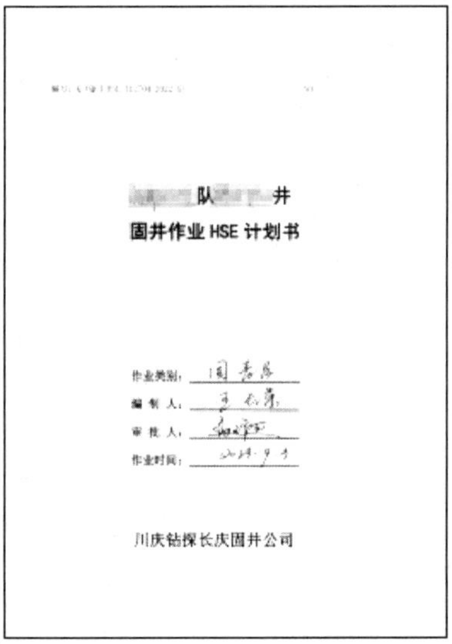	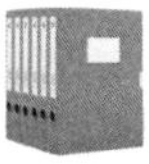	固井作业HSE计划书、道路交通HSE计划书经过中队负责人审批；特殊敏感时段执行升级管理，由项目部班子成员审批	较大隐患
63		HSE管理协议	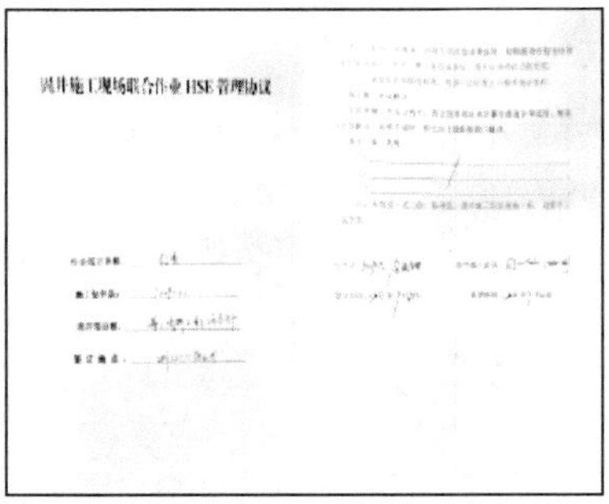	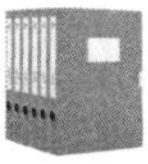	施工前与施工钻井队签订联合作业HSE管理协议，一式两份，钻井队与固井队各留存一份，各方职责明确	较大隐患

续表

<table>
<tr><th>序号</th><th>检查项目</th><th>检查点</th><th>图示</th><th>检查方法</th><th>检查内容及标准</th><th>隐患定级</th></tr>
<tr><td>64</td><td rowspan="3">标准化管理</td><td>岗位检查及隐患（问题）整改</td><td>
长庆固井公司下灰车驾驶员岗位检查表
</td><td> </td><td>检查发现隐患得到整改，不能立即整改完成的制订防控措施</td><td>一般隐患</td></tr>
<tr><td>65</td><td rowspan="2">应急处置方案和应急演练记录</td><td>
川庆长庆固井公司岗位应急处置卡
事件名称：高压管阀件爆裂；事件位置：固井作业现场
事件危害描述：人员伤亡、固井质量受损造成巨大经济损失
处置流程：停止作业→关闭井口闸门→汇报→待命
应急电话：xxxxxxx；报警电话：xxxxxxxxx
<table>
<tr><th></th><th>流程／岗位</th><th>停止作业</th><th>关闭井口闸门</th><th>汇报</th><th>待命</th></tr>
<tr><td rowspan="6">重点岗位应急处置要点</td><td>水泥车操作</td><td>停泵</td><td></td><td>向施工负责人汇报</td><td>到紧急集合点</td></tr>
<tr><td>井口工</td><td></td><td>关闭水泥头闸门</td><td>向施工负责人汇报</td><td>到紧急集合点</td></tr>
<tr><td>驾驶员</td><td></td><td>熄灭发动机</td><td></td><td>到紧急集合点</td></tr>
<tr><td>供水工</td><td>停止供水</td><td>关闭供水闸门</td><td></td><td>到紧急集合点</td></tr>
<tr><td>施工负责人</td><td>确认并告知井</td><td>确认</td><td>与井队沟通信息</td><td>参与井队后续处置</td></tr>
<tr><td>带队负责人</td><td>确认</td><td>确认</td><td>向中队汇报</td><td>清点人数</td></tr>
</table>
注意事项：1.发生高压管阀件爆裂事件，首先要保证人员安全；2.严禁非工作人员进入高压作业区域内。</td><td> </td><td>应急预案或现场应急处置方案符合现场实际，建立“一案一卡”，按程序上报审批，并保存审批</td><td>较大隐患</td></tr>
<tr><td>66</td><td>
应急演练计划统计表</td><td> </td><td>固井队制订年度应急演练计划，每月至少开展一次现场处置预案（方案）实战演练</td><td>较大隐患</td></tr>
</table>

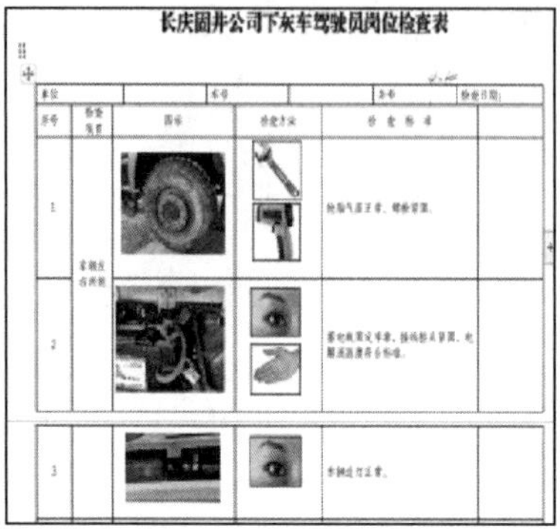

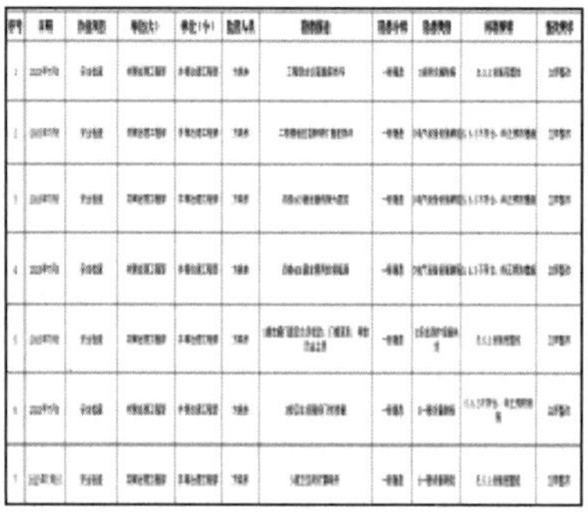

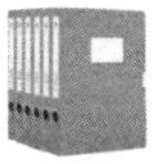

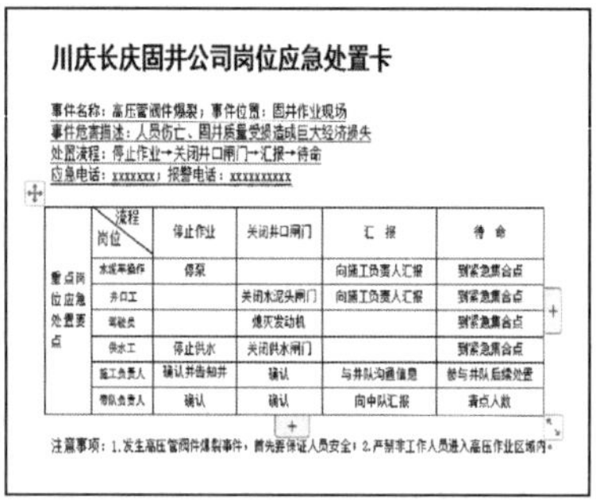

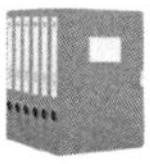

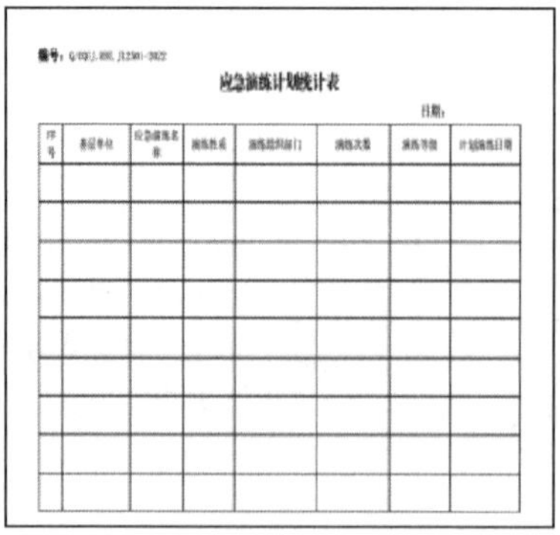

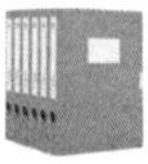

续表

序号	检查项目	检查点	图示	检查方法	检查内容及标准	隐患定级
67	标准化管理	应急处置方案和应急演练记录			应急演练记录，有演练计划、演练方案、演练照片及签到表、评审记录、演练评估结果。应急组织和人员职责分工明确，程序处置措施明确具体，演练后进行评估总结，提出改进建议并持续改进	较大隐患
68					工艺、设备、环境和管理等变化时，进行变更管理	较大隐患
69	规范化控制	变更管理			现场人员清楚变更管理规范、变更原因及目的、变更内容、变更技术要求、变更实施过程中及变更后的风险、风险控制措施及同类事故案例	较大隐患
70					识别变更作业过程中的风险，制订控制措施	较大隐患

续表

序号	检查项目	检查点	图示	检查方法	检查内容及标准	隐患定级
71	规范化控制	作业许可			冬季对使用喷灯作业许可项目办理有效作业许可证，按规定进行工作前安全分析，风险识别全面、准确	较大隐患
72					依据识别的风险落实能量隔离、上锁挂签、吹扫置换、气体检测等风险防控措施	较大隐患
73					作业批准人组织对工具设备、人员资质、作业监护、风险防控措施进行书面审查和现场核查	较大隐患
74					作业过程严格按照许可的范围、期限等规范作业，超出期限按规定办理作业许可延期	较大隐患
75					作业完成时对现场进行清理、恢复；申请人和批准人签字关闭作业许可票证，票证填写规范	较大隐患

续表

序号	检查项目	检查点	图示	检查方法	检查内容及标准	隐患定级
76	规范化控制	上锁挂签	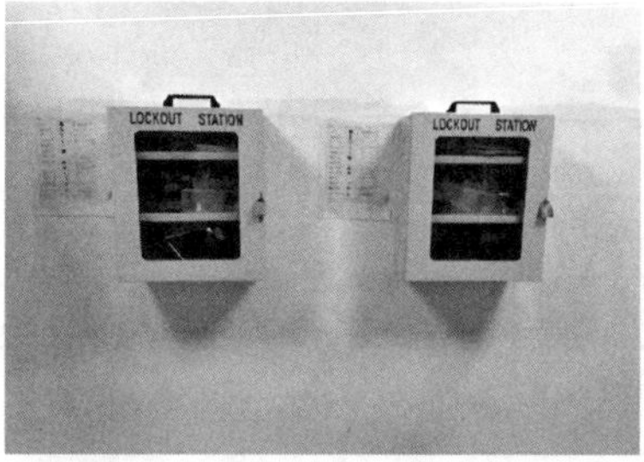	 👁	现场配备有不同类型警示标签和不同规格锁具	一般隐患
77				 📁	所有检维修作业，对可能造成危险能量和物料意外释放的隔离设施均上锁挂签	较大隐患
78				 👁	上锁挂签应由作业人员本人操作，并通过检测确认危险能量和物料已去除或已被隔离方可进行作业	较大隐患
79			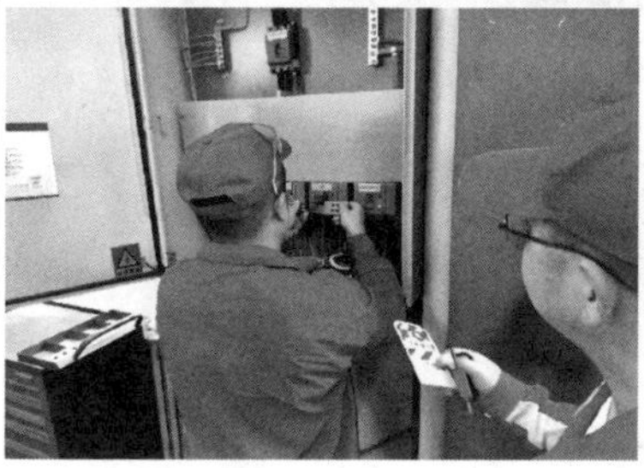	 👁	作业完成后，作业人员确认设备、系统符合运行要求，上锁者本人解锁，他人不得替代	较大隐患

序号	检查项目	检查点	图示	检查方法	检查内容及标准	隐患定级
80	规范化控制	HSE会议			由施工负责人组织甲方监督、钻井队、固井队等相关人员召开固井施工技术、安全交底会，提出施工技术要求及注意事项，对任务进行分工，明确吊装、供水、倒车指挥具体负责人，对施工中存在的风险进行识别和提示	较大隐患
81					由施工负责人对本次任务完成情况进行总结，落实返程三交待（交待任务、交待行驶路线、交待安全注意事项）	较大隐患

三、录井队 HSE "三标一规范" 验收表

录井队 HSE "三标一规范" 验收表见表 2-12。

表 2-12　录井队 HSE "三标一规范" 验收表

隐患分级：危害因素：6 条　　一般隐患：73 条　　较大隐患：11 条　　重大隐患：0 条						
序号	检查项	检查点	图示	检查方法	检查内容及标准	隐患定级
1	标准化现场：工作环境	房体布局			仪器房和地质值班室放置于井场右前方靠振动筛一侧，距井口 30m 以外的安全场地	一般隐患
					录井仪器房及地质值班房的地基坚实，避开易垮塌、易滑坡地带，房体应摆放平稳	一般隐患

第二章　石油钻井 HSE 检查表

续表

序号	检查项	检查点	图示	检查方法	检查内容及标准	隐患定级
1	标准化现场：工作环境	房体布局			房体外观清洁无污渍	危害因素
					仪器房后的逃生通道畅通无阻塞	一般隐患
2		电缆、管线布局			振动筛至仪器房之间的所有线缆采用高空架设，线缆最低高度不小于2.5m，起重机械禁止在线缆附近作业，且线缆上应悬挂限高警示牌	危害因素
					采用直径5mm的承载钢丝绳，将样气管线、电缆线用扎带捆扎，固定在承载钢丝绳上	一般隐患
					样气管线、信号电缆与供电电缆相互不缠绕	一般隐患

续表

序号	检查项	检查点	图示	检查方法	检查内容及标准	隐患定级
2		电缆、管线布局		看	捆扎后的线缆其承力部分采用橡胶垫缓冲保护	一般隐患
				看	遇特殊情况采用穿管埋地方式布线时,样气管线不能埋入地下	一般隐患
3	标准化现场:工作环境	安全文化宣传栏、上墙制度		看	室内展示栏设置员工安全文化阵地,并及时更新内容	危害因素
				看	室内设置统一规范的上墙制度、文件资料盒至少5个,分别为记录类、查询类、档案类、告知类、录井队QHSE工作手册	危害因素
4		标识标牌		看	现场安全标志标识执行录井作业HSE标准化建设管理指南的要求	一般隐患
				看	电控箱、空压机、隔离变压器、样气瓶、逃生门、电烤箱、安全设施、化学药品、吊柜、物品柜等标志标识齐全	一般隐患

第二章 石油钻井 HSE 检查表

续表

序号	检查项	检查点	图示	检查方法	检查内容及标准	隐患定级
4	标准化现场：工作环境	标识标牌			录井队设有地质预告牌（电子预告牌），内容完整准确且及时更新，预告井段宜为150~200m，且根据实钻情况设置井段	一般隐患
5	标准化现场：设备设施	设备清单			建立设备设施清单，清单应及时更新	一般隐患
					设备清单内容除包括主要设备设施的名称、型号、数量、状态等信息，还应包括备用脱气器电动机、悬重压力传感器、绞车传感器等常用重要备用设备等	一般隐患
6		录井设备保护设施			录井设备每年进行一次第三方性能检测，检测结果达到合格标准	一般隐患
					仪器房、地质室接地线采用等电位连接紧固，接地电阻值不超过4Ω	一般隐患

续表

序号	检查项	检查点	图示	检查方法	检查内容及标准	隐患定级
6		录井设备保护设施		看	仪器房、地质室配电系统有漏电保护装置和过载保护装置，无跳闸，地质室漏电保护开关每半月试验检查一次并做好记录	一般隐患
				看、查阅资料	录井现场各区域按要求配备4~5个摄像头，摄像头工作正常。远程传输显示正常	一般隐患
7		标准化现场：设备设施			岗位人员配置齐全并正确佩戴使用劳动防护用品，安全帽在有效期内	一般隐患
		安全防护及设施	（二氧化碳灭火器）	看、查阅资料	二氧化碳灭火器，每月称重检查一次，重量减少率不得超过初始重量5%，每具一张检查记录卡且每月填写一次，检查记录卡上要记录初始重量	一般隐患
			（干粉灭火器）		干粉灭火器固定且压力指针在绿色范围内，检查记录每月填写一次	一般隐患

第二章　石油钻井 HSE 检查表

续表

序号	检查项	检查点	图示	检查方法	检查内容及标准	隐患定级
7	标准化现场：设备设施	安全防护及设施			便携式硫化氢检测仪 2 具、防爆电筒 1 只、防爆对讲机 1 对、空气呼吸器 2 具、安全带 1 根（不带缓冲装置）等安全防护设施齐全、有效，无过期未检现象	一般隐患
					建立 HSE 设施台账，按要求进行维护保养和检验检测	一般隐患
					仪器房顶安全杆且安装牢固	较大隐患
8		应急灯、排气扇			仪器房、地质室的排气扇完好	一般隐患
					照明灯具正常	危害因素

续表

序号	检查项	检查点	图示	检查方法	检查内容及标准	隐患定级
8	标准化现场：设备设施	应急灯、排气扇			应急灯具无故障	一般隐患
9	标准化现场：器具材料	化学试剂管理			化学试剂柜由大班、当班人员上锁管理	一般隐患
					浓盐酸的配置量不得高于1500mL、浓硝酸配置量不得高于500mL、氯化钡固体配置量不得高于500g、硝酸银配置量不得高于1000mL、氯化钡固体不得高于500g，且无过期化学试剂	一般隐患
					领取、使用化学药品时应及时记录使用量，账物相符	一般隐患
					化学药品的MSDS齐全、反应矩阵上墙张贴、危化品安全标签齐全未脱落	一般隐患

续表

序号	检查项	检查点	图示	检查方法	检查内容及标准	隐患定级
9	标准化现场：器具材料	化学试剂管理		看	防护用品：橡胶手套、护目镜、干净毛巾、碳酸氢钠溶液、生理盐水、一次性简易呼吸器等应急器具齐全完好，应急清水每周更换并记录更换日期	危害因素
10	标准化操作：常规作业	岗位技能	录井工巡回检查路线图	看	员工熟悉各自岗位的巡回检查路线和检查要点	一般隐患
			录井操作安全规程	问	员工熟悉各自岗位的操作要领，熟记各种参数	一般隐患
			综合录井参数门限设置指南		岗位人员知晓报警门限的设置值，并能及时根据现场实际情况更新门限值	一般隐患
11		设备原理	CMS 综合录井仪 SHENKAI	问	岗位人员懂得录井设备、传感器的工作原理，清楚设备的构造、性能和用途	一般隐患

续表

序号	检查项	检查点	图示	检查方法	检查内容及标准	隐患定级
12	标准化操作：常规作业	工艺流程			岗位人员熟悉录井工艺流程，能领会工作内容和要求	一般隐患
					清楚当班生产情况、施工参数、施工顺序，准确记录当班工况	一般隐患
			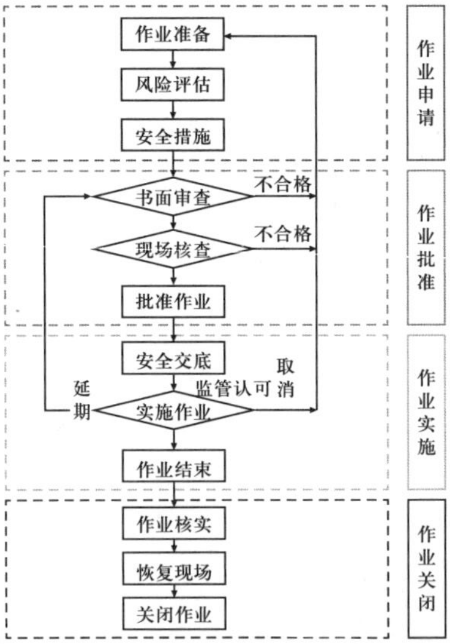		队长、大班会使用风险控制工具来控制工作中的风险	一般隐患
13		操作规程			员工经培训，懂得在用设备的操作规程	一般隐患

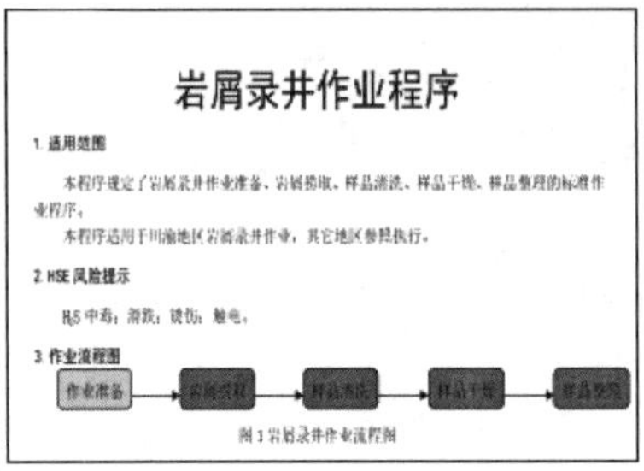

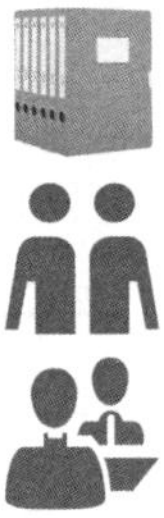

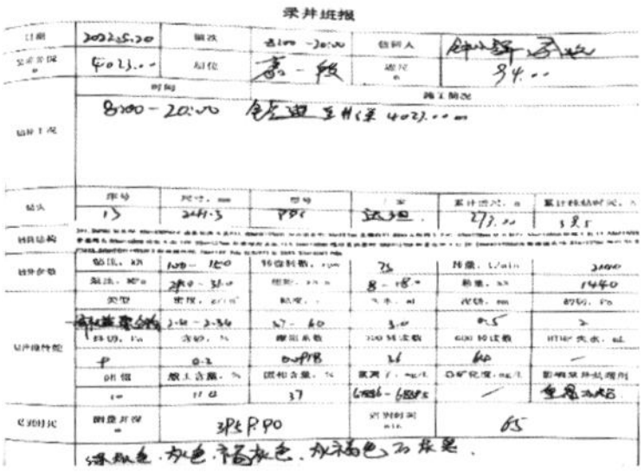

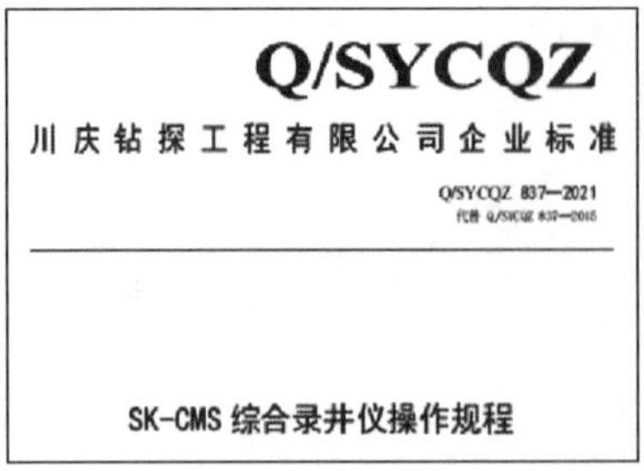

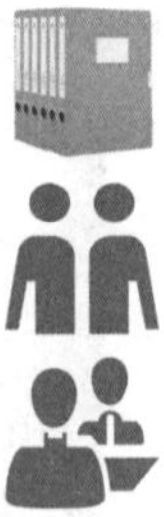

续表

序号	检查项	检查点	图示	检查方法	检查内容及标准	隐患定级
13	标准化操作：常规作业	操作规程	岗位应知应会 / 岗位风险识别卡		具备本岗位"应知应会"的技术知识和技能，能按操作规程进行录井各项操作	一般隐患
					能辨识岗位新增风险，并采取有效措施来规避风险	一般隐患
14	标准化操作：常规作业	维护保养	设备维护保养 / Q/SYCQZ 川庆钻探工程有限公司企业标准 EDX-4500H 型元素分析仪操作规程		岗位人员清楚设备维护保养周期、方法、部位（点）、内容，包括日常巡检和定期检查，会常规维护保养设备	一般隐患
					对新购和引进的设备，能根据设备使用技术说明书进行设备操作和常规保养	一般隐患
15		风险辨识及管控	岗位风险识别卡 / 录井HSE作业指导书		员工知晓本岗位作业存在的风险和管控措施，能应用风险控制工具降低作业风险	一般隐患
					员工懂得HSE作业指导书中存在的作业风险，能辨识出作业项目中存在的新增风险	一般隐患

续表

序号	检查项	检查点	图示	检查方法	检查内容及标准	隐患定级
15		风险辨识及管控	L10702队班组级生产安全风险分级管控清单		录井队建有危害辨识及风险控制措施清单	一般隐患
16	标准化操作：常规作业	故障排查	综合录井仪常见故障分析		员工熟悉设备构造、机电原理，会排除常见故障	一般隐患
			设备管理制度 本制度要求小队员工严格按照此执行		员工知晓设备管理要求，能正确判断设备运转异常状态并采取紧急措施	一般隐患
17	标准化操作：非常规作业	作业清单	危险（高风险）作业管控清单 1、高处作业		录井队建有非常规作业和高风险作业清单	一般隐患
			地质勘探开发研究院特殊敏感时段安全环保升级管理清单		有特殊敏感时段升级管控清单和禁止作业清单，并严格执行	一般隐患

续表

序号	检查项	检查点	图示	检查方法	检查内容及标准	隐患定级
18	标准化操作：非常规作业	高危作业管控	（地研院起重作业申请审批表、工作安全分析表）		针对非常规作业及高危作业，录井队实施高风险作业预约、升级审批制度，开展工作前进行安全分析，规范办理许可票证，工作前进行安全会，落实安全监护人	较大隐患
					落实能量隔离措施，现场作业人员严格执行操作规程，确保高危作业全面受控	较大隐患
19	标准化操作：应急处置	应急演练	××井应急预案 井号：××井 录井队：××队 编写人：××		录井队有应急预案、应急处置卡	较大隐患
			（火灾桌面演练记录）		员工经培训，知晓应急预案内容，发生突发事件时，能按处置卡快速正确处置	较大隐患
			2022年度应急预案演练计划		录井队编制有八类应急处置的应急演练计划，并按计划进行演练，记录准确、演练评价具有针对性	较大隐患

续表

序号	检查项	检查点	图示	检查方法	检查内容及标准	隐患定级
20	标准化管理：责任落实	岗位清单及职责	综合录井工（操作）QHSE职责		录井队QHSE职责牌上墙张贴	一般隐患
			第一录井作业部××队2023年度QHSE责任书		全员签订QHSE责任书，员工知晓责任书内容	一般隐患
			××队班组级生产安全风险分级管控清单		录井队建立有安全风险管控清单，全员签订安全生产责任清单，并按清单内容履行相应职责	一般隐患
		相关方协议	施工现场相关方交叉作业HSE管理协议		属地管理方与录井队签订HSE协议，协议内应明确急救箱药品依托钻井队，废液处理、岩屑处理依托清洁生产队条款，若安全带借用钻井队，还应在相关方协议中明确	一般隐患
21	标准化管理：风险管控	四环节风险控制			岗位按要求开展巡回检查，使用班报附表，保证各岗位员工进行班前检查及风险识别，班中检查及风险防范，交班提示风险，班后总结风险，发现问题及时整改	较大隐患

续表

序号	检查项	检查点	图示	检查方法	检查内容及标准	隐患定级
22	标准化管理：风险管控	双重预防机制			录井队开展现场健康安全环境风险辨识评估和隐患排查治理工作	一般隐患
					录井队建立违章、隐患台账，风险隐患识别全面，治理管控到位，岗位人员掌握，风险受控	一般隐患
23		检查及整改			录井队积极做好各级检查问题的整改工作，保留检查和整改记录，隐患在整改关闭前应进行公示，保证全员知晓当前风险	一般隐患
24	标准化管理：岗位培训	人员配置及持证			岗位人员按照要求进行配置齐全，上岗证、HSE证、井控证、H_2S证齐全未过期，持证率达100%	较大隐患
25		培训及评估			新工、转岗人员接受厂级、车间级、班组级三级培训，培训记录、考核齐全，无培训走过场现象	较大隐患

续表

序号	检查项	检查点	图示	检查方法	检查内容及标准	隐患定级
25	标准化管理：岗位培训	培训及评估	一般员工安全环保履职能力评估面谈表		人员从安全基本能力、安全领导能力、风险管控能力和应急处置能力等方面进行安全环保履职能力评估，能力满足岗位要求	一般隐患
26	标准化管理：作业标准	制度标准	川庆钻探工程有限公司企业标准 标准化作业程序 钻井液录井作业		录井作业现场有标准化作业程序，并严格执行	一般隐患
			第五章 管理制度 一、生产管理制度		录井作业现场岗位操作有操作规程，并严格执行	一般隐患
			在用文件清单 文件名称 程序文件		录井作业现场有最新的管理制度和记录清单，并及时更新	一般隐患
27		日、周、月活动	每周（月）HSE管理流程		以周、月检查例会为载体，将周、月工作良好做法、存在不足和改进意见融入下周、月工作	一般隐患

第二章 石油钻井 HSE 检查表

续表

序号	检查项	检查点	图示	检查方法	检查内容及标准	隐患定级
28	标准化管理：检查考核	岗位自查			规范开展岗位巡检、交接班检查、日常检查、记分考核，现场险情险兆和隐患问题发现及时、处置得当	一般隐患
29		考核兑现			录井队建立"员工考勤及绩效考核表"，对员工进行日常考核、绩效考核，对于考核结果不达标的工作，应进行分析不达标原因并记录	一般隐患
					录井队建有奖惩台账，记录完整，并具有可追溯性	一般隐患
30	规范化控制	安全经验分享			录井队各种会议前均开展安全经验分享活动，对于分享的事故事件应进行认真分析，查找班组内是否存在同类问题，制订预防性措施，防止同类事件再次发生	一般隐患
31		安全观察与沟通			全员熟悉安全观察与沟通的基本步骤并参与填写安全观察沟通卡（安全预警系统）	一般隐患

- 341 -

续表

序号	检查项	检查点	图示	检查方法	检查内容及标准	隐患定级
32	规范化控制	作业许可	（作业许可清单、作业许可流程图、起重作业许可证图示）	查阅资料	员工清楚现场应办理作业许可的作业类型及项目	一般隐患
				查阅资料	员工清楚作业许可办理申请、内容、审核、审批、监护、延期、关闭等流程及要求	一般隐患
				查阅资料	作业许可票据与作业许可清单相对应	一般隐患
33		工作安全分析	（安装出口流量传感器工作安全分析表图示）	查阅资料	员工清楚开展工作安全分析的意义，清楚高危作业必须开展工作安全分析	一般隐患
				查阅资料	员工能熟练分解具体工作步骤，识别步骤潜在危害，制订相应的控制措施并具体到人	一般隐患

续表

序号	检查项	检查点	图示	检查方法	检查内容及标准	隐患定级
34	规范化控制	作业前安全会			员工了解每次作业任务、存在风险、预防措施、任务分工、应急处置等内容	一般隐患
					进行风险作业前进行安全会	一般隐患
35	规范化控制	上锁挂签			所有检维修作业,对可能造成危险能量和物料意外释放的隔离设施均应上锁或挂签,每项步骤应明确责任人员	较大隐患
					作业完成后,作业负责人确认设备、系统符合运行要求,签字确认后由作业负责人解锁、拆签	较大隐患
36		变更管理			录井队长、大班应能识别变更作业过程中的风险	一般隐患

续表

序号	检查项	检查点	图示	检查方法	检查内容及标准	隐患定级
36	规范化控制	变更管理	变更管理登记表		变更表由上级主管部门进行审批，录井队填写变更情况登记表，清楚变更管理规范、变更原因、目的、内容、技术要求、实施过程中的风险、风险控制措施及同类事故案例	一般隐患
					变更实施分类管理，执行变更管理程序，同类替换由作业部审查后组织实施	一般隐患

四、钻井液作业队 HSE "三标一规范" 验收表

钻井液作业队 HSE "三标一规范" 验收表见表 2-13。

表 2-13 钻井液作业队 HSE "三标一规范" 验收表

隐患分级：危害因素：62条　一般隐患：70条　较大隐患：17条　重大隐患：0条

序号	检查项	检查点	图示	检查方法	检查内容及标准	隐患定级
1	钻井液实验室	整体布局			①实验室内部整洁，按照图示进行布局	危害因素
					②"作业队及员工简介""区域管理责任""钻井液作业队工作职责""岗位责任制""实验仪器操作规程""实验室试剂风险识别与控制措施"标识牌固定在钻井液室操作台正上方，左右居中，端正平齐	危害因素

续表

序号	检查项	检查点	图示	检查方法	检查内容及标准	隐患定级
1		整体布局			③营房进行接地，接线处固定牢固、接地线无破损	一般隐患
					④白色野营房吊点设置在营房底部，无锈蚀、裂纹，进行了红色醒目标识	一般隐患
2	钻井液实验室	实验仪器			①实验仪器完好、清洁，在实验操作台上从左到右依次整齐摆放在黄色临边线以内	危害因素
					②未使用仪器处于断电状态	危害因素
3		玻璃器具			①滴定管、移液管等玻璃计量器具完好、无破损，有校准记录；校准证书等资料保存完整	危害因素
					②滴定管放置在滴定架，量筒等玻璃器具放置在专用存放架上	危害因素
					③查看川庆计量器具管理平台，系统计量器具信息与实际相符，无报警	危害因素

续表

序号	检查项	检查点	图示	检查方法	检查内容及标准	隐患定级
4		实验试剂		看	①实验试剂酸碱分类、分层存放于试剂柜中，并上锁管理	一般隐患
					②实验试剂安全标签齐全，在有效期内	一般隐患
5	钻井液实验室	硫化氢气体检测仪		看	①进入含硫地层配备硫化氢气体检测仪器	一般隐患
					②硫化氢气体检测仪完好有效，电量满足工作需要，无异常报警，显示数据齐全，与实际值相符	一般隐患
6		防爆对讲机		看	单机平台配备防爆对讲机2部，双机平台配备3部，防爆对讲机电量满足工作需要，与所在钻井队信号波段一致	一般隐患
7		防爆手电筒		看	防爆手电筒清洁，无破损，照明充足，满足工作需求	一般隐患

续表

序号	检查项	检查点	图示	检查方法	检查内容及标准	隐患定级
8		应急药箱			应急药品按HSE作业计划书内要求配备齐全且在有效期内	危害因素
9	钻井液实验室	干粉灭火器检查			①钻井液实验室配备2具2kg干粉灭火器，固定在靠门边的墙上	一般隐患
					②灭火器有合格证、出厂日期、检测日期，在有效期内（自出厂之日起不超过5年）	一般隐患
					③瓶体外观无尘污、损坏，涂层脱落面积不超过瓶体总面积的1/3	一般隐患
					④保险销、铅封完好	一般隐患
					⑤压把使用灵活、无破损	一般隐患
					⑥喷管连接无松动，喷嘴（管）本体无老化、粘连、破损、堵塞	一般隐患
					⑦压力表完好，压力在绿区	一般隐患
					⑧灭火器检查卡每月检查填写，检查信息记录准确、完整	一般隐患
10		应急灯			①实验室内应急灯无破损	危害因素
					②按下测试键，应急灯亮，处于有效状态	危害因素

续表

序号	检查项	检查点	图示	检查方法	检查内容及标准	隐患定级
11		氮气瓶（停用）			①氮气瓶处于停用状态时悬挂"停用"标识牌	危害因素
					②氮气瓶固定牢固	一般隐患
					③气源总阀关闭，气瓶顶部旋盖护帽完好	一般隐患
12	钻井液实验室	氮气瓶（在用）			①氮气瓶处于在用状态时悬挂"在用"标识牌	危害因素
					②氮气瓶固定牢固	一般隐患
					③瓶体外观无尘污、损坏	一般隐患
					④氮气瓶附件连接良好，无松动，管线无老化、粘连、破损	一般隐患
					⑤压力表完好，未使用时指针指向"0"位，检定日期在有效期内	一般隐患
					⑥氮气瓶旁悬挂氮气安全警示标识	一般隐患
					⑦室内通风良好，排风扇无遮挡	一般隐患
13		手工具			手动工具完好无破损，整齐摆放在工具架上	危害因素

第二章　石油钻井 HSE 检查表

续表

序号	检查项	检查点	图示	检查方法	检查内容及标准	隐患定级
14	循环罐区域	循环罐标尺		看	①循环罐标尺灵活，刻度清晰	危害因素
				查阅	②查看各循环罐钻井液数量与坐岗记录，了解钻井液数量增减情况	危害因素
15	循环罐区域	循环罐安全附件		看、摸	①循环罐固定梯子、扶手、栏杆、各出口蝶阀手柄、盖板等安全附件配置齐全、完好	一般隐患
					②循环罐走道畅通，无障碍物，走道板固定牢靠	一般隐患
16		储备钻井液及材料提示牌		看	①"储备钻井液及材料提示牌"用扎带捆绑在循环罐的栏杆上，面向循环罐	危害因素
					②循环搅拌内容填写清晰、完整、与实际相符	危害因素
					③储备钻井液、加重材料、堵漏剂、除硫剂等应急物资符合本井设计要求	一般隐患

续表

序号	检查项	检查点	图示	检查方法	检查内容及标准	隐患定级
17	循环罐区域	"油基钻井液HSE风险识别提示及控制措施"标识牌		目视	油基钻井液使用阶段,将"油基钻井液HSE风险识别提示及控制措施"标识牌用扎带捆绑在循环罐的栏杆上,面向循环罐	危害因素
18	加重区域	加重平台		目视	①加重区域整洁干净,在无栏杆台阶边缘设置10cm宽的黄色警示线	危害因素
					②上料台的梯步固定牢靠	危害因素
					③加重区域所有液体管线连接紧固、密封可靠,无渗漏,标明液体流向	危害因素
					④加重泵上方循环罐的栏杆上悬挂"区域风险告知卡"和"钻井液作业操作风险识别与预防控制措施"标识牌,面向加重房	危害因素
					⑤加重区域张贴有本作业队场所粉尘检测结果报告	危害因素

续表

序号	检查项	检查点	图示	检查方法	检查内容及标准	隐患定级
19		洗眼器			①洗眼器放置在加重房加宽平台上，无遮挡便于取用的地方	危害因素
					②水箱整洁，完好，出水管连接处无破损，出水流畅	危害因素
					③洗眼器水位保持在15min水位线以上，水质清洁，无污染物	危害因素
					④每月至少换一次水，检查表装入胶袋内，挂在洗眼器存水桶提环上，检查时间、检查人填写齐全	危害因素
20	加重区域	加重泵、剪切泵			①加重泵、剪切泵无异响，各部位的螺栓齐全、无松动	一般隐患
					②护罩齐全完整并固定良好，在护罩上用箭头标明旋转方向	一般隐患
					③蝶阀手柄齐全、完整	危害因素
					④加料漏斗畅通，无堵塞	危害因素

续表

序号	检查项	检查点	图示	检查方法	检查内容及标准	隐患定级
20		加重泵、剪切泵			⑤加重泵与控制开关编号对应	危害因素
					⑥电缆插件连接、等电位线连接可靠,无磨损松动	一般隐患
					⑦减速箱润滑油油量位于观察孔1/2~2/3处,油质无乳化变质	危害因素
21	加重区域	重晶石散灰罐			①重晶石散灰罐的压板螺栓紧固	危害因素
					②管线无老化、龟裂、破损,卡箍无松动	危害因素
					③安全阀及压力表连接牢固,在检定有效期内,安全阀泄压口朝向无人通过处	一般隐患
					④张贴操作规程	危害因素
					⑤蝶阀按照操作规程逐一编号	危害因素
					⑥"钻井液材料风险告知"标识牌内容与实际相符	危害因素

续表

序号	检查项	检查点	图示	检查方法	检查内容及标准	隐患定级
22	加重区域	电子秤		👁✋	①电子秤电量不低于50%，充电电源线、数据线各传感接头无破损	一般隐患
					②显示器数值显示正常、准确	一般隐患
23	钻井液材料储存区	液体化工罐		👁✋	①液体化工罐放置在围堰内，区域内清洁无污水，罐体完好，无变形、破损	一般隐患
					②液体化工罐爬梯、护栏、踢脚线、安全链齐全、牢固	一般隐患
					③管道蝶阀、手柄完好无渗漏，各蝶阀按流程图编号，用箭头标明流向	危害因素
					④进液口未使用时使用专用密封盖封堵	危害因素
					⑤罐体上用①②③④分别对应4个储液仓编号，罐内盛装的液体材料的"钻井液材料风险告知"标识塑封后卡于罐体对应卡槽内	危害因素
24		基液罐		👁✋	①基液罐放置在围堰内，区域内清洁无污水，罐体完好，无变形、破损	一般隐患
					②基液罐爬梯、罐上护栏、踢脚线、安全链齐全、牢固	一般隐患
					③管道蝶阀、手柄完好无渗漏	危害因素
					④在罐体醒目位置张贴"严禁烟火""Ex"和"必须消除静电"标识	危害因素
					⑤基液罐爬梯入口处设置静电释放器，静电释放器测试绿灯正常、固定牢靠	一般隐患

续表

序号	检查项	检查点	图示	检查方法	检查内容及标准	隐患定级
25	钻井液材料储存区	钻井液材料房		看、摸	①钻井液材料库房房架牢靠、篷布完好无破损，区域内清洁无杂物，材料房安全通道畅通。通道标识为绿色，宽度不小于50cm；边界为黄色实线，宽度为10cm	危害因素
					②醒目位置悬挂"常用钻井液材料风险识别与预防控制措施"和"规范码放先进先用"标识	危害因素
26		钻井液消防区		看、摸	①钻井液材料房外放置两具8kg干粉灭火器，放置在灭火器箱中	一般隐患
					②灭火器有合格证，出厂日期、检测日期在有效期内（自出厂之日起不超过5年）	一般隐患
					③瓶体、外观无尘污、损坏，涂层脱落面积不超过瓶体总面积的1/3	一般隐患
					④保险销、铅封完好	一般隐患
					⑤压把使用灵活，无破损	一般隐患
					⑥喷管连接良好无松动，喷嘴（管）本体无老化、粘连、破损、堵塞	一般隐患
					⑦干粉灭火器检查压力表完好，压力在绿区	一般隐患
					⑧灭火器检查卡每月检查填写，检查信息记录准确、完整	危害因素

续表

序号	检查项	检查点	图示	检查方法	检查内容及标准	隐患定级
27	钻井液材料储存区	钻井液材料存储			①钻井液材料包装完整，标识清楚且在有效期内；产品合格证、安全技术说明书、检测报告资料齐全，信息一致	危害因素
					②分类码放整齐，标识清晰，注明名称、规格型号、数量，标识牌放置在钻井液材料上方醒目处，标注信息与实物相符	危害因素
					③钻井液袋装材料单列堆放层高不超过1.2m，多列堆放层高不超过2m，桶装料高度不超过2桶	一般隐患
					④材料房外的材料整齐码放在托盘上，用篷布遮盖严密	危害因素
28		烧碱存储区			①烧碱（氢氧化钠）存放在材料房统一配置的专用储存架内，采取防水防潮措施；实行双人双锁管理	较大隐患
					②烧碱储存架固定在材料房内，上方悬挂"钻井液材料风险告知"和"危险化学品（氢氧化钠）安全警示标志牌"	一般隐患
29		废包装物存放房			①废旧包装房棚架、篷布完好，下垫防渗胶垫，防雨、防渗，设置"一般固体废物"标识	危害因素

续表

序号	检查项	检查点	图示	检查方法	检查内容及标准	隐患定级
29	钻井液材料储存区	废包装物存放房		眼看	②废旧包装物存放在废弃包装存放点内，废包装打捆整齐码放	危害因素
30		储备罐基础		眼看	①储备罐放置在围堰内，所有罐围堰无垮塌、破损；基础无沉降、无开裂	一般隐患
					②区域内沟渠畅通，清洁无污水	危害因素
31		储备罐区域 储备罐体及防护设施		眼看 手摸	①储备罐罐体完好，无变形、裂纹、破损	一般隐患
					②管道蝶阀、手柄完好无渗漏	危害因素
					③扶梯、罐上护栏、踢脚线、安全链齐全、牢固，罐面无人作业时保留一个不临边进出口不挂防护链	一般隐患

无人作业时保持一进出口通畅

续表

序号	检查项	检查点	图示	检查方法	检查内容及标准	隐患定级
31	储备罐区域	储备罐体及防护设施			④每个储备罐正面右上方设置"罐号、密度、数量"标识，罐内储备加重钻井液的数量、密度等性能符合设计要求，与标识牌标识信息一致	一般隐患
32		储备罐搅拌器			①搅拌器与控制开关对应编号	危害因素
					②搅拌器无异响，各部位的螺栓齐全、无松动	一般隐患
					③搅拌器护罩齐全完整并固定良好，在护罩上用箭头标明旋转方向	一般隐患
					④电缆插件连接、等电位线连接可靠，无磨损松动	一般隐患
					⑤减速箱润滑油油量位于观察孔1/2～2/3处，油质无乳化变质	危害因素
33		应急池			①储备罐应急池临边处设置警示线或警示带	一般隐患
					②应急池内积水不高于30cm	一般隐患
34		转浆罐			①转浆罐放置在围堰内，围堰无垮塌、破损，围堰内无杂物和积液	危害因素
					②罐体完好，无变形、裂纹、破损	一般隐患

续表

序号	检查项	检查点	图示	检查方法	检查内容及标准	隐患定级
34	储备罐区域	转浆罐			③管道蝶阀、手柄完好无渗漏，进液管线畅通，无堵塞	危害因素
					④转浆泵无异响，各部位的螺栓齐全、无松动	危害因素
					⑤转浆泵护罩齐全完整并固定良好，在护罩上用箭头标明旋转方向	一般隐患
					⑥转浆泵电缆插件连接、等电位线连接可靠，无磨损松动	一般隐患
					⑦转浆泵减速箱润滑油油量位于观察孔 1/2～2/3 处，油质无乳化变质	危害因素
35	标准化操作	劳动防护用品配置及管理			①现场配置防尘口罩、防护眼罩、耐酸碱手套、防护服等满足职业卫生防护需要的劳动防护用品	危害因素
					②安全帽无破损、变形，在有效期内（生产之日起 30 个月内有效）	较大隐患

第二章　石油钻井 HSE 检查表

续表

序号	检查项	检查点	图示	检查方法	检查内容及标准	隐患定级
36	标准化操作	劳动防护用品使用			①员工熟悉劳动保护用品的穿戴和使用要求，进入属地作业现场人员正确穿（佩）戴和使用劳动防护用品	一般隐患
					②非全日制用工进入属地作业现场应穿戴蓝色安全帽、反光背心、长袖长裤和平底鞋（禁止穿拖鞋、凉鞋入场）	一般隐患
					③普通钻井液材料加料作业，除按入场劳保穿戴要求外，还应佩戴防尘口罩、防护眼罩等劳动防护用品	一般隐患
					④烧碱、氧化钙加料作业除按入场劳保穿戴要求外，还应穿戴好防护服、耐酸碱手套、防护眼罩、防尘口罩等劳动防护用品	一般隐患

续表

序号	检查项	检查点	图示	检查方法	检查内容及标准	隐患定级
37	标准化操作	操作规程			①现场能查阅到有效的操作规程	一般隐患
					②岗位员工掌握实验仪器、现场设备的操作规程及标准化作业程序内容并能熟练操作	一般隐患
38	标准化管理	资料存放			①生产管理、QHSE资料分类、统一放在办公桌或实验台右端墙角位置	危害因素
					②各项资料内容齐全、完整、准确	危害因素
39		资质证件			①钻井液作业队队长、大班持井控证、硫化氢证、HSE证，证件在有效期内	较大隐患
					②钻井液工持硫化氢证、HSE证，证件在有效期内	较大隐患

续表

序号	检查项	检查点	图示	检查方法	检查内容及标准	隐患定级
40	标准化管理	员工培训和非全日制用工安全培训			①新入厂员工、转岗、离岗六个月以上重新上岗者进行班组级培训，有培训记录	较大隐患
					②员工QHSE培训记录包括培训时间、内容、参加人员及考核结果，内容齐全、完整、准确	危害因素
					③非全日制用工入场进行入场HSE提示，开展作业前进行安全教育培训，并记录培训人、监护人、工作任务、作业人身体状况、作业人到场签字、作业人离场签字，内容齐全、完整、准确	一般隐患
41		生产运行管理			核实井浆性能，井浆性能满足钻井设计要求	较大隐患
42		钻井液转运管理			对转入转出钻井液实施联单管理，核定转入转出钻井液、车辆准载等信息并准确记录	一般隐患

续表

序号	检查项	检查点	图示	检查方法	检查内容及标准	隐患定级
43		固体废物处置			一般工业固体废弃物按规定交具备资质和能力的处理机构处置；建立固体废物管理台账，内容完善、准确，并动态更新	一般隐患
44	标准化管理	岗位检查及隐患（问题）整改			钻井液作业队人员开展"日周月"检查，各级检查发现隐患得到整改，不能立即整改完成的制订防控措施	一般隐患
45		应急处置方案和应急演练记录			①现场应急处置方案按程序上报审批，并保存审批 ②按HSE作业计划书应急演练计划开展演练，并规范记录时间、地点、参加人员、演习内容、演习评价；按照属地方要求参加钻井队井控和防喷等应急演练并在演习后签字确认	一般隐患 较大隐患
46		安全文化建设			建立安全文化阵地，公示应急电话、井控报警信号识别和近期重要工作安排等信息	危害因素

续表

序号	检查项	检查点	图示	检查方法	检查内容及标准	隐患定级
47	作业计划管控			查阅	①每口井按实际编写HSE作业计划书和施工预案，识别风险并制订控制措施	较大隐患
					②HSE作业计划书和施工预案按程序上报审批，并保存审批记录	较大隐患
					③将HSE作业计划书和施工预案对员工进行交底和宣贯	较大隐患
48	风险防控	变更管理		查阅	①当出现新项目、新方法、新工艺、新技术、新材料、新设备设施、新作业场所时，应进行变更管理。重新对危害因素和风险进行辨识、评估，制订相应风险控制措施	较大隐患
					②对有关人员进行变更风险控制措施的教育培训，员工知晓变更风险控制措施并严格落实	较大隐患

续表

序号	检查项	检查点	图示	检查方法	检查内容及标准	隐患定级
49	风险防控	作业许可			①更换海底阀等确定的作业许可项目全部办理有效作业许可证，按规定进行工作前安全分析，风险识别全面、准确	较大隐患
					②依据识别的风险落实能量隔离、上锁挂签、吹扫置换、气体检测等风险防控措施	较大隐患
					③作业批准人组织对工具设备、人员资质、作业监护、风险防控措施进行书面审查和现场核查	较大隐患
					④作业过程严格按照许可的范围、期限等规范作业，超出期限按规定办理作业许可延期	较大隐患
					⑤作业完成时对现场进行清理、恢复；申请人和批准人签字关闭作业许可票证，票证填写规范	较大隐患

第三章 钻井现场事故隐患风险分级标准

第一节 通 用 部 分

一、危害因素

(1) 配电箱与箱门无 PE 线连接，或 PE 线松动、断开。

(2) 配电箱内开关、绝缘隔板等固定不牢固。

(3) 配电箱、开关箱内有杂物。

(4) 配电室内无绝缘手套、无湿度计、温度计。

(5) 配电室通风不良。

(6) 电控柜（箱）前工作面未设置大于 $1m^2$ 绝缘胶皮，厚度不足 3mm。

(7) 电控柜（箱、盒）控制对象及开关状态未标识或标识不清或与实际不符。

(8) 电控柜（箱）变形，合页、门锁损坏，日常未处于关闭状态。

(9) 电控柜（箱）"当心触电"标识缺失。

(10) 设备设施总等电位接地、局部等电位连接、辅助接地不完整牢靠。

(11) 接线端子未压实、螺母未紧固。

(12) 压紧螺栓及接线端子未涂金属防锈漆（银粉）。

(13) 电缆在穿越易受机械损伤、介质腐蚀场所时无防护套管，无衬垫防止摩擦措施，电缆线龟裂老化。

(14) 电缆卡箍衬套缺失、松动。

(15) 管道泵电动机及灯具电缆断接。

(16) 接线板及控制线固定松动。

(17) 用电设备设施无防潮措施。

(18) 压力表的表盘朝向不便于人员观察。

(19) 压力表表盘被钻井液或油污等覆盖，表面不清晰。

(20) 压力表硅油缺失或油量低于标准值。

(21) 压力表检测、检定标签缺损或模糊不清。

(22) 储气瓶分离的液体未按时排放。

(23) 气瓶存储间通风不良。

（24）工具摆放凌乱、未定置摆放。

（25）废弃材料配件未分类集中存放。

（26）设备上放置工具和零部件等物品。

（27）实验室操作台器皿、工具使用后未收捡、归类存放。

（28）工作场所有杂物，或杂物阻挡通道。

（29）锂电池插针未装绝缘帽、未装入防潮包装箱。

（30）铁锹、撬杠、手锤、滑轮、引绳等手工具损坏。

（31）手工具存在开裂、保护层掉块或缺失等缺陷。

（32）手锤手柄用铁棒、钢丝绳等代替。

（33）露天材料、油桶堆放凌乱，未下垫上盖。

（34）照明设施故障、损坏。

（35）照明设施光线不足或过强。

（36）照明控制开关不灵敏。

（37）应急照明设施配备不全。

（38）应急照明设施未使用专线控制。

（39）现场作业未明确紧急集合点、逃生路线。

（40）应急集合点风向标未安装。

（41）风向标颜色不醒目。

（42）风向标转动不灵活。

（43）风向标安装位置不便于远处观察。

（44）风向标破损。

（45）应急装备未按规定摆放。

（46）应急担架存在缺陷、损坏。

（47）应急担架存放位置不便于取用。

（48）洗眼器损坏、洗眼液水质不达标、未定期更换或不足。

（49）速差自控器未使用时防坠落钢丝绳（织带）不能收回壳体内。

（50）速差自控器高空安置未设置牵引绳。

（51）特殊作业区域隔离警示不全。

（52）高电压房周围边界1m范围外安装防护围栏。

（53）排污管线连接不牢、刺漏或破损。

（54）油、液、气管线破损、刺漏或堵塞。

（55）液压管线备用端头无保护措施。

（56）传感器接头无防水防尘等防护措施。

（57）低压管汇接头、阀门、管线渗漏，阀门手柄缺损或附件不齐。

（58）操作平台放置不平稳。

（59）梯子踏板不平整牢靠，梯子扶手变形、损坏、安装不牢靠。

（60）梯子扶手两端右侧未设置"请抓好扶手"标识。

（61）灭火器材摆放位置不明显，不便于取用，或被其他物品遮挡或堆压。

（62）消防水管线渗漏或喷头密封圈缺失。

（63）消防水龙带的存放和盘卷方式不便于使用。

（64）消火栓出水方向未向下或与垂直面呈90°角。

（65）消火栓、水枪和水龙带不符合规格或规格不匹配。

（66）消防器材消防标识缺失或不符合规定。

（67）灭火器喷管松动或出现裂纹。

（68）消防泵及水龙带无防晒防淋措施。

（69）燃油消防泵燃油量少于油箱的2/3。

（70）燃气泄漏报警装置未进行年度检验，出现故障。

（71）清污不能完全分流或未分流。

（72）雨棚或落水管破损，功能失效。

（73）排水沟、污水沟不畅通。

（74）噪声超标无控制措施。

（75）废液无分类收集、处理措施。

（76）作业区域油污未及时清理。

（77）未设置职业病危害公告栏或公告栏内容不全。

（78）健康监测设施损坏或失效。

（79）健康档案缺失，员工健康档案没有"一人一档"。

（80）食堂未划分"生食区"与"熟食区"，生熟混放。

（81）食堂生熟菜刀菜板未分类、未标识。

（82）食堂炊具未及时消毒。

（83）留样食品未存放于食品留样柜内，无记录或记录不全。

（84）食堂炊事员健康证缺失或未张贴公示。

（85）劳保保护用品出厂合格证、检验合格证、安全标识等信息缺失或不全，安全帽等护具未在有效期内。

（86）劳动保护用品发放无记录或记录不全。

（87）现场急救药品配备不足、药物过期。

（88）急救箱内无药品清单。

（89）急救箱内药品与清单不一致，未及时更新。

（90）计量器具失效、校准证书等资料保存不完整或无校准记录。

（91）计量标识缺失或刻度不清。

（92）场内机动车辆各保养点未按照保养周期进行保养。

（93）场内机动车辆保养牌未按照保养周期进行更新。

（94）装载机保养牌脱落或损坏。

（95）围堰未设置、围堰不齐或破损。

（96）围堰土工膜不全或破损。

（97）水罐设备设施围堰距离底座边沿小于0.5m。

（98）雨棚或落水管破损，功能失效。

（99）清水边沟、场内边沟不畅通。

（100）柴油机、发电机噪声超标对周边造成影响。

（101）作业现场有恶臭。

（102）防爆排风扇配备数量不符合规定。

（103）防爆排风扇功率不符合规定。

（104）防爆排风扇摆放位置和朝向不符合规定。

（105）防爆排风扇电源开关未标识控制对象。

（106）防爆排风扇电源线接头不防爆。

（107）防爆排风扇电源线无保护措施。

（108）防爆排风扇电源线破损。

（109）柴油机排气管破损。

（110）柴油机排气管无喷淋装置或喷淋装置不能正常使用。

（111）柴油机排气管出口烟气影响区内有易燃物。

（112）汽车起重机水平仪、液位仪被污垢覆盖。

（113）汽车起重机停放就位后，吊钩未绷紧固定。

（114）设备设施黄油嘴缺失或损坏。

（115）设备设施护罩网眼不符合设计要求。

（116）设备试运行异响，通风处有遮挡物。

（117）设备铭牌、设备管理卡、保养牌、操作规程未设置、设置不全或褪色模糊脏污。

（118）设备设施、工具器皿等不清洁。

（119）设备设施、物资、工具等实物与清单不符。

（120）设备设施操作规程未在醒目位置张贴。

（121）非"三承件"连接螺栓未紧固，或紧固到位后螺杆余扣不符合规范。

（122）危险化学品安全标签、安全警示标志牌缺失或不合规。

（123）车间大门处未设置有明显的限高、限宽标识。

（124）远程呼救报警仪指示工作异常，异常报警。

（125）作业区域护栏不全。

（126）吊装作业指挥、监护人员无明显标志。

(127)作业场所温度、湿度超出限值。
(128)营房窗户撑杆弯曲、缺失或用铁丝等拴挂。
(129)空气呼吸器、气体监测仪检查记录缺失。
(130)踏板单阶高差超过30cm。
(131)脚踏板变形、损坏。
(132)脚踏板未完全抽出。
(133)空调固定框架变形、断裂。
(134)灯杆固定不牢靠、变形。
(135)设备设施润滑(油)脂变质(以油品检测仪检测结果为准)。
(136)设备设施润滑油油量不足或过多。
(137)设备油腔内有杂质。
(138)手摇报警器未放置在前场中心。
(139)应急疏散指示灯(牌)配置不足、安装位置不当或失效。
(140)作业区域无应急灯或应急灯失效。
(141)应急照明设施损坏或不全。

二、一般隐患

(1)电源线老化、龟裂、破损或裸露。
(2)电线在穿越建筑物、构筑物、道路、易受机械损伤、介质腐蚀场所时未设置防护套管。
(3)电缆线接头未错位连接,电缆中间接头裸露、松动、埋于地下。
(4)电气线路与其他设备摩擦无隔离防护。
(5)绝缘胶皮破损或浸泡在积水、泥浆、油污等中。
(6)电缆线敷设不整齐、交叉缠绕、挂磨、绷紧或不牢靠,未使用专用扎带捆扎。
(7)井场电路电缆敷设地埋电缆深度小于0.3m。
(8)电气设备设施各线路排列不整齐,缠绕、打结等。
(9)电缆线与油气管线、信号线混铺。
(10)电缆线进出线口不密封。
(11)电缆线槽沿及棱刃处未加衬垫。
(12)电缆线、电源线规格与用电设备负载不匹配。
(13)电缆在设备设施上过棱角处未设置绝缘套或绝缘套不可靠。
(14)电缆有发烫、烧熔现象。
(15)电力线路未采用防油橡胶电缆(YCW)。
(16)电缆在设备设施上固定时未避开高温、高压及能量释放位置。
(17)电气插座、开关质量不合格、发黑、老化、破损或有缺陷。

（18）电源进线从户外配电箱顶部进入。

（19）电控柜、设备电动机等外壳损坏、绝缘失效、固定螺栓不齐。

（20）防爆电气设备的铭牌、防爆标志、警告牌不全、模糊。

（21）电控柜（箱、盒）开关、按钮损坏或缺失。

（22）电控柜（箱、盒）指示灯不亮，不能正常使用。

（23）电控柜（箱、盒）前工作面绝缘胶皮未摆放在人员操作位置。

（24）电控柜（箱、盒）接线一孔多线。

（25）配电箱、开关箱安装固定不牢固。

（26）固定式配电箱、开关箱下低于地面的中心距离不足 1.4～1.6m。

（27）移动式配电箱、开关箱下低于地面的中心距离不足 0.8～1.6m。

（28）移动式配电箱、开关箱未装设在坚固、稳定的支架上。

（29）用电设备金属外壳未接地保护。

（30）接地极埋设深度不够，接地电阻不符合要求。

（31）漏电保护装置缺失、异常或失效。

（32）Ⅰ类手持式电动工具无接地接零。

（33）开关箱未设置断路器（熔断器）和漏电保护器。

（34）总开关未经二级或三级分路开关直接控制运行设备。

（35）临时用电不符合"一机一闸一保护"。

（36）手持电动工具护罩不全，绝缘保护层掉块、脱落，无双重绝缘标识、无 3C 认证标识。

（37）行灯电源电压超过 36V，灯泡外部无保护罩。

（38）双电源供电无联动自锁操作开关。

（39）电气设备设施停用后未断电。

（40）防爆区内电源插座、电源线接头不防爆。

（41）防爆开关箱进出线开口处未做防爆封堵。

（42）临时架空线路不符合规范。

（43）同一个控制开关控制两台及以上用电设备。

（44）施工作业点、作业棚、生活设施、油罐或堆放构件场所等处于外电架空线路正下方，隔离防护不到位，未使用专用电杆，或安全距离不符合规定。

（45）发电机组电源未与外电线路电源联锁，线路并列运行。

（46）井口 30m 范围内电缆连接未用防爆接线盒、端子破损、螺钉不全。

（47）井口 30m 范围内电缆连接有破口。

（48）井口 30m 范围所用防爆接线盒固定不牢靠。

（49）易燃易爆区域内燃机排气管未配置防火罩或灭火装置，电缆连接不防爆。

（50）易燃易爆物品未分类存放或安全间距不足。

（51）防爆电气设备的铭牌、防爆标志、警告牌不全、不清晰，外壳有裂纹或损伤，固定螺栓不全。

（52）电气设备控制开关绝缘壳（绝缘板、绝缘手柄）缺失或损坏。

（53）现场主要金属构件无可靠防雷接地通道，引下线机械损伤、断裂及严重锈蚀现象。

（54）防爆设备铭牌上标注的防爆等级低于 ExdⅡBT4 标准。

（55）防爆设备铭牌上标注的外壳防护等级低于 IP54 标准。

（56）防爆设备电机接线盒进出线防爆格兰不密封，压盖垫子缺失。

（57）防爆区域使用非防爆照明指示灯或其他非防爆电气设备。

（58）线路负载未均衡分配、分路控制。

（59）井场主体设备及外围用电设备与底座之间未采用局部等电位连接。

（60）井场设备底座与底座之间未采用辅助接地连接。

（61）接地线截面积不符合要求（铜芯不短于 25mm^2，铝芯不短于 35mm^2），绝缘层破损。

（62）接地桩（铜棒不短于 ϕ20mm、厚壁镀锌管不短于 ϕ30mm）存在锈蚀、变形。

（63）总等电位接地桩每组少于 3 根串联，单根间距不在 1～1.5m，未外露 0.1～0.15m。

（64）移动用电设备未单独接地。

（65）信号放大器撑杆使用铁质管具且与房体直接连接。

（66）移动用电设备、工具接地桩埋深小于 0.6m。

（67）接地桩未采用浇盐水措施降低电阻。

（68）电气设备接地不良或未接地。

（69）航空插头及插座损坏，固定不牢靠。

（70）航空插头及插头座螺纹未旋紧。

（71）航空插头连接有松扣、退针。

（72）场所、设备设施防雷、防静电措施失效。

（73）设备设施工作状态的气压、油压、电压等技术参数不符合标准。

（74）设备设施开关状态与运行状态不符。

（75）设备设施严重变形、锈蚀。

（76）设备设施配套附件缺失、失效。

（77）设备设施固定连接螺栓缺失或未紧固，或固定螺栓上端无并帽、下端螺纹未完全旋入。

（78）设备设施或附件固定缺失、不全或固定不牢。

（79）设备设施高压部位刺漏或渗漏。

（80）设备设施控制手柄或操作杆缺失、断裂或变形。

（81）设备设施传动、运转部件、旋转部位等防护罩（网）破损、变形、固定不牢或使用铁丝等代替，安全距离不够。

（82）"三承"（承压、承载、承扭）设备设施连接、固定不牢。

（83）设备设施拉筋或连接销子缺失、变形或移位。

（84）设备设施连接销子未穿别针或使用铁丝代替。

（85）设备设施静止或停用时，刹车未处于锁止状态。

（86）设备设施动力传动皮带破损严重。

（87）设备设施传动皮带抽线、扭转、打滑，过紧或过松。

（88）设备设施高压、旋转部位无安全标识或隔离措施。

（89）设备设施法兰、活接头等连接固定不牢或松动。

（90）装载机动作臂液压缸变形。

（91）装载机液压管线及接头未紧固、不密封，有渗漏。

（92）装载机铲斗牙缺失或固定不牢。

（93）装载机连接销及止退片不齐全。

（94）装载机抓管器有裂纹或未定期探伤。

（95）装载机吊臂、专用吊钩有裂纹。

（96）装载机轮胎龟裂或破损。

（97）装载机、叉车、挖掘机安全防护设施（倒车雷达、倒车影像、倒车蜂鸣器、倒车声光报警灯、夜间示廓灯）缺失或失效。

（98）装载机转向灯、制动灯、前照灯、倒车灯等故障或损坏。

（99）装载机轮胎气压不足。

（100）汽车起重机大小钩有裂纹，断面磨损超10%或扭曲变形。

（101）汽车起重机大小钩保险片变形，回弹性失效。

（102）汽车起重机吊钩的开口度超过公称尺寸的15%。

（103）汽车起重机支腿盒裂纹。

（104）汽车起重机支腿漏油。

（105）汽车起重机支腿操作手柄变形。

（106）汽车起重机旋转马达护齿罩破损。

（107）汽车起重机滑轮磨损。

（108）汽车起重机排绳器失效，滑轮缺损、破裂。

（109）汽车起重机主绳末端楔座松动，主绳末端绳夹缺失或失效。

（110）汽车起重机卷扬钢丝绳排列错乱。

（111）汽车起重机主绳穿绳倍率不符合规定。

（112）汽车起重机钢丝绳断丝、断股、磨损超标、变形等。

（113）汽车起重机钢丝绳卡与绳径不符、绳卡间距或绳卡固定方向等不符合标准。

（114）汽车起重机吊索具信息缺失或存在缺陷。

（115）汽车起重机吊索具超规定年限未报废。

（116）汽车起重机钢丝绳无铭牌或标识不清楚，未进行（绿、蓝、红）着色管理。

（117）汽车起重机水平仪、液位仪缺失或失效。

（118）汽车起重机转盘锁止插销、支腿锁销未插或缺失。

（119）汽车起重机三色灯破损。

（120）汽车起重机吊臂作业范围与带电线路安全距离不足。

（121）汽车起重机滑轮磨损。

（122）汽车起重机第三方检测机构出具的上车检验报告超过有效期。

（123）吊带破损。

（124）设备吊耳、吊点存在缺陷或不符合要求、未标识或标识不全。

（125）吊装警戒范围区设置不规范（未超过吊臂回转范围）。

（126）钢丝绳卡与绳径不匹配、绳卡间距或绳卡固定方向不符合标准。

（127）钢丝绳卡距不足 6 倍绳径。

（128）钢丝绳卡鞍马座未坐于主绳。

（129）$\phi 20mm$ 及以下钢丝绳绳卡不足 3 个。

（130）$\phi 20\sim 25mm$ 钢丝绳绳卡不足 4 个。

（131）$\phi 25mm$ 以上钢丝绳绳卡不足 5～7 个。

（132）钢丝绳绳卡松动。

（133）钢丝绳绳卡间距不均匀。

（134）吊索具信息无产品合格证或标志标牌。

（135）井架、作业机等起升大绳与物件直接摩擦，未设置防磨措施。

（136）电热板、开关、插座、漏电保护器等损坏。

（137）照明线路走线穿管时管口绝缘护套破损。

（138）照明设施控制开关未分区控制。

（139）走线穿管时管口绝缘护套不完整。

（140）充气泵故障，不能正常运转。

（141）充气泵零部件未紧固，有变形、损坏。

（142）充气泵专用润滑油油质、油量不符合要求。

（143）充气泵油滤、空滤有杂物。

（144）充气泵电缆、航空插头连接不牢靠或有损坏老化。

（145）消防产品不合格或不能正常运行。

（146）消防设施、灭火器材未挂牌管理。

（147）消防泵及水龙带未设置在水罐前开阔处。

（148）消防泵不能正常启动。

(149）消防泵配置的 ϕ65mm 水龙带不足 100m。

(150）消防泵配置的 ϕ19mm 消防枪头不足两支。

(151）消防泵配置的 ϕ19mm 消防枪枪头损坏。

(152）消防泵快速接口密封圈破损、缺失。

(153）灭火器类型不符合场所的危险等级，保护距离不满足要求。

(154）灭火器未离地设置或底部离地面不足 0.08m、顶部离地面高度大于 1.50m。

(155）灭火器使用超过有效期限。

(156）灭火器瓶体锈蚀、有划痕损伤等。

(157）灭火器保险销铅封损坏。

(158）灭火器喷管龟裂。

(159）灭火器放置位置不便取用。

(160）灭火器室外放置，无防晒防淋措施。

(161）灭火器放置在潮湿、腐蚀性、强辐射、强光、强热环境。

(162）灭火器放置在小于 -10℃或大于 45℃的环境下无有效防护措施。

(163）灭火器放置点无标识或标识未在醒目位置。

(164）二氧化碳灭火器实际重量小于初始重量 5%。

(165）室外消火栓未按要求进行维护保养。

(166）室外消火栓泄漏。

(167）消防水池蓄水不足。

(168）车载灭火器材缺失或失效。

(169）防火门、防火卷帘损坏或变形，不能正常关闭。

(170）灭火器压力不足或超压。

(171）消防器材配置种类、数量不足、过期或损坏。

(172）排烟烟道、送风通道不畅、堵塞。

(173）风机不能正常启动，送风阀、排烟阀不能打开。

(174）电热板上方及周围放置易燃物品。

(175）直梯未延伸至到达面护栏的高度，笼箍不全、变形、断裂。

(176）固定式直立梯固定不牢，梯步存在不全、开裂、变形等缺陷。

(177）梯子架设不稳定、坡度不合适、两端出口通道不畅。

(178）梯子、脚踏板等防滑条缺失、破损。

(179）梯子变形、锈蚀、断裂，或固定不牢。

(180）梯子未安装到位。

(181）梯子与水平面角度超过 60°。

(182）生产水罐外部攀爬梯有变形、断裂现象。

(183）房外攀爬梯断裂、变形。

(184）高于 1.2m 的通道或平台未安装护栏，在可能使用工具或物品的平台、通道或工作面的无踢脚板。

(185）防护栏杆缺保险别针、防护链未挂齐全，护栏之间连接不牢靠、栏杆变形、锈蚀、开裂，踢脚板上下高度不符合要求。

(186）护栏缺失或用绳索代替护栏。

(187）作业面孔、坑、洞长边尺寸大于 25mm 未进行防护。

(188）易倾倒、滚动的物体未采取防倾倒或滚落措施。

(189）车辆跨越管线处未安装过桥板或其他保护措施。

(190）火种盒、防火罩缺失。

(191）火罩损坏不能使用。

(192）劳动保护用品超期或存在缺陷未更换。

(193）在用安全带破损、割裂、腐蚀，安全带缓冲包、尾绳、挂钩、自动锁扣、连接扣和调节件等部件损坏或缺失。

(194）安全带、速差自控器、攀升保护器等防护设备设施非合格厂家生产。

(195）在用安全带、速差自控器、攀升保护器等防护设备设施不符合现行标准。

(196）在用安全带、速差自控器、攀升保护器等防护设备设施过期。

(197）在用安全带、速差自控器、攀升保护器等防护设备缺陷，不能正常使用。

(198）安全带 D 型环变形和损坏。

(199）安全带尾绳散股或破损。

(200）安全带尾钩变形、损伤、自锁装置失效、封闭不全。

(201）速差器未设置在大支架最高处。

(202）安全带无检查记录，安全带或尾绳厂家生产执行标准不符合规定。

(203）无个体防护装备或装备过期失效。

(204）正压式空气呼吸器气瓶阀开关不灵活或有滑丝现象。

(205）正压式空气呼吸器面罩、背架、气瓶破损。

(206）正压式空气呼吸器减压阀、呼吸阀不灵敏。

(207）正压式呼吸器压力不足。

(208）气体监测仪电量不足。

(209）气瓶回火阀失效。

(210）气瓶软管连接卡扣松动，气瓶的管线龟裂，气瓶软管颜色未区分。

(211）气瓶放在热源直接辐射、易受电击或物体打击的地方。

(212）氧气瓶、乙炔气瓶混装、混放。

(213）手摇报警器阻卡不灵活。

(214）手摇报警器手摇柄断裂。

(215）手摇报警器位置摆放不合理，不便操作。

（216）手摇报警器固定架高不足 1.3m。
（217）手摇报警器无防水防尘措施。
（218）切割机操作手柄无控制开关或开关失效。
（219）切割片磨损超标、破损、固定松动，护罩不全。
（220）手摇葫芦护罩缺失或变形。
（221）手摇葫芦链条、吊钩、锁舌等有缺陷。
（222）设备铭牌、设备管理卡、保养牌、操作规程未避开运转部位。
（223）电源控制开关未标识控制对象。
（224）管道、阀门手柄（手轮）未标识或标识错误（控制对象、管线流向）。
（225）入场须知、安全警示、安全告知牌、逃生路线图等缺失、不全或不规范。
（226）高处作业工具未配置防掉绳和工具袋。
（227）高处遗留未固定的物品。
（228）高空设施未按规定设置防脱保险绳（链）。
（229）危险化学品未按规定存放、处置。
（230）危险化学品使用、处理记录不全或与实际不符，台账信息未更新或缺失。
（231）危险化学药品储存柜未上锁管理，剧毒化学品未双人双锁。
（232）危险化学品储罐连接部位有渗漏。
（233）危险化学品安全技术说明书缺失。
（234）化学试剂标识不清晰、酸碱未分开。
（235）化学试剂柜锁具损坏。
（236）化学药品用量与台账不相符。
（237）化工材料无安全使用技术说明书（MSDS）或不全。
（238）物料分类未分区码放，码垛高度超过 2m，桶装及吨包化工料码放超过 3 层。
（239）可能发生相互反应的物料混放。
（240）库房物品未分类存放。
（241）作业现场应急处置材料不齐全或失效。
（242）防洪防汛设施有缺损。
（243）防洪防汛设施物资不齐全。
（244）紧急集合点未设置或设置不全。
（245）紧急集合点处于井口下风向。
（246）紧急集合点附近 10m 内有易燃易爆物品。
（247）油罐、储备罐等无呼吸阀、呼吸阀不畅通或损坏。
（248）作业活动场所"脏、乱、差"。
（249）有效防渗措施上设备设施沾染钻井液或油污。
（250）生活垃圾暂存设施未采取有效防雨防渗措施。

(251) 材料、油桶堆放凌乱，未下垫上盖。

(252) 排污管线连接不牢、刺漏或破损。

(253) 清水边沟沉降、开裂、破损或不防渗。

(254) 重点区域无防雨、防渗措施或防雨、防渗措施不满足要求。

(255) 易污染区围堰不齐或破损。

(256) 液气分离器管线出口点火筒地面无防渗措施。

(257) 液气分离器堵塞，钻井液从排气管线流出。

(258) 气体钻井作业时排砂管出口无降尘处理措施。

(259) 重晶石粉储存罐、立式下灰罐排空系统无防粉尘飘散控制措施。

(260) 固井水泥车大泵排污口无防漏失措施。

(261) 取心作业时密闭液、示踪剂等取心辅料包装破损。

(262) 钻井液性能测试废液无分类收集、处理措施。

(263) 废弃物暂存区无防雨、防渗措施或防雨、防渗措施不满足要求。

(264) 运输钻井液、废弃物无防溢漏、流失措施或措施失效。

(265) 油气井测试更换油嘴回收管线内残液无收集措施。

(266) 油气井测试剩余液体、化学品无收集或回收措施。

(267) 集气站地面油罐、水罐区域无围堰，地面无防渗措施或防渗措施不满足要求。

(268) 集气站放空火炬区域未建集污池，无防渗措施或防渗措施不满足要求。

(269) 作业现场配置环境污染应急处置材料不齐全或失效。

(270) 设备设施、工具器皿等卫生不清洁。

(271) 油、液、气管线破损、刺漏或堵塞。

(272) 废水池（残酸池）、岩屑池、固化填埋池、集液池、收集罐容积不足或空容不满足要求。

(273) 重晶石粉储存罐、立式下灰罐排空管线刺漏。

(274) 作业现场无一般固废分类收集暂存设施。

(275) 一般固废、生活垃圾未分类存放。

(276) 一般固废、生活垃圾无防雨防淋措施。

(277) 生活垃圾无台账和转运记录。

(278) 油品无防污染、防雨、防晒、通风措施。

(279) 油品泄漏或渗漏。

(280) 车辆底部管线存在"跑冒滴漏"。

(281) 油基岩屑吨袋的内袋未密封。

(282) 生活污水处理装置无运行记录。

(283) 一般固体废物贮存场所未按照《环境保护图形标志——固体废物贮存（处置）场》（GB 15562.2）要求设置识别标志。

（284）未留存作业项目的环境影响评价文件及批复。

（285）作业项目的环境影响评价文件及批复无宣贯培训记录。

（286）未形成环境因素清单、重要环境因素清单（如有重要环境因素）。

（287）操作间、餐厅、厕所无消毒、防蝇蚊等措施。

（288）预包装食品、添加剂食品为三无产品。

（289）急救箱内急救药品不全。

（290）职业病危害防护用品、防护设施损坏、缺失。

（291）存在或产生职业病危害的工作场所、作业岗位、设备、设施未设置图形、警示线、警示语句等警示标识和中文警示说明。

（292）存在或产生职业病危害的工作场所、作业岗位、设备、设施警示说明未载明产生职业病危害的种类、后果、预防和应急处置措施等内容。

（293）存在或产生高毒物品的作业岗位，未按要求在醒目位置设置高毒物品告知卡。

（294）产生职业病危害的工作场所未设置与职业病防治工作相适应的有效防护设施。

（295）职业病危害因素的强度或浓度不符合相关标准要求。

（296）超过职业卫生接触限值无防控措施。

（297）建筑物有地坑处无围栏或防坠落措施。

（298）脚手架钢管未固定、捆绑或归置，堆放凌乱或钢管堆放在易滚落的沟边。

（299）电动木工锯使用完后对锯片锯齿无防护措施。

（300）捆绑或吊装钢管的吊带有腐蚀、破损裂等现象。

（301）劳动保护用品破损。

（302）劳动保护用品质量不符合要求。

三、较大隐患

（1）气瓶、移动式压力容器充装用计量器具的选型、规格及检定不符合有关安全技术规范及相应标准规定。

（2）电梯轿厢的装修不符合电梯安全技术规范及相关标准要求。

（3）未建立特种设备安全技术档案或安全技术档案不符合规定要求。

（4）未依法设置特种设备使用标志。

（5）未对使用的特种设备进行经常性维护保养和定期自行检查。

（6）未对使用的特种设备的安全附件、安全保护装置等进行定期校验、检修，并做出记录。

（7）在用特种设备未按规定办理使用登记。

（8）特种设备达到设计使用年限未按规定进行变更登记继续使用。

（9）井口装置压力等级低于设计要求。

（10）特种设备未按照安全技术规范的要求及时申报并接受检验。

（11）气瓶、移动式压力容器充装前后检查无记录。

（12）未按照安全技术规范的要求进行锅炉水（介）质处理。

（13）对安全状况等级为3级压力管道、4级在用固定式压力容器和检验结论为基本符合要求的锅炉未制订监控措施或措施不到位。

（14）高危作业施工现场、易燃易爆危险场所安全通道不畅通。

（15）废水、废气、固体废弃物排放存储不符合国家或地方标准。

（16）废水、废气、固体废弃物排放存储三级防控设施不完善。

（17）井场、站场、管道、营地、储液罐、储油罐等处于洪水线、滑坡或塌陷地带，未采取有效防控措施。

（18）防坠落装置、二层台逃生装置缺失或失效。

（19）高处作业安全防护装置不符合标准。施工剩余的民用爆炸物品在返回当天未及时回库。

（20）汽车起重机力矩限制器、高度限位器、三圈保护及报警装置缺失或失效。

（21）汽车起重机大小钩保险片缺失。

（22）汽车起重机支腿垫板破损，配备的垫板面积低于原车支腿接触面面积的3倍。

（23）重污染区域无防雨、防渗措施或防雨、防渗措施不满足要求。

（24）运输钻井液、废弃物的运输车辆无GPS监控系统。

（25）环境应急处置设施、设备不能正常使用。

（26）钢丝绳绳径缩小8%；钢丝绳6倍绳径内无规律断丝不少于6根或达到总丝数13%；钢丝绳集中断丝不少于4根。

（27）钢丝绳散股、断股、磨损超标，变形、烧熔、扭结、挤压畸变或绳芯外露等。

（28）建筑工地高空配置跳板为单跳板。

（29）建设工程浇铸模板中的钢丝绳有断丝、锈蚀、绳芯腐蚀等材质缺陷。

（30）钻前工程、房建及场站等施工过程中，砂浆搅拌机、混凝土搅拌机等采用倒顺开关进行电气控制。

（31）钻前工程、房建及场站等临时用电施工时，使用地拖插座同时接入多台用电设备。

（32）现场配戴的安全帽无三证一标志（生产许可证、产品合格证、安全鉴定证、安全标志）。

四、重大隐患

（1）性质相抵触的危险物品同库存放。

（2）在运行的油气生产设施、输送管道、储罐、容器上动火作业。

（3）未采取防护措施进入存在有毒有害物质、缺氧窒息风险、情况不明的受限空间作业。

（4）在硫化氢环境中作业的人员未按规定配备使用硫化氢防护装备。

（5）易燃易爆危险场所防爆泄压、防静电和防爆电气设备缺失或失效，或重点防火部位消防系统缺失或失效。

（6）油气生产系统、火气探测系统的报警或联锁关断信号旁通未按控制程序进行管理。

（7）未采取措施擅自进入受限空间进行动火作业。

（8）放射源、火工品未按照相关标准要求落实管控措施。

（9）涉及可燃和有毒有害气体泄漏的场所未按国家标准、行业标准设置检测报警装置。

（10）涉及爆炸危险场所未按国家标准安装使用防爆设备和监测报警系统。

（11）控制室、机柜间、值班室等人员值守的场所设在输油泵房、计量间、压缩机房等火灾危险性为甲、乙类的厂房内。

（12）井场采取明火直接加热油罐，或加热锅炉距离储罐防火间距不符合国家标准要求。

（13）在用的特种设备是国家明令淘汰的。

（14）在用的特种设备是已经报废的。

（15）在用特种设备存在必须停用修理的超标缺陷。

（16）特种设备或其主要部件不符合安全技术规范。

（17）在用特种设备是已被召回的（含生产单位主动召回、政府相关部门强制召回）。

（18）气田水池未有效安装液位报警器。

（19）测试水池未有效安装液位报警器。

（20）盛装液体的容器或设施本体变形、锈蚀出现裂纹。

（21）盛装液体的容器或设施地基下沉或出现裂纹。

（22）喷漆作业无配套收集处理设备设施。

（23）不属于以上重大隐患的条款，可参照行业重大事故隐患判定标准进行综合判定。

第二节　钻井现场钻井专业事故隐患

一、危害因素

（1）HSE 资料未填写或填写缺项、错误。

（2）岗位 HSE 检查表、班前班后会等 HSE 资料风险描述与实际工况或作业实际风险不符。

（3）值班房岗位职责、安全信息简报等上墙资料缺项。

(4）值班房岗位职责等上墙资料未更新，与现行制度不一致。

(5）HSE 周检查未运行或检查情况与现场实际不一致。

(6）钻井 HSE 作业计划书签字、内容不全或与现场实际不符。

(7）HSE 管理协议签字、内容不全或责任、风险和措施等不符合要求。

(8）值班房内未设置急救药品或药品不全。

(9）值班房内急救药品过期。

(10）值班房内急救药品未设置清单或清单与药品实际不符。

(11）防爆筒、防爆服、防爆头盔、防刺穿手套配备不全或损坏无法使用。

(12）定向仪器锂电池使用台账未设置或记录不全。

(13）T 卡插牌（集合卡）未运行或与现场人员不符。

(14）入场风险提示登记记录缺失或记录不全。

(15）井场、营地内手摇报警装置无防尘、防雨措施。

(16）大门口火种盒、防火罩缺失或防火罩损坏、不全。

(17）井场内防洪防汛工具、物资未设置清单或清单与实际不符。

(18）井场、底座基础未设置排水通道或排水不畅通。

(19）逃生滑道缓冲砂堆与滑道内平面高度不平齐。

(20）钻具区四周未隔离或隔离不全。

(21）垫杠变形或放置不平。

(22）管具垒放超过三层。

(23）管排架与钻台梯子距离小于 3m。

(24）猫道挡条缺失或脱落。

(25）管材未分类摆放。

(26）不合格钻具未标记或标识不清。

(27）水罐上水管与消防泵消防栓或快速接口尺寸、型号不匹配。

(28）大小支架枕木低于槽钢，枕木失效。

(29）大小支架上部未垫衬胶皮或胶皮破损。

(30）抽绳器齿轮或链条有缺损。

(31）抽绳器牙嵌摘挂阻卡、不灵活。

(32）抽绳器滚筒余绳未排齐或挤压变形。

(33）抽绳器放置于船型底座延伸座未固定或固定不牢。

(34）装载机操作室仪表不灵敏或显示不正常。

(35）装载机轮胎龟裂或有明显划痕。

(36）电缆敷设接触或跨越油罐及主要动力设备。

(37）生产期间消防房房门上锁。

(38）车辆跨越处未安装过桥板或未设置其他保护措施。

（39）备用轨道、拉筋、电缆槽码放超过 2m 或固定不牢靠。

（40）接头、钻头、扶正器等工具放置无防倾倒措施。

（41）工具房、材料房、接头房、钳工房、消防房等室内材料、配件未分类定置摆放。

（42）工具房、材料房、接头房、钳工房、消防房等室内材料、配件标识牌不全或标识与实际不符。

（43）电焊机、砂轮机、台钻、切割机等无操作规程或操作规程未上墙。

（44）电钻使用完未卸掉钻头。

（45）柴油罐未设置外部液位标尺，计量装置缺失、损坏或失效。

（46）柴油罐呼吸阀损坏或堵塞。

（47）消防器材与油罐区距离不足 5m 或大于 9m。

（48）机油、液压油等油品无防尘、防雨、防晒、通风等措施。

（49）大罐沉砂超过 2/3 体积后未及时清理或压滤。

（50）罐液面距离罐顶不足 0.5m。

（51）排污泵电动机浸入液面。

（52）高低压软管外层破损。

（53）高低压管汇活接头连接不牢靠、不密封。

（54）高低压管汇阀门开关状态与挂牌不符。

（55）高低压管汇未使用水泥基墩或地锚固定，单卡固定或固定之间距离不符合规定要求。

（56）钻井泵活塞、缸套刺漏或活塞拉杆固定松动。

（57）钻井泵空气包截止阀未处于关闭状态。

（58）钻井泵冷却水喷嘴堵塞或喷水未喷入缸套内。

（59）钻井泵上水管线支撑不牢。

（60）钻井泵上水、排水、喷淋泵管线破损、刺漏。

（61）高、低管汇阀门丝杠、手柄、护帽不全或损坏。

（62）推移液压缸伸缩杆未收回腔体。

（63）出线仓仓门未关闭上锁。

（64）振动筛挡砂板缺失或固定不牢。

（65）搅拌器密封件漏油。

（66）储备罐、循环罐等罐面或作业面坑洞大于 59mm 未防护。

（67）阀门手柄（手轮）丝杠未防腐。

（68）配浆漏斗未放滤网。

（69）方井盖板有空洞。

（70）井口未按规定回填或填实。

(71）挡泥伞安装不规范或未紧固牢靠，漏钻井液。

(72）方井积液未清理。

(73）防溢管硬管每10m未设置专用支撑架或支撑不稳固。

(74）防溢管软管每4～5m未设置专用支撑架或支撑不稳固。

(75）转盘四周未设防滑垫或防滑垫破损严重，防滑块未连接。

(76）大、小鼠洞盖板未盖。

(77）大门坡道门柱防护链未拴挂牢靠。

(78）大绳快绳未在排绳器滑轮槽内。

(79）导向滑轮不灵活有阻卡。

(80）导向滑轮挡绳杆松动，螺母、剪切销不全。

(81）液压站柱塞泵自动报警失效。

(82）安全卡瓦弹簧变形或断裂。

(83）安全卡瓦丝杠变形或磨损。

(84）卡瓦、安全卡瓦附件变形损坏，或连接部位开口销失效。

(85）MWD立压传感器接线头连接松动或脱开。

(86）MWD立压传感器渗漏或刺漏。

(87）立管压力变送器高压球形截止阀未处于常关状态。

(88）立管压力变送器未垂直安装。

(89）司控房门锁损坏。

(90）高处作业工具未设置清单或工具与清单实际不符。

(91）安全锁具处未设置锁具清单或上锁挂签图例、锁具与清单实际不符。

(92）绝缘手套超期未检测。

(93）液气大钳钳框损坏、失效。

(94）司控房内仪器仪表气源压力未在0.65～0.8MPa。

(95）司控房内视频装置、声讯装置失效。

(96）登梯助力器专用导向绳、承重绳余绳未盘好。

(97）机械手导轨及附件螺栓连接不全或松动。

(98）机械手导轨及检修平台通道门固定不牢。

(99）机械手导轨与钻台面连接销不匹配或连接不可靠。

(100）扶持臂固定不牢靠，螺杆不全或松动。

(101）扶持臂垫圈、螺母不全或未紧固。

(102）机械臂、抓手动作卡阻。

(103）回转支承螺栓松动或螺牙磨损。

(104）抓手电动机及旋转电动机密封不严。

(105）机械手活门轴、杠杆轴、自锁轴不灵活。

（106）机械手安全链、开口销、弹簧垫片、止动垫圈、螺栓和螺母等零件缺失或缺陷。

（107）机械手内衬锁闩关合及复位不灵活。

（108）液压系统翻转机构吊环防磨垫缺失或固定不牢。

（109）挡块螺栓缺失或松动、密封失效。

（110）液压缸缸体变形或漏油。

（111）动力猫道小滑车行走卡阻，不灵活。

二、一般隐患

（1）井场四周未封闭或封闭不严。

（2）井场大门和后场未设置紧急集合点或设置不全。

（3）井场、营地内未设置手摇报警装置或报警装置无法正常使用。

（4）井场入口、远控台、循环罐、钻台面、后场处未安装风向标。

（5）井场内防洪防汛物资缺失或不全。

（6）汛期入井场或营地下坡道路未设置泄洪渠或设置不符合要求。

（7）岩屑、滤液、钻井液等转运、处置无记录或记录不规范。

（8）待入井 MWD 仪器连接不可靠或未使用防爆筒。

（9）定向仪器锂电池存放数量超过要求（新电池 4 根、旧电池 3 根）或存放无防冲击、防挤压、防雨等措施。

（10）定向钻井作业仪器房距离井口小于 30m。

（11）锂电池插针未装绝缘帽、未装入防潮包装箱。

（12）入井钻具水眼不通。

（13）入井钻具本体弯曲。

（14）入井钻具螺纹、台阶面有损伤。

（15）井场管具无防滑落措施。

（16）管架挡销缺失、变形或固定不牢。

（17）临时雨棚房架上挂放重物。

（18）老井井口未隔离、警示。

（19）套管头压力表损坏。

（20）柴油罐、储备罐、循环罐、生产水罐、发电房、钻井泵、发电机等基础下陷。

（21）电焊钳损坏或手柄进线无防护。

（22）电焊机护罩不全或损坏。

（23）电焊机电源线龟裂、破损、接头松动或接地不良。

（24）电焊手套、面罩破损或防护作用失效。

（25）台钻操作手柄不全。

（26）砂轮机托架与砂轮间隙大于 3mm，砂轮片边缘距卡盘小于 5mm。

（27）砂轮机切割磨损厚度超过 10mm 或表面变形、破损。

（28）型材切割机操作手柄无控制开关或开关失效，切割片磨损超标，护罩不全。

（29）等离子切割机减压阀失效。

（30）等离子切割机接通电源时割炬电极、喷嘴未安装到位或固定松动、内腔有杂物。

（31）等离子切割机使用时通风口被杂物覆盖或堵塞。

（32）等离子切割机与周围物体距离小于 0.3m。

（33）柴油、机油、液压油等油品泄漏或渗漏。

（34）柴油罐未配备油罐车专用卸油接地桩或配备不全。

（35）排污泵支架强度不满足承重要求。

（36）排污泵支架变形、开裂或固定不牢。

（37）绞盘固定不牢、调节不灵活或吊钩自锁失效。

（38）场地周围散落岩屑、钻井液、压滤液。

（39）钻井液罐、岩屑区、清洁化区域等无防渗、溢、漏、流失措施或措施失效。

（40）钻井液罐区有裂缝、塌陷、窜槽、泄漏等。

（41）钻井泵底座不稳固。

（42）钻井泵顶丝背帽不全、松动或位移。

（43）钻井泵泄压阀销钉变形。

（44）钻井泵泄压阀未定时解体保养。

（45）钻井泵泄压阀剪切销、销孔变形或锈蚀。

（46）钻井泵泄压阀、泄压管线未使用卡箍或保险绳固定或固定不牢。

（47）钻井泵泄压管线通径小于标准要求或出口朝向安全通道。

（48）钻井泵活塞拉杆弯曲、变形。

（49）钻井泵开关设置在旋转或高压位置。

（50）钻井泵万向轴无护罩或未完全封闭。

（51）钻井泵空气包胶囊破损，压力不在规定范围内（工作压力 1/3～1/4，压力不小于 3MPa，不大于 4.5MPa）。

（52）钻井泵高压管汇固定松动。

（53）钻井泵安全阀设置的压力等级高于缸套额定压力。

（54）高压软管鼓包或内钢丝断裂。

（55）内燃机排烟筒破损、漏气或无喷淋灭火装置。

（56）气瓶、干燥塔、油气分离器等设备上安全阀活动不灵敏。

（57）柴油机调速器调节齿条卡滞不灵活或失效。

（58）柴油机排气管线未安装消音器。

（59）柴油机排气管出口朝向油罐区、钻井液循环系统、树木、农作物，安全距离不足，无隔离措施。

（60）VFD 房、MCC 房、SCR 房、发电房等电控接线桩防护盖缺失。

（61）电焊机、等离子切割机、高压清洗机、手持电动工具无 PE 保护或漏电保护。

（62）气瓶及安全附件铅封损坏、标志牌缺失。

（63）安全阀及管线堵塞、泄漏，提升手柄卡死或未正确就位，出口朝向人行通道。

（64）防爆排风扇、气体监测仪、正压式空气呼吸器、防护器具等存在故障、缺陷或数量不足。

（65）绞车刹带安装不平、间隙不均匀，调节螺栓并帽未紧固，连杆装置开口销缺失。

（66）井架逃生装置超期使用。

（67）井架逃生装置周围 2m 范围内地面不平整、有杂物。

（68）井架逃生装置地锚露出地面大于 0.1m。

（69）井架逃生装置地锚旋入地下不足 1.5m。

（70）井架逃生装置两地锚间距不足 4m。

（71）井架逃生装置正反螺栓、绳卡螺栓不紧固。

（72）井架台逃生装置绳环处防磨套未设置或损坏。

（73）井架台无专用安全带锚挂点。

（74）井架逃生装置悬挂体未使用专用卡板固定或连接钢丝绳未穿管保护。

（75）井架逃生装置缓降器卡顿。

（76）井架逃生装置锚固点固定位置错误，未固定在井架本体上。

（77）登梯助力器专用导向绳、承重绳绳卡未紧固。

（78）登梯助力器导向绳上端 U 型环未固定在天车头侧耳板上或 U 型环强度不符合要求。

（79）登梯助力器下端地锚上螺栓未紧固或螺栓强度不够。

（80）登梯助力器花篮螺栓调节过松或过紧。

（81）登梯助力器锚固点旋入深度不足 1m。

（82）登梯助力器配重砂筒重量不足或超重。

（83）登梯助力器定滑轮、动滑轮不灵活。

（84）登梯助力器承重绳连接不牢靠。

（85）柴油罐、工具箱等设备吊耳存在锈蚀、变形、损坏和开口未封闭等缺陷。

（86）生命线固定不牢或固定在不稳定物体上。

（87）生命线钢丝绳打扭、腐蚀、断丝等不符合要求。

（88）生命线未使用绳卡固定或绳卡间距不符合要求、绳卡滑脱、绳卡数量不足等。

（89）高处作业工具不全或工具损坏、无防掉尾绳等。

（90）钻台、机房、水罐、柴油罐等安装到位后护栏或其他防坠设施未设置到位。

（91）进入井场内车辆防火罩未安装或防火罩存在缺陷。

（92）钻台区、泵房区、机房区未设置安全锁具或锁具不全、锁具损坏。

（93）检维修作业绝缘手套、绝缘鞋等防护工具配置不全或有缺陷。

（94）检维修作业上锁处标签未填写或标签缺失。

（95）二层台钻杆盒挡销无保险绳。

（96）液压盘刹碟簧及密封件超期未更换。

（97）液压盘刹储能器胶囊压力不足。

（98）钻井液压系统快速接头连接不牢。

（99）刹车系统摩擦片磨损超标。

（100）带刹绞车刹带厚度小于15mm，刹把连杆装置旷动。

（101）插拔式防碰天车总成过期未更换。

（102）插拔式防碰天车下拉销未插到位。

（103）插拔式防碰天车引绳过松或卡死。

（104）绞车未安装排绳器或排绳器固定不牢、损坏。

（105）绞车过卷阀固定松动。

（106）绞车换挡操作杆变形松动，锁销缺失。

（107）井架及其附件、顶驱、吊卡等设置的双屏障功能失效。

（108）钻井大绳未排列整齐，有挤压、变形、断丝、磨损。

（109）起井架大绳与井架摩擦。

（110）钻台梯子少于两个，悬空无支撑或安装不稳。

（111）钻台面钻井液、积雪、积水等未及时清理。

（112）井架直梯安全鼠笼距起程地面大于3m，直梯未延伸至到达面护栏的高度，笼箍不全或变形。

（113）司控房内指重表与外挂指重表悬重等参数不一致。

（114）司控房内仪表盘仪表指针不灵活或指示不准确。

（115）司钻房正压式防爆装置不能正常工作。

（116）气动绞车刹车毂有油污或刹车不灵。

（117）气动绞车操作手柄复位弹簧损坏。

（118）气动绞车刹带破损或磨损超过4mm。

（119）气动绞车手刹脚刹角度不符合要求。

（120）气（电）动绞车、电（手）动葫芦、滑轮等吊钩无自锁装置或失效。

（121）气（电）动绞车专用吊钩锁舌闭合开口大于或等于5mm。

（122）旋转吊钩、吊带、钢丝绳等钻具提丝连接存在缺陷。

（123）钻具提丝螺纹磨损超标。

（124）吊卡防脱装置或锁舌失效。

（125）吊卡安全销无磁性或磁性消除。

（126）吊环、吊钩磨损超标。

（127）载人吊篮检验合格证及检验标识牌缺失或过期，吊篮、吊索具及连接部位等存在缺陷。

（128）指重表传感器管线漏油，传感器油量不足，间隙不在8～12mm。

（129）液气大钳操作手柄无限位装置。

（130）液气大钳转盘、夹紧气缸护罩或套管钳转盘护罩缺失或不全。

（131）液压大钳保险绳长度大于伸缩行程，绳卡未齐全紧固。

（132）B型吊钳、液气大钳、套管钳、油管钳钳尾绳或液缸保险绳未安装、钳尾桩有裂纹。

（133）套管钳无备钳。

（134）转盘刹车装置失效。

（135）天车、转盘与井口中心偏差大于10mm。

（136）使用电磁刹车时牙崁拨差手柄未锁止。

（137）顶驱导轨无保险绳或保险绳尺寸不符合要求。

（138）顶驱声光报警功能、主电动机风机失压报警、吊环前后倾与回转头旋转互锁失效。

（139）机械手运行有卡滞，不灵活。

（140）机械手导轨及附件有变形、裂缝。

（141）机械手导轨及附件保险绳未设置或拴挂不牢。

（142）机械手导轨及检修平台锁定装置失效。

（143）扶持臂连接销退出或连接不牢。

（144）抓手电动机及旋转电动机与其他物体有挂磨。

（145）液压吊卡本体及挂耳有裂缝或锈蚀。

（146）液压吊卡连接板螺栓缺失或固定松动。

（147）液压吊卡主体及连接件保险插销、保险链锁闭损坏或缺陷。

（148）旋转装置连接器与吊环挡块不匹配。

（149）井场、营地高崖、塌方、易滑坡等区域未隔离、警示。

（150）井场、营地、道路外围、周边有裂缝或塌陷。

（151）井场、营地、道路周围有垃圾或其他污染物。

（152）井场、营地营房距高崖、陡坡、填方不足6m。

（153）营地污水池四周未隔离、无警示标识。

（154）电气代油设备（操作间）未封闭或封闭不全。

（155）电气代油设备与其他设备安全距离不符合规定。

三、较大隐患

（1）钻台、二层台栏杆缺失或失效。

（2）井架逃生装置缺失或失效。

（3）绞车钢丝绳、起井架大绳磨损或断丝超标。

（4）钻井大绳死活绳端松动，未按要求紧固。

（5）死绳与井架摩擦。

（6）液压盘式刹车安全钳刹车块与刹车盘间隙大于0.5mm，工作钳刹车块与刹车盘间隙大于1mm，刹车块和刹车盘磨损至标记槽未更换。

（7）液压盘式刹车块（包括工作钳和安全钳）固定失效。

（8）盘刹刹车盘有油污。

（9）绞车过卷阀未调校。

（10）绞车过卷阀碰杆弯曲、变形。

（11）井架、钻台下、水罐、大支架等防坠落装置未设置或失效。

（12）井架逃生装置周围10m内有易燃易爆物。

（13）井架逃生装置附件不全，连接不牢靠。

（14）井架逃生装置导向绳及拉绳有断丝、腐蚀、变形及缠绕碰挂，安装角度不在30°~70°。

（15）井架台逃生装置逃生挂点设置不符合要求。

（16）井架缓冲装置失效。

（17）井架基础掏空、下陷未采取有效控制措施。

（18）登梯助力器专用导向绳、承重绳断丝、变形及缠绕擦挂。

（19）井架、底座、钻机等高处作业面未设置生命线。

（20）防坠落装置未使用时钢丝绳未收回壳体、未设置引绳或引绳过短。

（21）插拔防碰天车存在固定螺栓变形、支撑臂固定螺栓松扣等缺陷。

（22）柴油机紧急停车装置失效。

（23）盛装钻井液、岩屑、废水等罐装设施变形、破损或刺漏。

（24）生产废水、生活污水无防渗、溢、漏、流失措施或直接外排。

（25）定向仪器锂电池未单独存放或新旧电池混放。

四、重大隐患

（1）井架主体结构变形、扭曲等。

（2）井架天车防碰装置失效。

（3）井架未经检测或检测不合格。

（4）防碰装置（插拔式防碰天车、过卷阀、电子防碰）其中一道以上未安装或失效。

（5）气瓶、干燥塔、油气分离器等特种设备安全附件、安全保护装置缺失或失效、未按期检测或未检测合格。

（6）柴油罐区防雷、防静电接地装置未按标准设置或失效。

（7）气代油设备区域未设置可燃气体检测报警装置或装置失效。

（8）绞车刹车毂有贯穿性裂纹。

（9）井场、营地设备设施摆放位置距高压电路安全距离不足。

（10）井场、营地处于洪水线以下或存在滑坡、塌陷风险的地段。

第三节　钻井现场固井专业事故隐患

一、危害因素

（1）固井施工车辆 BDS 监控设备终端通电自检后运行不正常。

（2）固井施工车辆视频监控系统故障、屏幕不显示或显示不清晰。

（3）灰罐车下灰管线未固定。

（4）灰罐车下灰管线堵盖及挂接链条变形、断裂。

（5）灰罐车罐体平台垫块固定不牢靠、有破损。

（6）灰罐车、立式下灰罐分配器阀门限位装置失灵，阀杆转动不灵活或卡死。

（7）灰罐车、立式下灰罐抗震压力表固定不牢靠，连接松动、漏油。

（8）灰罐车、立式下灰罐人孔盖锁紧不牢固，密封不良。

（9）灰罐车罐顶安全防护栏不能升起、栏杆变形，气动控制管线漏气。

（10）灰罐车除尘器安装不牢靠且密封无效。

（11）灰罐车上罐扶梯变形、扶梯踏板破损。

（12）固井水泥车操作平台防护门开关阻滞，栏杆变形、松动。

（13）固井水泥车操作平台台面格栅板不牢固、破损。

（14）固井水泥车控制阀转动不灵活，循环泵、喷射泵、搅拌器、下灰比例阀未处于卸荷状态。

（15）固井水泥车操作平台未配备夜间施工照明灯。

（16）固井水泥车操作平台柴油机油门手柄未置于怠速。

（17）固井水泥车高能混合器堵塞或管线连接松动。

（18）固井水泥车离心泵运转卡滞、有异响。

（19）固井水泥车连接活接头、排水和回水管路活接头及锁帽松动。

（20）固井水泥车供水、供浆气动蝶阀连接松动、刺漏。

（21）固井水泥车旋塞阀开关不灵活，高压管线固定不牢靠，未在检测有效期内。

（22）固井水泥车放水球阀未关闭。

（23）固井水泥车控制阀超压保护灯失效，控制阀阀柄转动不灵活。

（24）固井水泥车混浆池、计量罐有杂物。

（25）固井水泥车混浆池盖板破损。

（26）固井水泥车柱塞泵、离心泵润滑管线渗漏，油量调整开关不灵活。

（27）固井水泥头安装完毕后未在水泥头挡销开关上悬挂"开、关"状态标识及"非岗位人员禁止转动"警示标识牌。

（28）固井仪表车平台摄像头升降不顺畅、旋转不灵敏，仪表室显示画面不清晰。

（29）固井仪表车卫星信号接收器升降卡滞，接发信号功能异常。

（30）固井仪表车中控室电脑运行故障，连接数据传输异常。

（31）固井施工现场未设置安全风险告知，未悬挂"一牌一图"。

（32）立式下灰罐内贮存的水泥种类、吨位标识不清楚。

（33）水泥头胶塞指示器转动不畅，其外伸长度与胶塞不匹配。

（34）施工管线连接完成后未对高压区域、供水区域警戒隔离。

（35）固井施工现场高压管汇未使用保险绳固定或固定不牢。

（36）吊装、连接高压钻探胶管钻台大门坡道未设置保险链。

（37）施工作业过程中未关闭固井水泥车、混拌罐平台护栏门。

（38）未按规定在压风机气瓶出口处连接减压阀。

（39）施工作业过程中车辆、管汇等位置应急通道不畅。

（40）灰罐车、立式下灰罐排空作业未使用防尘袋或除尘装置。

（41）固井水泥车施工时未设置车挡。

（42）固井施工后下灰管线中余灰未清理回收。

（43）固井施工后添加剂物料桶、包装袋未回收处理。

二、一般隐患

（1）固井施工车辆未配备灭火器或配备不全，灭火器瓶体锈蚀、变形，压力未处于正常区域。

（2）进入施工现场的固井施工车辆未配备防火罩。

（3）供水电控箱未配备电工笔和绝缘手套。

（4）冬季固井施工等停或施工结束后水泥车大泵、喷射泵、灌注泵和管线中残存液体未排放或未排放干净。

（5）灰罐车、立式下灰罐安全阀手动、气动检验不正常开启。

（6）灰罐车、立式下灰罐压力表不归零、显示不正常。

（7）灰罐车压风机运转不畅，应急管线及快速接头不匹配。

（8）施工现场高压警戒隔离距离危险点源小于5m，警戒线设置的高度距离地面小于1m。

（9）施工作业前未按照管线试压值"+5MPa"设定水泥车电子超压保护装置。

（10）固井批混车喷射离心泵、循环离心泵、搅拌器运转异响。

（11）灰罐车管线变形、龟裂、刺漏。

（12）固井供水电控箱接地极顶面埋设深度小于 0.8m。

（13）固井液体添加剂放置区域未设置防渗漏措施。

（14）技术措施井施工未配备使用"四合一"气体检测仪、铜管钳与铜锤。

（15）立式下灰罐未摆放在坚实、平整、无垫方的地面，立式下灰罐基座下垫土或支垫其他物品。

三、较大隐患

（1）固井施工时高压管汇区域、供水区域未设置警戒隔离。

（2）水泥车未设置电子超压保护装置，超压指示灯故障，油门不自动返回怠速。

（3）水泥头本体变形，外表面裂纹，密封面磨损、腐蚀。

（4）固井水泥车柱塞泵超压保护装置缺失或失效。

（5）水泥浆未达到固井设计候凝时间即进行下一步井筒作业。

第四节　钻井现场录井专业事故隐患

一、危害因素

（1）烤箱封闭盖板缺失。

（2）烤箱岩屑夹持器手柄胶套破损。

（3）架设的信号线缆高度低于 2.5m。

（4）后备箱线缆凌乱。

（5）传感器未固定牢固。

（6）线缆进入仪器房未设防水弯。

（7）信号线缆三通接头处固定不牢。

（8）信号线接头处连接不牢。

（9）信号箱防尘帽缺失。

（10）样气管线、信号电缆与供电电缆有缠绕。

（11）样气管线、电缆线未采用直径 5mm 的承载钢丝绳固定。

（12）压力传感器、靶式流量传感器有渗漏液。

（13）节点箱固定不牢。

（14）体积传感器护罩固定螺栓缺失。

（15）实验操作台器皿、工具使用后未整理归类存放。

（16）房内物品堆放过高。

（17）系统报警设置音量过小。

二、一般隐患

（1）仪器房顶安全杆松动或安全杆上钢丝绳绳卡松动。

（2）烤箱自动控温装置失效。

（3）电动脱气器无隔爆胶圈或隔爆胶圈失效。

（4）捆扎后的线缆其承力部分未采用橡胶垫缓冲保护。

（5）信号箱密封不严。

（6）样气瓶未固定牢靠。

（7）空压机压力表指数未在 0.4～0.8MPa。

（8）干燥剂红色段超过 2/3。

（9）氢气发生器电解液液位未在上下刻度内。

（10）井场四角硫化氢数据传输异常。

（11）脱气器固定不牢。

（12）密度、温度、电导率传感器探头未全部浸入液面。

（13）传感器破损或零部件缺失。

（14）池体积传感器探头未垂直，下方有遮挡。

（15）地质预告牌（电子预告牌）的内容不完整或错误。

（16）浓盐酸配置量高于 1500mL，浓硝酸配置量高于 500mL，氯化钡固体配置量高于 500g，硝酸银配置量高于 1000mL，氯化钡固体配置量高于 500g。

（17）录井系统报警设置数据不正确。

（18）地质室未设置岩屑收集桶或未进行收集废弃岩屑。

三、较大隐患

综合录井气测全烃、参与循环的罐体液面测量装置等关键井控设备缺失或失效。

第五节　钻井现场钻井液专业事故隐患

一、危害因素

（1）钻井液材料未分类存放。

（2）钻井液材料包装破损。

（3）露天钻井液材料未上盖下垫。

（4）钻井液材料包装袋（桶）未回收或单独存放。

（5）实验仪器摆放凌乱，未放置在规定区域内。

（6）实验室内电线凌乱，照明灯、开关、插座、漏电保护器等固定不牢。

（7）实验室玻璃器具破损。

（8）实验试剂化学名称、浓度、有效期等信息未标识或未分类摆放。

（9）钻井液材料房地面不平整或有坑洞。

（10）钻井液材料出入库台账未及时更新、实物与台账不符。

（11）钻井液材料码垛高度超过 2m，高宽不满足小于或等于 2∶1。

（12）钻井液材料周围排水不畅通。

（13）钻井液材料存放点 MSDS 风险告知牌未设置或设置不准确。

二、一般隐患

（1）钻井液材料包装标识信息不清晰或缺失产品合格证。

（2）钻井液材料安全技术说明书、质量检测报告缺失。

（3）钻井液材料房通道不畅。

（4）钻井液材料洒落。

（5）钻井液测量仪器（钻井液密度计、马氏漏斗黏度计、六速旋转黏度计、中压滤失仪、浮筒切力计、含砂测量仪）损坏或未调校。

（6）防尘面罩、防尘口罩、围裙、橡胶手套等防护用具配备不全或不满足职业卫生需要。

（7）pH 调节剂等易受潮材料无防潮、防腐蚀措施。

（8）桶装材料堆放超过两层。

（9）油基钻井液及基础油储存罐前未设置静电释放装置或装置失效。

（10）油基钻井液作业区域未设置油基钻井液 HSE 风险告知标识牌或设置不准确。

（11）油基钻井液储存罐区无通风设施或通风不良。

（12）盛装重晶石粉灰罐管线老化、龟裂、破损或卡箍松动。

（13）盛装重晶石粉灰罐压力表连接不牢、显示异常或超期未检。

（14）盛装重晶石粉灰罐电子秤显示异常或计量不准。

（15）盛装重晶石粉灰罐蝶阀未按照操作规程进行编号或编号不准确。

（16）氢氧化钠未设置安全警示标识、单独存放或上锁管理。

（17）盛装重晶石粉灰罐安全阀超期未检、失效或安全阀泄压口朝向人行通道。

三、较大隐患

未经批准在油基钻井液储存区从事可能产生火花作业。

第六节　钻井现场井控事故隐患

一、危害因素

（1）井场大门处硫化氢警示标识牌破损。
（2）井场大门处硫化氢警示标识牌内容不清晰。
（3）井场大门处硫化氢警示标识牌更换不方便。
（4）远控台照明灯具损坏。
（5）井场大门处硫化氢警示标识牌不醒目。
（6）远控台油雾器油品变质。
（7）远控台气水分离器积水未排。
（8）应急集合点无充气泵取电插座。
（9）远控台室内脏污。
（10）远控台室内地面不平、盖板缺失。
（11）远控台室外集液池油污未清理。
（12）远控台无"只允许指定人员操作"标识牌。
（13）远控台未张贴"远程控制台操作规程"。
（14）远控台两位气缸未定期加注润滑脂。
（15）远控台压力表表面不清洁。
（16）远控台调压阀井帽未上紧。
（17）远控台铭牌损坏。
（18）远控台铭牌脏污。
（19）远控台油箱外表脏污。
（20）远控台油箱油位标尺脏污。
（21）远控台旁通阀关闭不严。
（22）远控台电动泵液力端漏油。
（23）远控台气动泵发卡。
（24）远控台气管束法兰三通处气管线截止阀标识牌缺失或损坏。
（25）远控台气管束在地面敷设处无防护措施。
（26）远控台液控管线接口处标识牌缺失。
（27）远控台液控管线接口处标识牌样式不一致。
（28）远控台液控管线接口处标识错误或不清晰。
（29）管排架未垫平、垫牢。
（30）管排架锈蚀严重。

（31）管排架活接头处无防渗布（接油盒）。

（32）管排架防渗布（接油盒）有油污未及时清理。

（33）管排架液控管线未着红色。

（34）管排架活接头未着黑色。

（35）管排架气管线未着白色。

（36）管排架脏污。

（37）管排架油管线防尘盖未成对旋合或集中存放。

（38）管排架高压耐火软管线铭牌不在远控台一侧。

（39）管排架高压耐火软管线相互叠压。

（40）管排架高压耐火软管线接头渗漏。

（41）管排架高压耐火软管线上有油污。

（42）司控台安装位置不便于操作人员快速撤离。

（43）"司控台操作规程"未张贴在司控台附近便于阅读的地方。

（44）司控台箱体内有杂物、积水。

（45）司控台压力表抗震油变质。

（46）司控台压力表表面不清洁。

（47）辅控台安装位置不便于操作人员观察和沟通。

（48）辅控台安装位置不便于操作人员快速撤离。

（49）辅控台安装高度不便于人员站立操作。

（50）辅控台箱体锈蚀、破损。

（51）辅控台门锁损坏。

（52）辅控台缺失"只允许指定人员操作"标识牌。

（53）辅控台箱体内有杂物、积水。

（54）辅控台压力表表面不清洁。

（55）辅控台"开""关"显示牌缺失、发卡。

（56）辅控台环形调压阀失效。

（57）辅控台油雾器油品变质。

（58）防喷器组左右方位安装不正。

（59）防喷器组铭牌破损。

（60）防喷器组铭牌松脱。

（61）防喷器组铭牌内容模糊。

（62）防喷器组连接螺栓余扣不均匀。

（63）防喷器组连接螺栓脏污。

（64）防喷器组连接螺栓锈蚀严重。

（65）防喷器组清洁卫生差。

（66）防喷器组锁紧丝杆上有钻井液。

（67）防喷器组锁紧丝杆未保养。

（68）防喷器组手动操作杆手轮未按规定着黑色。

（69）防喷器组手动操作杆标识牌样式不一致。

（70）防喷器组手动操作杆标识牌破损。

（71）防喷器组手动操作杆标识牌内容不全。

（72）防喷器组手动操作杆标识牌字迹不清。

（73）防喷器组手动操作杆标识牌开关状态与实际不符。

（74）防喷器组手动操作杆标识牌脏污。

（75）防喷器组手动操作杆操作台上人员站位操作不便。

（76）防喷器组手动操作杆操作台面无防滑措施。

（77）防喷器组手动操作杆操作台梯步不平。

（78）防喷器组手动操作杆计数绳太细，不方便观察。

（79）防喷器组手动操作杆计数绳老化。

（80）防喷器组手动操作杆计数绳圈数与标识的圈数不符。

（81）防喷器组手动操作杆计数绳重锤过轻。

（82）防喷器组手动操作杆计数绳重锤不能下放到位。

（83）防喷器组手动操作杆机械计数器未校零。

（84）防喷器组手动操作杆机械计数器进水。

（85）防喷器组手动操作杆机械计数器刻度盘数字不清晰。

（86）防喷器组手动操作杆电子计数器线路老化。

（87）防喷器组手动操作杆电子计数器调校不准。

（88）防喷器组手动操作杆电子计数器数字显示不清晰。

（89）套管头环空压力表抗震油变质。

（90）套管头环空压力表截止阀开关不灵活。

（91）套管头环空压力表脏污。

（92）防喷器组泥浆伞引流管排出液体污染井口装置。

（93）防喷器组泥浆伞引流管线遮挡闸板防喷器活塞杆观察窗。

（94）防喷器组泥浆伞引流管线出口未配置专用的钻井液收集罐。

（95）防喷器组防溢管非两半式结构。

（96）防喷器组防溢管管体螺栓未上齐。

（97）防喷器组防溢管破损。

（98）防喷器组防溢管变形。

（99）防喷器组环形上法兰未用的螺栓孔无防污染保护措施。

（100）防喷器组防溢管连接处漏钻井液。

（101）防喷器组钻井液回流管中部下凹。

（102）防喷管汇连接螺栓余扣不均匀。

（103）防喷管汇连接螺栓脏污。

（104）防喷管汇吹扫时井筒液面未降至四通以下。

（105）防喷管汇阀门铭牌破损。

（106）防喷管汇阀门铭牌松脱。

（107）防喷管汇阀门挂牌样式不一致。

（108）防喷管汇阀门挂牌破损。

（109）防喷管汇阀门挂牌字迹不清。

（110）防喷管汇阀门挂牌脏污。

（111）防喷管汇阀门"开""关"挂牌未作颜色区分。

（112）防喷管汇阀门丝杠保护帽破损。

（113）防喷管汇阀门丝杆护帽不匹配。

（114）防喷管汇阀门丝杆护帽观察窗被遮挡。

（115）防喷管汇阀门丝杆上有钻井液。

（116）防喷管汇阀门丝杆未保养。

（117）防喷管汇阀门保养后，溢出的多余润滑脂未清理。

（118）防喷管汇阀门操作人员站位不方便。

（119）防喷管汇压力表抗震油变质。

（120）防喷管汇压力表表面不清洁。

（121）防喷管汇压力表缓冲器活塞未复位。

（122）防喷管汇压力表缓冲器内未加满液压油。

（123）防喷管汇压力表缓冲器内液压油变质。

（124）节流管汇坑内有积水。

（125）节流管汇坑内有杂物。

（126）节流管汇坑梯步固定不牢。

（127）节流管汇坑梯步破损。

（128）节流管汇底座未按规定着黑色。

（129）节流管汇阀门铭牌破损。

（130）节流管汇阀门铭牌信息模糊。

（131）节流管汇阀门挂牌样式不一致。

（132）节流管汇阀门挂牌破损。

（133）节流管汇阀门挂牌字迹不清。

（134）节流管汇阀门挂牌脏污。

（135）节流管汇阀门"开""关"挂牌未作颜色区分。

（136）节流管汇阀门丝杠保护帽破损。

（137）节流管汇阀门丝杆护帽不匹配。

（138）节流管汇阀门丝杆护帽观察窗被遮挡。

（139）节流管汇阀门丝杆上有钻井液。

（140）节流管汇阀门丝杆未保养。

（141）节流管汇阀门保养后，溢出的多余润滑脂未清理。

（142）节流管汇阀门操作人员站位不方便。

（143）节流管汇液动阀液控管线接头渗油。

（144）节流管汇压力表抗震油变质。

（145）节流管汇压力表表面不清洁。

（146）节流管汇压力表表面被遮挡。

（147）节流管汇压力表连接处渗漏。

（148）节流管汇压力表缓冲器活塞未复位。

（149）节流管汇压力表缓冲器内未加满液压油。

（150）节流管汇压力表缓冲器内液压油变质。

（151）节流管汇压力表截止阀开关不灵活。

（152）节控箱面板脏污。

（153）节控箱台面上放置杂物。

（154）节控箱液控压力未在 3.0～3.1MPa。

（155）节控箱未张贴关井压力提示表。

（156）节控箱箱体内有杂物、积水、油污。

（157）节控箱油箱油量不足。

（158）气动节控箱压力表、阀位表抗震油变质。

（159）气动节控箱压力表、阀位表表面不清洁。

（160）气动节控箱气水分离器积水未排净。

（161）气动节控箱气水分离器排水阀损坏。

（162）电动节控箱立压传感器调校不准确。

（163）电动节控箱套压传感器调校不准确。

（164）电动节控箱数显显示不正常。

（165）电动节控箱电动泵工作不正常。

（166）电动节控箱接地保护连接不规范。

（167）压井管汇坑内有积水。

（168）压井管汇坑内有杂物。

（169）压井管汇坑梯步固定不牢。

（170）压井管汇坑梯步破损。

（171）压井管汇底座未按规定着黑色。

（172）压井管汇阀门铭牌破损。

（173）压井管汇铭牌信息模糊。

（174）压井管汇阀门挂牌样式不一致。

（175）压井管汇阀门挂牌破损。

（176）压井管汇阀门挂牌字迹不清。

（177）压井管汇阀门挂牌脏污。

（178）压井管汇阀门"开""关"挂牌未作颜色区分。

（179）压井管汇阀门丝杠保护帽破损。

（180）压井管汇阀门丝杆护帽不匹配。

（181）压井管汇阀门丝杆护帽观察窗被遮挡。

（182）压井管汇阀门丝杆上有钻井液。

（183）压井管汇阀门丝杆未保养。

（184）压井管汇阀门保养后，溢出的多余润滑脂未清理。

（185）压井管汇阀门操作人员站位不方便。

（186）压井管汇单流阀流向箭头模糊。

（187）压井管汇压力表抗震油变质。

（188）压井管汇压力表表面不清洁。

（189）压井管汇压力表表面被遮挡。

（190）压井管汇压力表连接处渗漏。

（191）压井管汇压力表缓冲器活塞未复位。

（192）压井管汇压力表缓冲器内未加满液压油。

（193）压井管汇压力表缓冲器内液压油变质。

（194）压井管汇压力表截止阀开关不灵活。

（195）压井管汇油管短节未配备 $2\frac{7}{8}$in 平公转 1in 接头。

（196）反压井管线活动弯头本体高于直管线。

（197）反压井管线活动弯头本体低于压井管汇单流阀接口。

（198）放喷管线非标准螺纹法兰结构。

（199）防喷管线管线编码不清晰。

（200）放喷管线连接螺栓余扣不均匀。

（201）放喷管线螺栓螺帽拆卸、安装操作空间不够。

（202）放喷管线压板耳板与基墩上平面之间无间隙（无二次紧固空间）。

（203）放喷管线压板螺栓余扣不均匀。

（204）放喷管线支撑固定卡螺栓余扣不均（1～3 扣）。

（205）放喷管线阀门未挂牌编号（排污阀不编号）。

（206）放喷管线阀门挂牌编号错误。
（207）放喷管线阀门挂牌字迹不清。
（208）放喷管线阀门挂牌脏污。
（209）放喷管线阀门"开""关"挂牌未作颜色区分。
（210）放喷管线阀门挂牌样式不一致。
（211）放喷管线阀门手轮未按规定着黑色。
（212）放喷管线阀门手轮变形、破损。
（213）放喷管线阀门丝杠保护帽破损。
（214）放喷管线阀门丝杆护帽不匹配（阀门不能完全打开）。
（215）放喷管线阀门丝杆护帽观察窗被遮挡。
（216）放喷管线阀门丝杆被泥沙脏污。
（217）放喷管线阀门丝杆未保养。
（218）放喷管线排污阀偏心短节不在管线底部。
（219）放喷管线排污接液坑内有积水。
（220）回收罐未作明显标识。
（221）放喷管线排污管线出口固定不牢。
（222）集液池附近无警示标识。
（223）放喷管线自动点火装置电控箱安放不平稳。
（224）放喷管线自动点火装置电控箱电源接头不规范。
（225）放喷管线自动点火装置电控箱电源线无防护措施。
（226）放喷管线自动点火装置高能发生器未固定。
（227）液气分离器罐体油漆脱落。
（228）液气分离器罐体锈蚀。
（229）液气分离器铭牌脏。
（230）液气分离器罐内有沉积物。
（231）液气分离器使用后未打开人孔检查。
（232）液气分离器操作平台未按规定着黑色。
（233）液气分离器操作台锈蚀严重。
（234）液气分离器操作台栏杆不规范。
（235）液气分离器底座未按规定着黑色。
（236）液气分离器绷绳未使用正反螺栓收紧。
（237）液气分离器绷绳通道处无防人员绊倒警示标识。
（238）液气分离器压力表抗震油变质。
（239）液气分离器进液管线连接螺栓余扣不均匀。
（240）液气分离器高压耐火软管铭牌信息模糊。

（241）液气分离器排液管线未按规定着蓝色。

（242）液气分离器排液管线渗漏。

（243）液气分离器排液管线连接螺栓余扣不均匀。

（244）液气分离器排液管线排污不净。

（245）液气分离器排气管线螺栓余扣不均匀。

（246）液气分离器排气管线排污口偏心三通出口不在管线底部。

（247）液气分离器排气管线压力表抗震油变质。

（248）液气分离器排气管线上录井取样管接头未密封。

（249）液气分离器燃烧筒底部排污阀开关不灵活。

（250）液气分离器燃烧筒未配备自动点火装置。

（251）旋转防喷器未安装专用泥浆伞。

（252）真空除气器真空压力表损坏。

（253）真空除气器排气管线接出循环罐外不足15m。

（254）真空除气器排气管线阻塞。

（255）起下钻作业完后，未及时清空专用灌浆罐内钻井液。

（256）液控压死卡液控管线接头脏污。

（257）抢接止回阀标识牌制作不统一。

（258）备用内防喷工具无标识牌。

（259）备用内防喷工具标识牌内容不全。

（260）备用内防喷工具标识牌信息模糊不清。

（261）待回场检测的内防喷工具存放场地无明显标识。

（262）待报废内防喷工具存放点无明显标识。

（263）备用半封闸板总成取用不方便。

（264）固定式硫化氢监测仪探头固定不牢。

（265）固定式硫化氢监测仪呼吸孔隔膜有钻井液、油污。

（266）固定式硫化氢监测仪表盘脏污看不清读数。

（267）固定式硫化氢监测仪终端显示屏安装位置不便读取数据。

（268）井场四角硫化氢监测仪未编号。

（269）井场四角硫化氢监测仪电量低。

（270）井场四角硫化氢监测仪录井房终端显示屏安装位置不便读取数据。

（271）井场四角硫化氢监测仪数据采集频次设置不合理。

（272）正压式空气呼吸器气瓶检定合格证字迹模糊。

（273）正压式空气呼吸器背夹检定合格证字迹模糊。

（274）正压式空气呼吸器压力表检定合格证字迹模糊。

（275）正压式空气呼吸器保养卡填写信息不全。

（276）正压式空气呼吸器保养卡破损。

（277）正压式空气呼吸器未配备充气泵操作规程。

（278）应急演练班组人员动作慌乱。

（279）应急演练远控台环形手柄动作后，未观察环形压力变化即发出"环形关"信号。

（280）应急演练远控台闸板手柄动作后，未观察防喷器活塞杆状态即发出"闸板防喷器关"信号。

（281）应急演练远控台相应手柄动作后，未检查液控管线是否有泄漏。

（282）录井队标准气样收发记录签字不全。

（283）录井队地质预告牌损坏。

（284）录井队地质预告牌中层位、井深、岩性、油气水漏显示、地层压力、故障提示、含硫情况等内容不全。

（285）钻井液性能测量记录不全、操作人员未签字。

（286）重晶石粉、储备钻井液、钻井液添加剂等公告牌数据未及时更新。

（287）储备钻井液储备罐朝向内场方向无标示牌。

（288）储备钻井液标示牌内容不清晰。

（289）储备钻井液标示牌内容未及时更新。

（290）储备材料公告牌内容不齐全、不准确。

（291）司钻房井口装置图张贴位置不便于司钻观察。

（292）司钻房未在醒目位置张贴"司钻是现场关井第一责任人"。

（293）值班室钻井压力曲线图缺失。

（294）值班室钻井压力曲线图不正确。

（295）值班室钻井压力曲线图不清晰。

（296）值班室钻井压力曲线图未及时更新。

（297）值班室施工进度图缺失。

（298）值班室施工进度图不正确。

（299）值班室施工进度图不清晰。

（300）值班室施工进度图未及时更新。

（301）值班室地质工程设计大表缺失。

（302）值班室地质工程设计大表与设计不符。

（303）值班室关井操作岗位分工缺失。

（304）值班室关井操作岗位分工内容错误、不全。

（305）值班室关井操作岗位分工不清晰。

（306）值班室溢流预兆内容缺失。

（307）值班室溢流预兆内容错误、不全。

（308）值班室溢流预兆内容不清晰。

（309）值班室岗位巡检记录缺失。

（310）值班室岗位巡检记录不全。

（311）值班室岗位巡检发现的问题未及时处理。

（312）值班室岗位巡检记录中无问题整改结果。

（313）值班室岗位巡检人员未签字。

（314）值班室岗位巡检问题的整改责任人未签字确认。

（315）井控车间巡回检查，未保存巡检记录。

（316）井控装置现场试压台账记录不全。

（317）井控装置现场试压台账记录错误。

（318）现场试压报告中井控装置名称、型号等内容填写不全。

（319）现场试压报告中井控装置名称、型号等内容填写不正确。

（320）未按规定记录套管环空压力。

（321）地破（承压）试验记录不全。

（322）低泵冲试验记录不全。

（323）防喷（防硫）演习时间、工况、班组、完成时间等要素记录不全。

（324）防喷（防硫）演习记录未注明夜间、远控台直接关井、辅控台关井、录井声光报警等情况。

（325）防喷（防硫）演习记录无录井曲线。

（326）防喷（防硫）演习参加人员签字不全。

（327）防喷（防硫）演习讲评记录无针对性。

（328）井控装置活动保养记录填写不规范。

（329）阀门活动保养记录填写不规范。

（330）死卡活动保养记录填写不规范。

（331）内防喷工具台账填写不规范。

（332）内防喷工具台账与实物不符。

（333）未建立单只内防喷工具活动检查记录表。

（334）未按要求填写单只内防喷工具活动检查记录。

（335）未建立应急点火器具检查记录表。

（336）未按要求填写应急点火器具检查记录。

（337）培训记录中签字不全。

（338）安全监督无跟踪督促井控问题整改、验收记录。

二、一般隐患

（1）井场大门外无消防车、救护车等应急车辆停车场地。

(2）单钻机井场，道路未从前场进入。

（3）井口距离铁路、高速公路小于 200m。

（4）井口距离学校、医院和大型油库等人口密集或高危性场所小于 500m。

（5）应急集合点逃生门从井场向外锁闭。

（6）井场应急逃生门内外通道不畅。

（7）应急集合点人员撤离通道不畅通。

（8）井场大门处无硫化氢警示标识牌。

（9）井场大门处硫化氢警示标识牌挂牌错误。

（10）井场大门处未配备手摇报警器。

（11）油气井之间的井口间距小于 5m。

（12）高压、高含硫油气井井口与其他井井口之间的距离小于本井所用钻机钻台长度或小于 8m。

（13）丛式井组之间的排间距小于 20m。

（14）双排钻机丛式井组之间的排间距小于 35m。

（15）值班房与井口间距小于 30m。

（16）发电房与井口间距小于 30m。

（17）后场应急车道宽度不满足两台泥浆车同时转供浆。

（18）远控台未安装在面对井架大门左侧（常规井）。

（19）远控台距井口不足 25m（三高井及风险探井不足 30m）。

（20）远控台房体摆放不平、不稳。

（21）远控台距放喷管线小于 1m。

（22）远控台 10m 范围内堆放油桶等易燃、易爆、腐蚀物品。

（23）远控台周边无安全通道。

（24）远控台房体破损、漏雨。

（25）远控台主电源未从发电房或配电柜专线接出。

（26）远控台主电源控制开关未作标识。

（27）远控台电源线接头不防爆。

（28）远控台主气源未专线接入。

（29）远控台主气源压力不在 0.65~1.0MPa。

（30）远控台气管线漏气。

（31）远控台油雾器、气水分离器无防爆外壳。

（32）远控台油雾器油量低于油杯的 1/3。

（33）远控台气水分离器排水阀损坏。

（34）远控台前门未打开。

（35）远控台后门未关闭。

（36）远控台后门锁死。

（37）远控台室内有杂物。

（38）远控台房体未接地。

（39）远控台房体接地电阻大于4Ω。

（40）远控台未张贴"剪切关井程序"。

（41）远控台调试完成后未进行可靠性试压。

（42）远控台三位四通阀布局自右至左与井口组合自上至下顺序不符。

（43）远控台三位四通阀手柄缺失或损坏。

（44）远控台三位四通阀标识牌缺失。

（45）远控台半封手柄位置未标识"上半封"或"下半封"及封芯尺寸。

（46）远控台全封手柄未安装防误操作防护罩。

（47）远控台剪切手柄未安装限位销。

（48）远控台剪切闸板手柄限位销装、取不方便。

（49）远控台环形手柄未处于中位。

（50）远控台闸板、放喷阀手柄未处于工作位。

（51）远控台无备用的三位四通阀。

（52）远控台备用三位四通阀未处于中位。

（53）远控台两位气缸气管线漏气。

（54）远控台压力表无标识牌。

（55）远控台压力表损坏。

（56）远控台蓄能器压力不在18.5～21.0MPa。

（57）远控台环形防喷器压力不在8.5～10.5MPa。

（58）远控台管汇压力不在10.5MPa±1.0MPa。

（59）远控台环形调压阀旋钮未指向司钻控制台。

（60）远控台液气开关并帽未上紧。

（61）远控台铭牌缺失。

（62）远控台油箱油位标尺处无"上限""工作油位""下限"字样和标识线。

（63）远控台工作状态下油位未在上下限之间（距底面200～250mm）。

（64）远控台油品变质。

（65）远控台蓄能器渗漏。

（66）远控台蓄能器胶囊充氮压力不在7.0MPa±0.7MPa。

（67）远控台蓄能器胶囊破损。

（68）远控台蓄能器截止阀处于关位。

（69）远控台蓄能器总截止阀处于关位。

（70）远控台旁通阀远程开关失效。

（71）远控台电动泵启、停压力调校不准。

（72）远控台工作电动泵电源开关不在"自动"位。

（73）远控台单台电动泵无单独的电源控制箱。

（74）远控台电源控制箱上无与电动泵相对应的编号标识。

（75）远控台电动泵进油管线堵塞。

（76）远控台电动泵高压油管线渗漏。

（77）远控台电动泵润滑油油位不在规定范围内。

（78）远控台气动泵总气源开关未打开。

（79）远控台气动泵气源旁通阀未关闭。

（80）远控台气动泵启、停压力调校不准。

（81）远控台气动泵油管线渗漏。

（82）远控台气动泵气管线漏气。

（83）远控台气管束破损。

（84）远控台气管束强行弯曲、压折。

（85）远控台气管束多余部分未圈放在安全、有防护的地方。

（86）远控台无备用的液控管线接口。

（87）远控台备用液控管线接口未使用金属堵头。

（88）管排架通道处无过桥。

（89）管排架过桥与管排架直接接触。

（90）管排架过桥下有接头。

（91）管排架接头处渗油。

（92）管排架相邻活接头相互干涉。

（93）管排架备用管线端部无保护盖。

（94）管排架液控管线损坏、变形。

（95）管排架盖板未着红色。

（96）管排架上堆放杂物。

（97）管排架高压耐火软管线生产厂家不具备集团公司生产企业资质。

（98）管排架高压耐火软管线铭牌缺失。

（99）管排架高压耐火软管线管线受压。

（100）管排架高压耐火软管线弯曲半径小于0.8m。

（101）管排架高压耐火软管线出厂时间超过4年未检测。

（102）管排架高压耐火软管线超过报废年限。

（103）管排架高压耐火软管线有变形、破损、鼓包。

（104）管排架高压耐火软管线保护层钢丝单点腐蚀面积大于5cm^2。

（105）管排架高压耐火软管线保护层钢丝周向连续断丝数大于10根。

（106）管排架高压耐火软管线被泥沙掩埋。
（107）司控台安装位置不便于操作。
（108）司控台固定不牢。
（109）司控台箱体锈蚀、破损。
（110）司控台环形调压阀失效。
（111）司控台气管线漏气。
（112）司控台气管束与钻台面接触处无防磨损措施。
（113）司控台气管束强行弯折。
（114）司控台气管束气芯裸露。
（115）司控台压力表无标识牌。
（116）司控台未使用抗震压力表。
（117）司控台压力表抗震油低于表面中心。
（118）司控台压力表损坏。
（119）司控台压力表显示值与远控台相应值误差超过 1MPa。
（120）司控台手柄标识牌缺失。
（121）司控台手柄布局自上而下与井口组合顺序不符。
（122）司控台控制半封闸板的手柄处未标识封芯尺寸。
（123）司控台手柄损坏。
（124）司控台全封闸板手柄无防误操作限位装置。
（125）司控台"开""关"显示牌缺失、发卡。
（126）司控台有"剪切"标识牌。
（127）辅控台未安装在井场大门附近。
（128）辅控台固定不牢。
（129）辅控台操作面板无防护门。
（130）辅控台后门不能打开。
（131）辅控台气管线漏气。
（132）辅控台气管束强行弯折。
（133）辅控台气管束气芯裸露。
（134）辅控台压力表无标识牌。
（135）辅控台压力表损坏。
（136）辅控台液压压力表显示值与远控台相应值误差超过 2MPa。
（137）辅控台手柄标识牌缺失。
（138）辅控台手柄布局自上而下与井口组合顺序不符。
（139）辅控台控制半封闸板的手柄处未标识封芯尺寸。
（140）辅控台控制全封闸板的手柄无限位装置。

（141）辅控台手柄损坏。

（142）辅控台有"剪切"标识牌。

（143）辅控台三联体漏气。

（144）辅控台油雾器油量低于1/3。

（145）辅控台气水分离器积水未排。

（146）辅控台气水分离器排水阀损坏。

（147）现场摆放的防喷器、四通等，钢圈槽无防护措施。

（148）未按规定定期活动防喷器。

（149）防喷器组井控车间检测时间超过1年。

（150）防喷器组井口与转盘、天车中心线偏差大于10mm。

（151）防喷器组井口偏磨。

（152）防喷器组铭牌未朝向前场方向。

（153）防喷器组铭牌缺失。

（154）防喷器组铭牌被油漆遮盖。

（155）防喷器组连接螺栓螺帽未上满扣。

（156）防喷器组连接螺栓无余扣。

（157）防喷器液控管路渗漏。

（158）防喷器组试压后未重新检查、紧固连接螺栓。

（159）闸板防喷器活塞杆观察窗被遮挡。

（160）环形防喷器打开不完全。

（161）闸板防喷器闸板打开不到位。

（162）防喷器组锁紧丝杆与活塞杆之间无间隙。

（163）防喷器组手动操作杆万向节卡阻。

（164）防喷器组手动操作杆万向节销钉过长，不能进入丝杆护套。

（165）防喷器组手动操作杆弯曲。

（166）防喷器组手动操作杆与锁紧丝杆夹角超过30°。

（167）防喷器组手动操作杆转动不灵活。

（168）防喷器组手动操作杆支撑架固定不牢。

（169）防喷器组手动操作杆支撑卡子太紧，操作杆转不动。

（170）防喷器组手动操作杆支撑卡与手轮间距不足。

（171）防喷器组手动操作杆手轮未接出钻机底座以外。

（172）防喷器组手动操作杆手轮变形、破损。

（173）防喷器组手动操作杆手轮锁紧螺帽未上紧。

（174）防喷器组手动操作杆手轮相互干涉。

（175）防喷器组手动操作杆手轮被阻挡。

（176）防喷器组手动操作杆标识牌缺失。

（177）防喷器组手动操作杆标识牌标识圈数与实际不符。

（178）防喷器组手动操作杆标识牌标识旋转方向错误。

（179）防喷器组手动操作杆手轮距地面超过 2m 无操作台。

（180）防喷器组手动操作杆操作台固定不牢。

（181）防喷器组手动操作杆操作台上有杂物。

（182）防喷器组手动操作杆操作台锈蚀严重。

（183）防喷器组手动操作杆操作台栏杆变形或损坏。

（184）防喷器组手动操作杆操作台栏杆不稳固。

（185）防喷器组手动操作杆操作台栏杆高度不够。

（186）防喷器组手动操作杆操作台梯步固定不牢。

（187）防喷器组手动操作杆未配备计数装置。

（188）防喷器组手动操作杆机械计数器损坏。

（189）防喷器组手动操作杆电子计数器损坏。

（190）未安装套管环空压力表。

（191）含硫井，套管头环空压力表不抗硫。

（192）套管头环空压力表量程不符合规定。

（193）套管头环空压力表未竖直安装。

（194）套管头环空压力表不抗震。

（195）套管头环空压力表抗震油低于表面 2/3。

（196）套管头环空压力表下未安装截止阀。

（197）套管头环空压力表截止阀未打开。

（198）套管头环空压力表安装朝向不便于观察。

（199）方井积水，淹没套管头环空压力表。

（200）套管头环空压力表损坏。

（201）套管头环空压力表指针不归零。

（202）套管头防磨套未定期检查。

（203）套管头防磨套磨损超过 30% 未更换。

（204）套管头顶丝未顶到位。

（205）套管头顶丝外露长度不符合说明书要求。

（206）套管头顶丝密封填料未压紧。

（207）防喷器组未安装泥浆伞。

（208）防喷器组泥浆伞破损。

（209）防喷器组泥浆伞漏钻井液。

（210）防喷器组泥浆伞内堆积物过多，钻井液漫出。

（211）防喷器组泥浆伞引流管堵塞、破损。

（212）防喷器组防溢管内径小于防喷器通径。

（213）防喷器组防溢管内有台阶。

（214）防喷器组钻井液回流管出口埋入缓冲罐液面以下，不便观察是否断流。

（215）防喷器组绷绳直径小于16mm。

（216）防喷器组绷绳上下固定点未对正。

（217）防喷器组2根及以上绷绳共用1根钢丝绳。

（218）防喷器组绷绳未使用正反螺栓。

（219）使用导轮强行拉正防喷器组。

（220）防喷器组绷绳未收紧。

（221）防喷器组绷绳固定处未使用卸扣。

（222）防喷器组绷绳断丝、散股。

（223）防喷器组绷绳锈蚀严重。

（224）防喷管汇井控车间检测时间超过1年。

（225）防喷管线无编码。

（226）防喷管汇管线未按规定着红色。

（227）防喷管汇管线未平直接出钻机底座以外。

（228）防喷管汇管线弯曲、受压。

（229）防喷管汇非耐冲蚀弯头角度小于120°。

（230）防喷管汇长度超过7m未固定。

（231）防喷管汇1、2号防喷管线未在井架底座上固定。

（232）防喷管汇固定压板与管线不匹配。

（233）防喷管汇固定螺栓未上齐全。

（234）防喷管汇固定螺栓未上紧。

（235）防喷管汇固定螺栓螺帽无防松措施（双螺帽或弹簧垫）。

（236）防喷管汇连接螺栓规格型号不一致。

（237）防喷管汇连接螺栓螺帽未上紧。

（238）防喷管汇连接螺栓锈蚀严重。

（239）防喷管汇连接螺栓螺帽未上满扣。

（240）防喷管汇连接螺栓无余扣。

（241）防喷管汇试压后未重新紧固连接螺栓。

（242）防喷管汇使用后未及时吹扫。

（243）防喷管汇未按规定进行吹扫。

（244）防喷管汇未对各管线进行逐一吹扫。

（245）防喷管汇阀门抗硫级别低于节流压井管汇。

（246）防喷管汇阀门铭牌缺失。

（247）防喷管汇阀门铭牌被油漆遮盖。

（248）防喷管汇阀门铭牌信息模糊。

（249）防喷管汇阀门未挂牌编号。

（250）防喷管汇阀门挂牌编号错误。

（251）防喷管汇阀门挂牌与闸阀开关状态不符。

（252）防喷管汇阀门开关不灵活。

（253）防喷管汇阀门开关状态错误。

（254）防喷管汇阀门未处于全开或全关状态。

（255）防喷管汇阀门开关到底后未回转 1/4～1/2 圈。

（256）防喷管汇阀门丝杆保护帽缺失。

（257）防喷管汇阀门手轮被阻挡。

（258）防喷管汇阀门手轮缺失。

（259）防喷管汇阀门手轮变形、破损。

（260）防喷管汇阀门未定期注脂保养。

（261）防喷管汇阀门未定期开关活动。

（262）防喷管汇液动阀液控管线接头渗油。

（263）防喷管汇液动阀油管线强行弯折。

（264）防喷管汇液动阀油管线出厂时间超过 4 年未检测。

（265）防喷管汇液动阀油管线超过报废年限。

（266）防喷管汇液动阀油管线有破损、鼓包。

（267）防喷管汇液动阀油管线保护层钢丝单点腐蚀面积未少于 5cm^2。

（268）防喷管汇压力表量程与设计不符。

（269）防喷管汇含硫井未使用抗硫压力表。

（270）防喷管汇未使用抗震压力表。

（271）防喷管汇压力表抗震油低于表面 2/3。

（272）防喷管汇压力表指针不归零。

（273）防喷管汇压力表损坏。

（274）防喷管汇压力表朝向不便于观察。

（275）防喷管汇压力表表面被遮挡。

（276）防喷管汇压力表连接处渗漏。

（277）防喷管汇压力表未竖直安装。

（278）防喷管汇压力表缓冲器无压力等级、抗硫级别等标志。

（279）防喷管汇压力表缓冲器本体上生产厂家标识模糊不清。

（280）防喷管汇压力表缓冲器压力等级与防喷管汇不匹配。

（281）防喷管汇压力表缓冲器抗硫级别低于节流压井管汇。

（282）防喷管汇压力表缓冲器连接密封失效。

（283）防喷管汇缓冲器与压力表之间安装有其他连接件。

（284）防喷管汇压力表截止阀本体上未标识压力等级、抗硫级别等信息。

（285）防喷管汇压力表截止阀本体上生产厂家标识模糊不清。

（286）防喷管汇压力表截止阀本体上无专用卸压口。

（287）防喷管汇截止阀压力等级与防喷管汇不匹配。

（288）防喷管汇压力表截止阀抗硫级别低于节流压井管汇。

（289）防喷管汇压力表截止阀连接密封失效。

（290）防喷管汇压力表截止阀手柄受干涉。

（291）防喷管汇压力表截止阀开关不灵活。

（292）防喷管汇压力表截止阀手柄缺失。

（293）防喷管汇压力表截止阀手柄断裂损坏。

（294）防喷管汇高量程压力表截止阀未打开。

（295）防喷管汇低量程压力表截止阀未关闭。

（296）防喷管汇压力表三通本体未标明压力等级、抗硫级别等信息。

（297）防喷管汇压力表三通本体上生产厂家标识模糊不清。

（298）防喷管汇压力表三通压力等级与防喷管汇不匹配。

（299）防喷管汇压力表三通抗硫级别低于节流压井管汇。

（300）防喷管汇压力表三通连接密封失效。

（301）防喷管汇压力表传压通道堵塞。

（302）防喷管汇测压法兰本体未标明压力等级、抗硫级别等信息。

（303）防喷管汇测压法兰本体上生产厂家标识模糊不清。

（304）防喷管汇测压法兰压力等级与防喷管汇不匹配。

（305）防喷管汇测压法兰抗硫级别低于节流压井管汇。

（306）防喷管汇测压法兰密封失效。

（307）防喷管汇测压法兰双外螺纹接头严重锈蚀。

（308）防喷管汇测压法兰双外螺纹接头本体严重损伤。

（309）防喷管汇测压法兰双外螺纹接头错扣、乱扣。

（310）防喷管汇录井压力传感器压力等级与防喷管汇不匹配。

（311）节流管汇阀门铭牌缺失。

（312）节流管汇阀门铭牌信息模糊。

（313）节流管汇阀门铭牌松脱。

（314）节流管汇阀门未挂牌编号。

（315）节流管汇阀门挂牌编号错误。

（316）节流管汇阀门挂牌与闸阀开关状态不符。

（317）节流管汇阀门开关不灵活。

（318）节流管汇阀门开关状态错误。

（319）节流管汇阀门未处于全开或全关状态。

（320）节流管汇阀门开关到底后未回转 1/4～1/2 圈。

（321）节流管汇阀门丝杆保护帽缺失。

（322）节流管汇阀门手轮被阻挡。

（323）节流管汇阀门手轮缺失。

（324）节流管汇阀门手轮变形、破损。

（325）节流管汇阀门未定期注脂保养。

（326）节流管汇阀门未定期开关活动。

（327）节流管汇液动阀在关闭额定压力时打不开。

（328）节流管汇液动阀油管线强行弯折。

（329）节流管汇液动阀油管线出厂时间超过 4 年未检测。

（330）节流管汇液动阀油管线超过报废年限。

（331）节流管汇液动阀油管线有破损、鼓包。

（332）节流管汇液动阀油管线保护层钢丝单点腐蚀面积未少于 5cm^2。

（333）节流管汇压力表量程与设计不符。

（334）节流管汇含硫井未使用抗硫压力表。

（335）节流管汇未使用抗震压力表。

（336）节流管汇压力表抗震油低于表面 2/3。

（337）节流管汇压力表指针不归零。

（338）节流管汇压力表损坏。

（339）节流管汇压力表朝向不便于观察。

（340）节流管汇压力表未竖直安装。

（341）节流管汇压力表缓冲器无压力等级、抗硫级别等标志。

（342）节流管汇压力表缓冲器本体上生产厂家标识模糊不清。

（343）节流管汇压力表缓冲器压力等级与不匹配。

（344）节流管汇压力表缓冲器抗硫级别低于节流压井管汇。

（345）节流管汇压力表缓冲器连接密封失效。

（346）节流管汇缓冲器与压力表之间安装有其他连接件。

（347）节流管汇压力表截止阀本体上未标识压力等级、抗硫级别等信息。

（348）节流管汇压力表截止阀本体上生产厂家标识模糊不清。

（349）节流管汇压力表截止阀本体上无专用卸压口。

（350）节流管汇截止阀压力等级与不匹配。

（351）节流管汇压力表截止阀抗硫级别低于节流压井管汇。

（352）节流管汇压力表截止阀连接密封失效。

（353）节流管汇压力表截止阀手柄受干涉。

（354）节流管汇压力表截止阀手柄缺失。

（355）节流管汇压力表截止阀手柄断裂损坏。

（356）节流管汇高量程压力表截止阀未打开。

（357）节控箱生产厂家不具备集团公司生产企业资质。

（358）节控箱箱体破损、变形。

（359）节控箱阀位表显示值与节流阀开度不一致。

（360）节控箱油管线连接处漏油。

（361）节控箱油箱内液压油乳化、变质。

（362）节控箱储能器充氮压力不在 1.0MPa±0.1MPa。

（363）节控箱储能器充压时间大于 4min。

（364）节控箱液动节流阀全开时间大于 2min。

（365）节控箱手动泵手柄未固定在节控箱内。

（366）节控箱手动泵不能打压。

（367）节控箱立压传感器未竖直安装。

（368）节控箱立压传感器下未安装截止阀。

（369）气动节控箱气源压力不在 0.65~1.0MPa。

（370）气动节控箱压力表、阀位表指针不归零。

（371）气动节控箱压力表、阀位表不抗震。

（372）气动节控箱压力表、阀位表抗震油低于表面中心。

（373）气动节控箱压力表、阀位表外观损坏。

（374）气动节控箱套压表调校不准确。

（375）气动节控箱套压表截止阀关闭。

（376）气动节控箱气管线连接处漏气。

（377）气动节控箱气动泵坏。

（378）电动节控箱阀位开度不在 18~23mm。

（379）电动节控箱套压传感器截止阀关闭。

（380）电动节控箱未接地保护。

（381）压井管汇井控车间检测时间超过 1 年。

（382）压井管汇未垫平、垫牢。

（383）压井管汇与防喷管线连接不平、不正。

（384）压井管汇堵塞。

（385）压井管汇未按规定着红色。

（386）压井管汇底座锈蚀严重。

（387）管件支架变形、损坏。

（388）管件支架螺栓未上紧。

（389）压井管汇铭牌缺失。

（390）压井管汇铭牌被油漆遮盖。

（391）压井管汇阀门铭牌缺失。

（392）压井管汇阀门铭牌被油漆遮盖。

（393）压井管汇阀门未挂牌编号。

（394）压井管汇阀门挂牌编号错误。

（395）压井管汇阀门挂牌与阀门开关状态不符。

（396）压井管汇阀门开关不灵活。

（397）压井管汇阀门开关状态错误。

（398）压井管汇阀门未处于全开或全关状态。

（399）压井管汇阀门开关到底后未回转 1/4～1/2 圈。

（400）压井管汇阀门未定期注脂保养。

（401）压井管汇阀门未定期开关活动。

（402）压井管汇阀门手轮被阻挡。

（403）压井管汇阀门手轮缺失。

（404）压井管汇阀门手轮变形、破损。

（405）压井管汇阀门丝杆保护帽缺失。

（406）压井管汇单流阀流向箭头缺失。

（407）压井管汇单流阀安装方向错误。

（408）压井管汇单流阀内未装阀芯。

（409）压井管汇朝向前场方向未安装油管短节。

（410）压井管汇油管短节螺纹损坏。

（411）压井管汇油管短节用于连接压裂车管线一端安装空间不足。

（412）反压井管线通径小于 50mm。

（413）反压井管线压力等级低于钻井液高压管汇压力等级。

（414）反压井管线直管弯曲、变形。

（415）反压井管线连接螺栓未上齐全。

（416）反压井管线连接螺栓未上紧。

（417）反压井管线直管段未固定。

（418）反压井管线固定压板与管线不匹配。

（419）反压井管线固定螺栓不齐全。

（420）反压井管线固定螺栓未上紧。

（421）反压井管线固定螺栓螺帽无防松措施（双螺帽或弹簧垫）。

（422）反压井管线活动弯头未拴保险绳。

（423）反压井管线有泄漏。

（424）反压井管线安装完后未进行试压。

（425）反压井管线用于日常灌注钻井液。

（426）反压井管线堵塞。

（427）放喷管线出口未采用双压板固定。

（428）放喷管线与油罐未保持一定距离。

（429）放喷管线出口在井场前场方向。

（430）主副放喷管线出口距离小于 50m。

（431）主副放喷管线出口夹角小于 90°。

（432）放喷管线堵塞。

（433）燃烧池修建位置及朝向不能保证放喷管线距燃烧池 15m 平直接入燃烧池。

（434）钻开第一个油气显示层前，放喷管线未完成安装、试压工作。

（435）放喷管线未按规定时间检测。

（436）放喷管线、法兰未露出地面。

（437）放喷管线被泥土掩埋。

（438）放喷管线相同走向两管线间距小于 0.3m。

（439）放喷管线相同走向两管线未分别固定。

（440）放喷管线通道处无过桥。

（441）放喷管线过桥与管线直接接触。

（442）放喷管线过桥下有管线接头。

（443）放喷管线穿越处未修建涵洞。

（444）放喷管线涵洞内有管线接头。

（445）放喷管线使用后未重新检查、紧固连接螺栓、固定螺栓。

（446）放喷管线试压后未重新检查、紧固连接螺栓。

（447）放喷管线通径小于 78mm。

（448）放喷管线无编码。

（449）放喷管线法兰密封垫环槽损伤。

（450）放喷管线密封垫环损伤、变形。

（451）放喷管线使用组合式螺纹弯管。

（452）放喷管线备用管线垫环槽未保养防护。

（453）放喷管线法兰未紧平。

（454）放喷管线使用非专用螺栓。

（455）放喷管线连接螺栓螺帽未上紧。

（456）放喷管线连接螺栓无余扣。

（457）放喷管线连接螺栓螺帽锈蚀严重。

（458）放喷管线固定基墩坑长×宽×深小于 0.8m×0.8m×1.0m。

（459）放喷管线松软地表处基墩坑体积小于 1.2m³。

（460）放喷管线基墩未采用混凝土浇筑。

（461）放喷管线基墩混凝土混拌比例不满足水：水泥：砂子：石子 = 0.4：1：1.2：3。

（462）放喷管线基墩外购商业混凝土低于 C25。

（463）页岩气井、致密油气井井场内使用的活动基墩重量小于混凝土基墩（0.64m³）重量。

（464）放喷管线地脚螺栓直径小于 20mm。

（465）放喷管线地脚螺栓预埋长度小于 0.5m。

（466）放喷管线地脚螺栓对焊。

（467）放喷管线压板宽度小于 60mm。

（468）放喷管线压板厚度小于 8mm。

（469）放喷管线压板弧度与管线不匹配。

（470）放喷管线压板未卡正（与管线不贴合）。

（471）放喷管线压板固定在弯头上。

（472）放喷管线压板螺帽无防松措施（双螺帽或弹簧垫）。

（473）放喷管线压板双螺帽规格型号不一致。

（474）放喷管线压板螺栓未上齐全。

（475）放喷管线压板螺栓螺帽未上紧。

（476）放喷管线压板螺栓无余扣。

（477）放喷管线井场内固定间距大于 10m。

（478）放喷管线井场外固定间距大于 15m。

（479）放喷管线基墩上平面与管线倾斜度不一致。

（480）放喷管线与基墩上平面有间隙（悬空）。

（481）放喷管线与基墩上平面之间的支垫物不坚固、不稳定。

（482）放喷管线埋入基墩上平面内。

（483）放喷管线固定基墩破损。

（484）放喷管线直管线强行拉弯。

（485）放喷管线弯头两端未固定。

（486）放喷管线弯头两端固定压板距弯头法兰大于 1m。

（487）放喷管线弯头一侧两个基墩间距大于 10m。

（488）放喷管线悬空管线两端未固定。

（489）放喷管线悬空跨度大于 10m 未支撑固定。

（490）放喷管线固定支撑用金属管材外径小于 ϕ108mm，壁厚小于 5mm。

（491）放喷管线支撑未采用混凝土基墩固定。

（492）放喷管线支撑基墩尺寸小于放喷管线基墩。

（493）放喷管线支撑未垂直安装。

（494）放喷管线支撑固定卡与管线倾斜度不一致。

（495）放喷管线支撑固定卡上下耳板间无间隙（无二次紧固空间）。

（496）放喷管线支撑固定卡螺栓螺帽锈蚀严重。

（497）放喷管线支撑固定卡螺栓螺帽未上紧。

（498）放喷管线支撑固定卡螺栓螺帽未上满扣。

（499）放喷管线支撑固定卡螺栓无余扣。

（500）放喷管线支撑固定卡螺栓螺帽无防松措施（双螺帽或弹簧垫）。

（501）放喷管线阀门未定期开关活动。

（502）放喷管线阀门挂牌与开关状态不符。

（503）放喷管线阀门挂牌破损。

（504）放喷管线阀门手轮被阻挡。

（505）放喷管线阀门手轮缺失。

（506）放喷管线阀门丝杆保护帽缺失。

（507）放喷管线低洼处未安装三通及排污阀。

（508）放喷管线三通及排污阀压力等级低于放喷管线的额定压力等级。

（509）放喷管线排污阀出口高于放喷管线。

（510）放喷管线排污阀出口处未修建接液坑。

（511）放喷管线排污接液坑直径和深度小于 0.6m。

（512）放喷管线排污接液坑不便于放置接液桶。

（513）放喷管线排污接液坑底部及四周未固化。

（514）放喷管线排污接液坑无防散水措施。

（515）未配置专用钻井液回收罐。

（516）回收罐未清空。

（517）回收罐罐面未按规定开设排气口。

（518）回收罐排气口无防散水措施。

（519）回收罐未安装回收管线专用法兰接口。

（520）回收罐入罐管线出口未焊接向下的弯头。

（521）回收管线未在进入目的层前安装完毕。

（522）回收管线未接入专用回收罐。

（523）回收管线未接至回收罐专用接口。

（524）回收管线中部低凹，残液不能完全回流进入放喷管线。

（525）回收用高压软管线压力等级、通径低于硬管线。

（526）回收用高压软管线长度大于 2.5m。

（527）回收用高压软管线悬空安装。

（528）回收用高压软管线未缠安全绳。

（529）回收用高压软管线中间未固定。

（530）回收钻井液时未全部打开专用回收罐排气口。

（531）放喷管线排污管线未接入污水池（应急池）。

（532）放喷管线排污管线中部有低凹，使用后残液不能完全回流进入放喷管线。

（533）放喷管线排污管线出口未安装向下的弯头。

（534）放喷管线出口未配套安装燃烧筒。

（535）放喷管线燃烧筒法兰与固定压板间距大于 1m。

（536）放喷管线燃烧池前 15m 管线使用弯头。

（537）放喷管线燃烧筒出口未水平居中正对挡火墙。

（538）放喷管线双燃烧筒间距大于 2m。

（539）放喷管线连接燃烧筒的法兰进入燃烧池大于 1m。

（540）放喷管线燃烧筒悬空。

（541）放喷管线燃烧筒下部支垫不牢固。

（542）放喷管线燃烧筒破损。

（543）一、二类风险井燃烧池长 × 宽小于 13m×7m。

（544）三级风险井燃烧池长 × 宽小于 7m×4m。

（545）一、二类风险井燃烧池挡火墙高小于 3.5m。

（546）三级风险井燃烧池挡火墙高小于 3m。

（547）燃烧池挡火墙厚度小于 0.5m。

（548）燃烧池内壁防火材料脱落。

（549）燃烧池内地面防渗层破裂。

（550）燃烧池至集液池排液沟堵塞。

（551）燃烧池至集液池排液沟内有杂物。

（552）燃烧池墙体开裂。

（553）燃烧池地基下沉。

（554）"三高井"及风险探井副放喷点火口不具备点火条件。

（555）以点火口为中心阻燃隔离带半径不符合油田细则要求。

（556）未每 15d 对燃烧池隔离带范围内杂草、灌木进行清理。

（557）燃烧池隔离带内有杂物、易燃物。

（558）集液池容积小于 20m^3（能自流进入污水池的小于 10m^3）。

（559）集液池四周无防护栏杆。

(560)集液池内有积水。

(561)集液池墙体开裂。

(562)集液池渗漏。

(563)集液池转浆泵出口管线节流。

(564)集液池转浆泵出口使用软管线。

(565)集液池回收管线距燃烧池30m以内未使用硬管线。

(566)集液池回收管线渗漏。

(567)集液池回收管线在进入目的层前未完成安装。

(568)副放喷管线出口无燃烧池,未修建集液池。

(569)副放喷管线出口无燃烧池,集液池长×宽×深小于3m×2m×1m。

(570)副放喷管线出口无燃烧池,放喷口对面墙高小于1m,墙厚小于0.25m。

(571)副放喷管线出口无燃烧池,集液池未使用水泥做防渗处理。

(572)副放喷管线出口无燃烧池,集液池内有积水。

(573)副放喷管线出口无燃烧池,集液池内防水层开裂。

(574)副放喷管线出口无燃烧池,集液池渗漏。

(575)副放喷管线出口无燃烧池,集液池无防散水措施。

(576)副放喷管线出口无燃烧池,燃烧筒处无收集钻井液的导流槽。

(577)主放喷管线出口未配套安装自动点火装置。

(578)放喷管线自动点火装置,电控箱未接地。

(579)放喷管线自动点火装置,电控箱接地电阻大于4Ω。

(580)放喷管线自动点火装置,电控箱有破损、变形。

(581)放喷管线自动点火装置,电控箱电源线破损。

(582)放喷管线自动点火装置,高能发生器未接地。

(583)放喷管线自动点火装置,高能发生器接地电阻大于4Ω。

(584)放喷管线自动点火装置,高能发生器有破损、变形。

(585)放喷管线自动点火装置,高能发生器电源线破损。

(586)放喷管线自动点火装置,高能发生器点火电缆保护套破损。

(587)放喷管线自动点火装置,高能发生器距燃烧池小于20m。

(588)放喷管线自动点火装置,高能发生器反辐射板未正对燃烧池。

(589)放喷管线自动点火装置点火头接线盒损坏、变形。

(590)放喷管线自动点火装置点火头防火电缆接头未使用专用保护螺帽。

(591)放喷管线自动点火失败。

(592)放喷管线手动点火失败。

(593)放喷管线自动点火装置,火焰监测仪距燃烧池小于25m。

(594)放喷管线自动点火装置,火焰监测仪未正对点火头。

（595）放喷管线自动点火装置，火焰监测仪与点火头之间有遮挡物。

（596）放喷管线自动点火装置，火焰监测仪警示灯损坏。

（597）未配备应急点火工具。

（598）放喷管线使用后未进行排污、吹扫。

（599）放喷管线每半月未进行排污、吹扫。

（600）放喷管线内残留液体未排放干净。

（601）液气分离器液、气处理能力不满足设计要求。

（602）液气分离器罐体歪斜。

（603）液气分离器罐体有损伤。

（604）液气分离器罐体未按规定着红色。

（605）液气分离器铭牌缺失。

（606）液气分离器铭牌损坏，信息难以辨认。

（607）液气分离器罐体检测时间超过3年。

（608）液气分离器人孔螺栓未上齐全。

（609）液气分离器人孔铰链损坏、锈蚀。

（610）液气分离器操作台变形、损坏。

（611）液气分离器操作台栏杆缺失。

（612）液气分离器操作台栏杆固定不牢靠。

（613）液气分离器操作台栏杆变形、损坏。

（614）液气分离器直梯锈蚀严重。

（615）液气分离器直梯变形或损坏。

（616）液气分离器直梯焊口开裂。

（617）液气分离器直梯无防坠落装置。

（618）液气分离器直梯防坠落装置损坏。

（619）液气分离器底座锈蚀严重。

（620）液气分离器底座连接销或螺栓未上齐全。

（621）液气分离器底座连接销未穿别针。

（622）液气分离器底座连接螺栓未上紧。

（623）液气分离器底座高度不符合要求（保持罐内液面在1.3～1.6m）。

（624）液气分离器底座基础不平整。

（625）液气分离器底座基础不坚实。

（626）液气分离器罐体周边安全通道不畅。

（627）液气分离器底座四角未用压板固定。

（628）液气分离器底座压板形状与固定桩不匹配。

（629）液气分离器底座压板厚度小于8mm。

（630）液气分离器底座压板宽度小于 50mm。

（631）液气分离器地脚螺栓直径小于 20mm。

（632）液气分离器地脚螺栓长度小于 500mm。

（633）液气分离器地脚螺栓无余扣。

（634）液气分离器地脚螺栓螺帽未上紧。

（635）液气分离器地脚螺栓螺帽无防松措施（双螺帽或弹簧垫）。

（636）液气分离器固定基墩坑尺寸小于 0.8m×0.8m×1.0m。

（637）液气分离器绷绳少于 3 根。

（638）液气分离器绷绳分布不均。

（639）液气分离器绷绳直径小于 16mm。

（640）液气分离器绷绳断丝、散股。

（641）液气分离器绷绳锈蚀严重。

（642）液气分离器绷绳未固定在罐体吊耳处。

（643）液气分离器绷绳固定处未使用卸扣。

（644）液气分离器 2 根及以上绷绳共用 1 根钢丝绳。

（645）液气分离器绷绳绳卡安装方向不正确。

（646）液气分离器绷绳绳卡数量不够。

（647）液气分离器绷绳绳头无防人员挂伤保护措施。

（648）液气分离器绷绳地锚坑尺寸小于 0.8m×0.8m×1.0m。

（649）液气分离器未安装罐体压力表。

（650）液气分离器压力表未安装在顶部。

（651）液气分离器压力表未竖直安装。

（652）液气分离器压力表表面直径小于 150mm。

（653）液气分离器压力表量程不符合规定。

（654）液气分离器压力表非抗震压力表。

（655）液气分离器压力表抗震油低于表面中心。

（656）液气分离器压力表接口堵塞。

（657）液气分离器含硫井，压力表不抗硫。

（658）液气分离器压力表下未安装截止阀。

（659）液气分离器压力表截止阀未打开。

（660）液气分离器压力表朝向不便于观察。

（661）液气分离器未安装罐体安全阀。

（662）液气分离器安全阀未安装在顶部。

（663）液气分离器安全阀未竖直安装。

（664）液气分离器安全阀压力等级与分离器压力等级不匹配。

（665）液气分离器安全阀整定压力与分离器压力等级不匹配。

（666）液气分离器安全阀铅封损坏。

（667）液气分离器配备手柄的安全阀未定期检查活动。

（668）液气分离器安全阀接口堵塞。

（669）液气分离器安全阀泄压出口未朝向井场外侧。

（670）液气分离器安全阀泄压出口安装短节、弯头、管线。

（671）液气分离器安全阀铭牌脱落。

（672）液气分离器安全阀铭牌损坏。

（673）液气分离器自动冲洗装置控制箱未接地。

（674）液气分离器自动冲洗装置控制箱接地电阻大于 4Ω。

（675）液气分离器自洁式液气分离器使用后未及时进行排污、冲洗。

（676）液气分离器自动冲洗装置冲洗水消耗后未及时补充。

（677）液气分离器自动冲洗装置冲洗水管线堵塞。

（678）液气分离器自动冲洗装置排污电磁阀坏。

（679）液气分离器进液管线未按规定着红色。

（680）液气分离器进液管线压力等级小于 14MPa。

（681）液气分离器进液管线通径小于 78mm。

（682）液气分离器进液管线存在节流。

（683）液气分离器进液管线连接处渗漏。

（684）液气分离器进液管线堵塞。

（685）液气分离器进液管线非标准法兰连接管线。

（686）液气分离器进液管线未使用专用连接螺栓。

（687）液气分离器进液管线连接螺栓螺帽未上紧。

（688）液气分离器进液管线连接螺栓无余扣。

（689）液气分离器进液管线连接螺栓锈蚀严重。

（690）液气分离器罐体进液管线固定不牢。

（691）液气分离器罐体进液管线固定支撑焊口开裂。

（692）液气分离器罐体进液管线固定卡与管线不匹配。

（693）液气分离器罐体进液管线固定卡螺栓未上紧。

（694）液气分离器罐体进液管线固定卡螺栓锈蚀严重。

（695）液气分离器高压耐火软管生产厂家不具备集团公司生产企业资质。

（696）液气分离器高压耐火软管出产日期超过 4 年未检测。

（697）液气分离器高压耐火软管超过报废年限。

（698）液气分离器高压耐火软管铭牌缺失。

（699）液气分离器高压耐火软管铭牌损坏。

(700)液气分离器高压耐火软管铠装保护层断裂大于3处。

(701)液气分离器高压耐火软管端部接头保护套存在全周贯通裂纹。

(702)液气分离器高压耐火软管端部接头保护套存在轴向贯通裂纹。

(703)液气分离器高压耐火软管钢编保护层单点腐蚀面积大于4cm^2。

(704)液气分离器高压耐火软管钢编保护层周向连续断丝数大于8根。

(705)液气分离器高压耐火软管保护层脱落轴向长度大于5cm。

(706)液气分离器高压耐火软管保护层脱落周向宽度大于5cm。

(707)液气分离器高压耐火软管管体局部体积膨胀（鼓包）。

(708)液气分离器高压耐火软管弯曲半径小于1.4m。

(709)液气分离器高压耐火软管未缠安全绳。

(710)液气分离器高压耐火软管管线中部未使用基墩和压板固定。

(711)液气分离器高压耐火软管固定卡与管线不匹配。

(712)液气分离器高压耐火软管固定卡螺栓未上紧。

(713)液气分离器高压耐火软管与罐体硬管线连接处悬空。

(714)液气分离器高压耐火软管线安装后中部形成低凹。

(715)液气分离器进液管线使用后未及时排污、吹扫。

(716)液气分离器防喷演习后进液管线未及时排污、吹扫。

(717)液气分离器排液管线通径小于200mm。

(718)液气分离器排液管线使用的软管线压力等级小于2MPa。

(719)液气分离器排液管线节流。

(720)液气分离器排液管线连接螺栓未上齐全。

(721)液气分离器排液管线螺栓螺帽未上紧。

(722)液气分离器排液管线连接螺栓无余扣。

(723)液气分离器排液管线连接螺栓螺帽锈蚀严重。

(724)液气分离器排液管线地面未固定。

(725)液气分离器排液管线悬空超过10m未支撑固定。

(726)液气分离器排液管线悬空支撑固定不牢。

(727)液气分离器排液管线固定卡与管线不匹配。

(728)液气分离器排液管线固定卡螺栓未上紧。

(729)液气分离器排液管线出口未接入缓冲罐。

(730)液气分离器排液管线出口处固定不牢。

(731)液气分离器排液管线出口过高（罐内液面淹没分离结构）。

(732)液气分离器排液管线出口过低（罐内液面低于1.0m）。

(733)液气分离器排液管线有效液柱小于3m。

(734)液气分离器排液管线出口埋于缓冲罐液面以下。

（735）液气分离器排液管线出口处不便观察是否断流。

（736）液气分离器排液管线使用后未及时排污。

（737）液气分离器排液管线排污口不在管线最低处。

（738）液气分离器排液管线排污口未配备偏心三通。

（739）液气分离器排液管线排污口偏心三通出口不在管线底部。

（740）液气分离器排液管线排污口小于 4in。

（741）液气分离器排液管线排污口排污阀开关不灵活。

（742）液气分离器排液管线排污口排污阀关闭不严。

（743）液气分离器排液管线排污管线使用非铠装软管线。

（744）液气分离器排液管线排污管线未保持水平或向下走势。

（745）液气分离器排液管线堵塞。

（746）液气分离器排污管线堵塞。

（747）液气分离器排气管线未按规定着黄色。

（748）液气分离器排气管线通径小于 200mm。

（749）液气分离器排气管线漏气。

（750）液气分离器排气管线节流。

（751）液气分离器排气管线连接螺栓未上齐全。

（752）液气分离器排气管线螺栓螺帽未上紧。

（753）液气分离器排气管线螺栓无余扣。

（754）液气分离器排气管线螺栓螺帽锈蚀严重。

（755）液气分离器罐体排气管线固定支撑焊口开裂。

（756）液气分离器罐体排气管线固定卡与管线不匹配。

（757）液气分离器罐体排气管线固定卡螺栓未上紧。

（758）液气分离器罐体排气管线固定卡螺栓锈蚀严重。

（759）液气分离器排气管线直管段固定基墩间距大于 15m。

（760）液气分离器排气管线在通道处无过桥保护。

（761）液气分离器排气管线与过桥直接接触。

（762）液气分离器过桥下排气管线有接头。

（763）液气分离器排气管线拐弯处未用水泥基墩固定。

（764）液气分离器排气管线基墩坑长×宽×深小于 0.5m×0.5m×0.8m。

（765）液气分离器排气管线地表松软时基墩坑体积小于 0.4m^3。

（766）液气分离器排气管线地脚螺栓直径小于 20mm。

（767）液气分离器排气管线地脚螺栓长度小于 500mm。

（768）液气分离器排气管线压板与管线不匹配。

（769）液气分离器排气管线压板螺栓未上紧。

(770）液气分离器排气管线低凹处未设置排污口。

(771）液气分离器排气管线排污口不在管线最低处。

(772）液气分离器排气管线排污口未配备偏心三通。

(773）液气分离器排气管线排污口尺寸小于 2in。

(774）液气分离器排气管线排污阀开关不灵活。

(775）液气分离器排气管线排污阀关闭不严。

(776）液气分离器排气管线排污口接液坑四壁未固化。

(777）液气分离器排气管线排污口接液坑无防散水措施。

(778）液气分离器排气管线排污口接液坑内不方便放入接液桶。

(779）液气分离器排气管线未定时排污。

(780）液气分离器排气管线使用后未排污。

(781）液气分离器排气管线内有污水。

(782）液气分离器排气管线堵塞。

(783）液气分离器排气管线未安装压力表。

(784）液气分离器排气管线压力表表面直径小于 100mm。

(785）液气分离器排气管线压力表量程不符合规定（0～0.16MPa）。

(786）液气分离器排气管线压力表非抗震压力表。

(787）液气分离器排气管线压力表抗震油低于表面中心。

(788）液气分离器含硫井，排气管线压力表不抗硫。

(789）液气分离器排气管线压力表下未安装截止阀。

(790）液气分离器排气管线压力表截止阀未打开。

(791）液气分离器排气管线压力表未配套安装专用测压法兰。

(792）液气分离器排气管线压力表未竖直安装。

(793）液气分离器排气管线压力表安装位置不便于观察。

(794）液气分离器排气管线压力表朝向不便观察。

(795）液气分离器排气管线出口未配置燃烧筒。

(796）液气分离器燃烧筒距井口小于 50m。

(797）液气分离器燃烧筒周边 20m 范围内有高压线、建筑物、易燃物等。

(798）液气分离器燃烧筒地面未固化。

(799）液气分离器燃烧筒未竖直安装。

(800）液气分离器燃烧筒未配套安装阻火器。

(801）液气分离器燃烧筒未使用地脚螺栓或绷绳固定。

(802）液气分离器燃烧筒固定绷绳小于 3 根。

(803）液气分离器燃烧筒固定绷绳直径小于 12mm。

(804）液气分离器燃烧筒绷绳分布不均。

（805）液气分离器燃烧筒钢丝绳断丝、散股。

（806）液气分离器燃烧筒钢丝绳锈蚀严重。

（807）液气分离器燃烧筒绷绳绳卡安装方向不正确。

（808）液气分离器燃烧筒绷绳绳卡数量不够。

（809）液气分离器燃烧筒绷绳未收紧。

（810）液气分离器燃烧筒绷绳地锚松动。

（811）液气分离器燃烧筒排污阀处未修建接液坑。

（812）液气分离器燃烧筒接液坑四壁未固化。

（813）液气分离器燃烧筒接液坑无防散水措施。

（814）液气分离器电子点火装置电控箱未接地。

（815）液气分离器电子点火装置电控箱接地电阻大于4Ω。

（816）液气分离器电子点火装置电控箱安装不平稳。

（817）液气分离器电子点火装置电控箱有破损、变形。

（818）液气分离器电子点火装置电控箱电源接头不规范。

（819）液气分离器电子点火装置电控箱电源线未保护。

（820）液气分离器电子点火装置电控箱电源线破损。

（821）液气分离器电子点火装置高能发生器箱体未接地。

（822）液气分离器电子点火装置高能发生器箱体接地电阻大于4Ω。

（823）液气分离器电子点火装置高能发生器箱体有破损、变形。

（824）液气分离器电子点火装置高能发生器电源线破损。

（825）液气分离器电子点火装置高能发生器点火电缆保护套破损。

（826）液气分离器电子点火装置高能发生器箱体距燃烧筒小于20m。

（827）液气分离器电子点火装置高能发生器箱体未固定。

（828）液气分离器电子点火装置高能发生器反辐射板未正对燃烧筒。

（829）液气分离器电子点火装置火焰监测仪距燃烧筒小于25m。

（830）液气分离器电子点火装置火焰监测仪未正对点火头。

（831）液气分离器电子点火装置火焰监测仪与点火头之间有遮挡物。

（832）液气分离器电子点火装置火焰监测仪警示灯损坏。

（833）液气分离器电子点火装置点火头接线箱损坏、变形。

（834）液气分离器电子点火装置防火电缆接头未使用专用保护螺帽。

（835）液气分离器柴油点火装置油品泄漏。

（836）液气分离器柴油点火装置油管线老化。

（837）液气分离器柴油点火装置电控箱未接地。

（838）液气分离器柴油点火装置电控箱接地电阻大于4Ω。

（839）液气分离器柴油点火装置电控箱安装不平稳。

(840)液气分离器柴油点火装置电控箱破损、变形。

(841)液气分离器柴油点火装置电控箱电源线未保护。

(842)液气分离器柴油点火装置电控箱电源线破损。

(843)旋转防喷器生产厂家不具备集团公司生产企业资质。

(844)旋转防喷器安装后未进行壳体静密封试压。

(845)旋转防喷器安装后未进行壳体动密封试压(临时加装的旋转防喷器除外)。

(846)精细化控压专用节流管汇安装后未进行试压。

(847)精细化控压设备未进行月度整体连接试压。

(848)旋转防喷器旋转胶芯密封失效未及时更换。

(849)精细控压流程高压软管未缠安全绳。

(850)精细控压流程高压软管地面未再固定。

(851)精细控压流程高压软管地面固定间距大于7m。

(852)半封闸板防喷器液控管路未配备防提装置。

(853)防提装置液、气管线渗漏。

(854)防提装置失效。

(855)防提装置应急按钮安装位置操作不方便。

(856)胶液罐无计量标尺。

(857)胶液罐计量标尺精度大于$0.2m^3$。

(858)胶液罐计量标尺刻度不清晰。

(859)加重泵双机双漏斗不能独立运行。

(860)加重泵吸入管线与储备罐下放管线未连通。

(861)加重泵吸入管线上未设置钻井液罐车卸浆接口。

(862)加重泵排液管线与储备罐进液管线未连通。

(863)油气层作业期间参与循环的罐与未参与循环的罐相互窜通。

(864)液面监测报警装置配备不齐全。

(865)液面监测报警装置安装固定不牢。

(866)液面监测报警装置标尺刻度线不清晰。

(867)液面监测报警装置标尺精度大于$0.2m^3$。

(868)液面监测报警装置气管线漏气。

(869)液面监测报警装置气管线老化、破损。

(870)液面监测报警装置气管线阀门未打开。

(871)液面监测报警装置标尺板变形。

(872)液面监测报警装置标尺板锁紧螺钉缺失。

(873)液面监测报警装置标尺板锁紧螺钉未上紧。

(874)液面监测报警装置发卡,标尺板移动不灵活。

（875）液面监测报警装置喇叭不响。

（876）超声波液面监测仪配置不齐全。

（877）超声波液面监测仪未定期校准。

（878）未配备专用灌浆罐。

（879）专用灌浆罐与其他罐窜通。

（880）专用灌浆罐转入钻井液出口埋入液面以下。

（881）灌浆回流管线出口未进入专用灌浆罐。

（882）灌浆回流管线出口埋入液面以下。

（883）专用灌浆罐未安装带直读标尺的液面报警器。

（884）录井队未在专用灌浆罐安装液位监测仪。

（885）录井液位传感器监测数据未传入一体化平台。

（886）进出储备罐区的通道不畅。

（887）储备罐锈蚀严重。

（888）储备罐基础破损。

（889）储备罐罐架变形。

（890）储备罐罐架锈蚀严重。

（891）储备罐罐架焊缝开裂。

（892）储备罐栏杆缺失。

（893）储备罐栏杆固定不牢。

（894）储备罐罐面堆放杂物。

（895）储备罐罐体爬梯锈蚀。

（896）储备罐罐体爬梯变形。

（897）储备罐梯子无栏杆。

（898）储备罐梯子锈蚀严重。

（899）储备罐梯子固定不稳。

（900）储备罐观察窗无防散水措施。

（901）储备罐上下水管线未独立分开。

（902）储备罐上水管线堵塞。

（903）储备罐下放钻井液管线中部有低凹。

（904）储备罐下放钻井液管线堵塞。

（905）储备罐钻井液管线泄漏。

（906）储备罐钻井液管线法兰螺栓未上齐全。

（907）储备罐钻井液管线蝶阀开关不灵活。

（908）储备罐钻井液管线蝶阀连接螺栓不齐。

（909）储备罐钻井液管线蝶阀手柄缺失。

（910）储备罐钻井液管线蝶阀手柄损坏。
（911）储备罐与循环罐高差不足 1.5m 时，未配备增压泵。
（912）增压泵数量少于两台。
（913）增压泵功率小于 55kW。
（914）未配备应急转浆罐。
（915）应急转浆罐砂泵功率小于 15kW。
（916）应急转浆罐进浆口未配置滤网。
（917）应急转浆罐进浆口滤网安装、拆换不方便。
（918）应急转浆罐砂泵排液口管线未接至储备罐上水管线。
（919）应急转浆罐砂泵排液口管线节流。
（920）应急转浆罐砂泵排液管线使用非铠装软管线。
（921）应急转浆罐砂泵上水口上方无检修窗。
（922）应急转浆罐电源接头不防爆。
（923）应急转浆罐未使用时未断电。
（924）应急转浆罐内有杂物或残余钻井液。
（925）应急转浆罐前方车道不畅。
（926）试压泵未配置远程控制装置。
（927）试压泵远程控制装置控制距离小于高压软管线长度。
（928）试压泵卸压阀坏。
（929）试压泵皮带轮防护罩破损。
（930）试压泵压力表指针不归零。
（931）试压泵高压软管线有鼓包、破损等。
（932）试压泵高压软管线无防脱措施。
（933）试压泵高压软管线接头螺纹有损伤、严重锈蚀等缺陷。
（934）试压泵高压软管线存放处无防撞、防砸措施。
（935）试压泵高压软管线接头螺纹无保护措施。
（936）试压泵电源线破损。
（937）试压泵电源线无防护措施。
（938）试压泵未使用时，设备未断电。
（939）无试压泵安全操作规程。
（940）钻台未配备钻具死卡。
（941）死卡尺寸与入井钻具不匹配。
（942）死卡未定期保养。
（943）使用润滑脂保养死卡卡瓦牙。
（944）死卡放于不便取用处。

（945）死卡卡瓦牙断齿。

（946）死卡卡瓦牙锈蚀严重。

（947）死卡固定桩未编号。

（948）死卡未配备专用固定钢丝绳。

（949）死卡固定钢丝绳直径小于22mm。

（950）死卡固定钢丝绳与固定桩未一一匹配。

（951）死卡固定钢丝绳未编号。

（952）死卡固定钢丝绳未放在指定位置。

（953）死卡固定钢丝绳不便取用。

（954）死卡固定钢丝绳锈蚀、断丝、散股。

（955）死卡正反螺栓型号与钢丝绳不匹配。

（956）死卡正反螺栓锈蚀严重。

（957）死卡正反螺栓未定期保养。

（958）液控压死卡液控管线接口无防护措施。

（959）液控压死卡控制箱液控管线接口与液压站不匹配。

（960）液控压死卡液控管线损伤、老化。

（961）液控压死卡液控管线接头损伤。

（962）液压死卡活门开关不灵活。

（963）液压死卡备用卡瓦未集中存放。

（964）液压死卡备件箱内备件存放零乱。

（965）液压死卡备件标识不清。

（966）液压死卡备用卡瓦锈蚀严重。

（967）简易死卡紧固螺栓不齐全。

（968）简易死卡紧固螺栓锈蚀。

（969）简易死卡备用状态时，紧固螺栓不能用手直接卸下。

（970）简易死卡钢丝绳挡销缺失。

（971）简易死卡钢丝绳挡销损坏、变形。

（972）未配备防喷单根（立柱）。

（973）防喷单根（立柱）与半封闸板封芯尺寸不一致。

（974）防喷单根（立柱）下部未配备相应配合接头。

（975）防喷单根（立柱）旋塞阀压力等级与闸板防喷器不匹配。

（976）防喷单根（立柱）旋塞阀生产厂家不具备集团公司生产企业资质。

（977）防喷立柱旋塞阀安装位置与关井高度不匹配。

（978）防喷单根（立柱）未放置在便于取用处。

（979）防喷单根（立柱）旋塞阀未处于完全打开状态。

(980）防喷单根（立柱）旋塞阀检测时间超过 1 年。

(981）防喷单根（立柱）旋塞阀未每周开关活动。

(982）防喷单根（立柱）旋塞阀开关不灵活。

(983）防喷单根（立柱）旋塞阀开关不到位。

(984）防喷单根（立柱）内有杂物。

(985）防喷单根（立柱）下部 1m 管体未着红色标识。

(986）防喷单根（立柱）外螺纹端螺纹无防护措施。

(987）防喷单根（立柱）外螺纹端螺纹脏污或锈蚀。

(988）防喷单根（立柱）未配备相应旋塞阀扳手。

(989）防喷单根（立柱）旋塞阀扳手未作标识。

(990）防喷单根（立柱）旋塞阀扳手标识不清晰。

(991）防喷单根（立柱）旋塞阀扳手未放置在指定地方。

(992）顶驱旋塞阀生产厂家不具备集团公司生产企业资质。

(993）顶驱旋塞阀压力等级与防喷器不匹配。

(994）顶驱旋塞阀累计旋转时间超过 500h 未检测。

(995）顶驱旋塞阀未每天开关活动一次。

(996）顶驱旋塞阀开关不灵活。

(997）顶驱旋塞阀开关不到位。

(998）顶驱旋塞阀连接处泄漏。

(999）顶驱手动旋塞阀未配备扳手。

(1000）顶驱手动旋塞阀扳手未作标识。

(1001）顶驱手动旋塞阀扳手标识不清晰。

(1002）顶驱手动旋塞阀扳手未放置在规定地方。

(1003）方钻杆旋塞阀生产厂家不具备集团公司生产企业资质。

(1004）方钻杆旋塞阀压力等级与防喷器不匹配。

(1005）方钻杆旋塞阀累计使用时间超过 800h 未检测。

(1006）方钻杆旋塞阀未配备扳手。

(1007）方钻杆旋塞阀扳手未作标识。

(1008）方钻杆旋塞阀扳手标识不清晰。

(1009）方钻杆旋塞阀扳手未放置在规定地方。

(1010）方钻杆旋塞阀未每天开关活动一次。

(1011）钻具止回阀生产厂家不具备集团公司生产企业资质。

(1012）钻具止回阀压力等级与防喷器不匹配。

(1013）钻具止回阀入井前未检查堵塞、刺漏及密封情况。

(1014）钻具止回阀起钻后未拆下检查。

（1015）抢接止回阀生产厂家不具备集团公司生产企业资质。

（1016）抢接止回阀压力等级与防喷器不匹配。

（1017）抢接止回阀标识槽信息毁损。

（1018）抢接止回阀标识槽被油漆遮盖。

（1019）抢接止回阀标识槽内信息模糊不清。

（1020）抢接止回阀未按规定制作标识牌。

（1021）抢接止回阀标识牌内容不全。

（1022）抢接止回阀标识牌内容不清晰。

（1023）抢接止回阀未配套安装抢接工具。

（1024）抢接工具流体通道小于阀体通道截面积。

（1025）抢接止回阀顶丝未顶开到位。

（1026）抢接止回阀本体未着红色标识。

（1027）抢接止回阀未摆放在钻台面。

（1028）抢接止回阀摆放位置不便取用。

（1029）抢接止回阀摆放位置影响钻台人员操作。

（1030）抢接止回阀摆放不稳。

（1031）抢接止回阀检测时间超过1年。

（1032）起钻前未检查、活动抢接止回阀。

（1033）备用内防喷工具生产厂家不具备集团公司生产企业资质。

（1034）备用内防喷工具规格型号不符合规定。

（1035）备用内防喷工具数量不符合规定。

（1036）备用内防喷工具检测时间超过1年。

（1037）备用内防喷工具未集中存放。

（1038）备用内防喷工具标识槽内信息模糊。

（1039）备用内防喷工具未每周活动检查一次。

（1040）待回场检测的内防喷工具未集中存放。

（1041）待回场检测的内防喷工具本体上无醒目标识。

（1042）待报废内防喷工具未单独集中存放。

（1043）待报废的内防喷工具本体上无醒目标识。

（1044）备用半封闸板总成或胶芯未存放在空调材料房。

（1045）备用半封闸板总成未配备专用吊耳。

（1046）备用半封闸板总成未按要求标识。

（1047）备用半封闸板总成受压。

（1048）备用半封闸板胶芯未按规定标识。

（1049）备用半封闸板胶芯受压。

(1050)备用半封闸板胶芯老化、变形。

(1051)便携式四合一气体监测仪检测超期。

(1052)固定式硫化氢监测仪超期未检验。

(1053)固定式硫化氢监测仪探头安装位置错误。

(1054)固定式硫化氢监测仪探头安装高度不符合规定。

(1055)固定式硫化氢监测仪传感线脱落、断裂。

(1056)固定式硫化氢监测仪探头电源线破损。

(1057)固定式硫化氢监测仪探头被遮挡。

(1058)固定式硫化氢监测仪呼吸孔无隔膜。

(1059)固定式硫化氢监测仪呼吸孔被遮盖、堵塞。

(1060)固定式硫化氢监测仪未配置终端显示屏。

(1061)固定式硫化氢监测仪终端显示屏未处于工作状态。

(1062)固定式硫化氢监测仪终端显示屏探头与实际安装位置不对应。

(1063)固定式硫化氢监测仪终端显示屏显示数据与探头数据不一致。

(1064)固定式硫化氢监测仪终端显示屏处于故障状态。

(1065)高含硫井未配备量程不低于$1500mg/m^3$($1000ppm$)的硫化氢监测仪。

(1066)便携式硫化氢监测仪检测超期。

(1067)便携式硫化氢监测仪报警值设置不正确。

(1068)便携式硫化氢监测仪损坏。

(1069)便携式硫化氢监测仪失效。

(1070)高含硫井未配备井场四角硫化氢监测仪。

(1071)井场四角硫化氢监测仪前方有高大遮挡物。

(1072)井场四角硫化氢监测仪未定期检查。

(1073)井场四角硫化氢监测仪损坏。

(1074)井场四角硫化氢监测仪未处于正常工作状态。

(1075)录井房未配置井场四角硫化氢监测仪终端显示屏。

(1076)井场四角硫化氢监测仪录井房终端显示屏未处于工作状态。

(1077)井场四角硫化氢监测仪录井房终端显示屏编号与实际安装位置不对应。

(1078)井场四角硫化氢监测仪录井房终端显示数据与探头不一致。

(1079)井场四角硫化氢监测仪录井房终端显示屏处于故障状态。

(1080)正压式空气呼吸器未放置在规定地点。

(1081)正压式空气呼吸器摆放位置不便取用。

(1082)正压式空气呼吸器箱内有杂物。

(1083)正压式空气呼吸器气瓶破损。

(1084)正压式空气呼吸器气瓶检定超期。

（1085）正压式空气呼吸器气瓶检定合格证缺失。

（1086）正压式空气呼吸器气瓶检定合格证非有资质单位出具。

（1087）正压式空气呼吸器气瓶检定合格证脱落。

（1088）正压式空气呼吸器背夹缺失。

（1089）正压式空气呼吸器背夹破损。

（1090）正压式空气呼吸器背夹检定时间超过1年。

（1091）正压式空气呼吸器背夹检定合格证缺失。

（1092）正压式空气呼吸器背夹检定合格证非有资质单位出具。

（1093）正压式空气呼吸器背夹检定合格证脱落。

（1094）正压式空气呼吸器背带缺失。

（1095）正压式空气呼吸器背带失效。

（1096）正压式空气呼吸器腰带缺失。

（1097）正压式空气呼吸器腰带失效。

（1098）正压式空气呼吸器软管缺失。

（1099）正压式空气呼吸器软管不全。

（1100）正压式空气呼吸器软管失效。

（1101）正压式空气呼吸器供给阀缺失。

（1102）正压式空气呼吸器供给阀失效。

（1103）正压式空气呼吸器压力表缺失。

（1104）正压式空气呼吸器压力表失效。

（1105）正压式空气呼吸器压力表未检定。

（1106）正压式空气呼吸器压力表检测时间超过1年。

（1107）正压式空气呼吸器压力表检定合格证缺失。

（1108）正压式空气呼吸器压力表检定合格证非有资质单位出具。

（1109）正压式空气呼吸器压力表检定合格证脱落。

（1110）正压式空气呼吸器面罩缺失。

（1111）正压式空气呼吸器面罩失效（破损、脏、有异物等）。

（1112）正压式空气呼吸器面罩镜片缺失。

（1113）正压式空气呼吸器面罩镜片失效（破损、脏等）。

（1114）正压式空气呼吸器面罩头套缺失。

（1115）正压式空气呼吸器面罩头套失效（损坏、贴合不严）。

（1116）正压式空气呼吸器低压报警失效。

（1117）正压式空气呼吸器低压报警值不正确。

（1118）正压式空气呼吸器无保养卡。

（1119）正压式空气呼吸器保养卡未填写。

（1120）正压式空气呼吸器未开展周检。

（1121）正压式空气呼吸器气压值不在规定范围内。

（1122）正压式空气呼吸器充气泵使用位置无法采集清洁空气。

（1123）正压式空气呼吸器充气泵附近无电源插座。

（1124）正压式空气呼吸器充气泵失效。

（1125）应急演练司钻"关井"信号不正确。

（1126）应急演练司钻"关井完成"信号不正确。

（1127）应急演练司钻"开井"信号不正确。

（1128）应急演练录井声光报警信号错误。

（1129）应急演练关井结束前关闭声光报警信号。

（1130）应急演练关井完成时间超时。

（1131）应急演练班组人员反应迟钝。

（1132）应急演练班组人员跑位不正确。

（1133）应急演练手势信号传递不正确。

（1134）应急演练抢接止回阀时，先松顶丝后引扣、紧扣。

（1135）应急演练接防喷单根（立柱）时，未先抢接止回阀。

（1136）应急演练防喷单根（立柱）的旋塞阀位置太高，无法操作。

（1137）应急演练关闭防喷器后，钻具未下座在钻台上。

（1138）应急演练关井完成后，未安排专人打开低量程压力表观察、记录套压变化情况。

（1139）应急演练关井完成后，未针对岗位演习情况开展讲评。

（1140）应急演练未确认套压为零，司钻即发出开井信号。

（1141）应急演练打开8号液动阀前，未关闭液动节流阀。

（1142）应急演练打开8号液动阀前，未关闭J9阀。

（1143）应急演练打开8号液动阀前，未开启J10阀。

（1144）应急演练打开8号液动阀前，未安排专人观察液气分离器排液管线出口是否断流。

（1145）应急演练打开8号液动阀后，未打开液动节流阀。

（1146）应急演练未确认液气分离器排液管线出口断流，司钻打开防喷器。

（1147）应急演练司钻打开防喷器后，副司钻未确认闸板活塞杆是否完全到位。

（1148）应急演练打开防喷器后，钻台未确认环形、闸板是否完全打开到位。

（1149）应急演练环形、闸板未完全打开到位，即恢复起下钻具等井口作业。

（1150）应急演练打开防喷器后，未关闭8号液动阀。

（1151）应急演练关闭8号液动阀后，未打开J8阀排污。

（1152）应急演练打开J8阀排污前，打开J9阀。

（1153）应急演练打开 J8 阀排污时，未打开 J10 阀。

（1154）应急演练后未及时恢复各阀门至正常开关状态。

（1155）应急演练生活管理员或卫生员未准备医疗器械、药品在安全地点待令。

（1156）录井队便携式、固定式硫化氢气体检测仪检测过期。

（1157）录井队立、套压传感器配置不全。

（1158）录井队立、套压传感器未定期校验。

（1159）录井队立、套压传感器数据不准确。

（1160）录井队传感器安装不规范。

（1161）录井队色谱、池体积传感器配置不全。

（1162）录井队色谱、池体积传感器未定期标定、校验。

（1163）录井队色谱、池体积传感器数据不准确。

（1164）录井队超声波液面检测仪配置不全。

（1165）录井队超声波液面检测仪故障。

（1166）录井队超声波液面检测仪未定期校验。

（1167）录井队声光报警仪故障。

（1168）录井队标准气样不全。

（1169）录井队标准气样过期。

（1170）录井队标准气样未定置管理。

（1171）录井队标准气样账物不符。

（1172）录井队地质预告牌内容未及时更新。

（1173）录井队地质预告牌中层位、井深、岩性、油气水漏显示、地层压力、故障提示、含硫情况等内容与实际不符或错误。

（1174）录井队参加钻井队防喷演习记录，未对己方人员表现进行评价。

（1175）录井队参加钻井队技术交底会、生产会、井控例会、班前班后会等无记录。

（1176）录井队油气水及漏、溢显示等资料收集不全、不准确。

（1177）录井队钻井过程中液面异常变化、标注说明不全、不准确。

（1178）录井队未记录起钻前循环时间、进出口密度情况。

（1179）录井队未记录起、下钻过程中的钻井液灌（返）量。

（1180）录井队坐岗记录、HSE 记录及地质资料记录审核签字不全。

（1181）钻井液性能指标不符合设计或技术措施要求。

（1182）钻井液队未定时进行性能检测。

（1183）钻井液性能测量记录中审核人员未签字确认。

（1184）循环罐钻井液总量不符合规定。

（1185）重晶石粉、储备钻井液、钻井液添加剂等台账记录不全、账物不符。

（1186）重晶石粉、钻井液添加剂无有效合格证。

（1187）钻井液队参加钻井队防喷演习记录，未对己方人员表现进行评价。

（1188）钻井液队参加钻井队技术交底会、生产会、井控例会、班前班后会无记录。

（1189）钻井液处理告知单填写不规范。

（1190）钻井液处理告知单未及时送达相关方。

（1191）钻井液队未建立危化品记录台账。

（1192）钻井液队危化品记录台账错误。

（1193）钻井液队危化品记录台账未及时更新。

（1194）钻井液队危化品记录台账中审核人员未及时签字确认。

（1195）储备钻井液未开展与井筒钻井液相融性试验。

（1196）储备钻井液超出最高设计密度时，储备钻井液密度未相应调整。

（1197）储备钻井液沉淀。

（1198）储备钻井液未定期搅拌。

（1199）储备钻井液搅拌后未测密度。

（1200）储备钻井液未定期进行大循环。

（1201）储备钻井液大循环时罐内钻井液未倒空。

（1202）储备钻井液大循环时未处理罐内沉淀物。

（1203）储备钻井液大循环后未重新标定密度、数量。

（1204）储备钻井液大循环时未对下放至循环罐的通道进行验证。

（1205）储备钻井液定期搅拌、循环无记录。

（1206）储备钻井液定期搅拌、循环记录中，操作人员未签字。

（1207）储备钻井液定期搅拌、循环记录中，审核人员未及时签字确认。

（1208）重晶石粉检测资料不全。

（1209）重晶石粉质量等级不符合要求。

（1210）散灰罐配置数量不符合要求。

（1211）散灰罐称重装置未定期校验。

（1212）散灰罐称重装置损坏。

（1213）散灰罐压力表未竖直安装。

（1214）散灰罐压力表量程不符合规定。

（1215）散灰罐压力表下未安装截止阀。

（1216）散灰罐压力表截止阀未打开。

（1217）散灰罐压力表朝向不便于观察。

（1218）散灰罐未定期造灰。

（1219）司钻房未张贴井口装置图。

（1220）司钻房井口装置图与实际不符。

（1221）司钻房井口装置图未标注各闸板芯子到转盘面高度。

（1222）司钻房井口装置图未标注套管头以上各井口装置本体高度。

（1223）司钻房井口装置图未标注钻杆内螺纹接头端面至钻台面的安全关井尺寸范围。

（1224）司钻房井口装置图标注尺寸不正确。

（1225）坐岗桌上无占有量、回流量、钻具体积实测校正表等资料。

（1226）占有量、回流量、钻具体积实测校正表等内容有错误。

（1227）坐岗记录累计误差达 $0.5m^3$ 以上无原因说明或分析不正确。

（1228）安全监督未按规定巡回检查坐岗记录。

（1229）坐岗人员未 15min 记录一次液面变化情况。

（1230）开停泵、调节排量、转浆等操作时，未单独记录液面变化。

（1231）坐岗人员未定时调校液面报警值。

（1232）带钻具止回阀下钻每 20～30 柱钻杆水眼灌满钻井液时，未校核灌入量。

（1233）测井过程中，未安排专人观察出口是否断流。

（1234）井漏后实施吊灌，未记录吊灌量。

（1235）坐岗记录不清晰，字迹难以辨认。

（1236）坐岗记录有涂改。

（1237）值班室井控装置示意图缺失。

（1238）值班室井控装置示意图与实际安装井控装置不符。

三、较大隐患

（1）远控台生产厂家不具备集团公司生产企业资质。

（2）远控台三位四通阀标识牌与控制对象不相符。

（3）司控台安装后未与远控台、控制对象进行联调。

（4）司控台手柄标识牌与控制对象不相符。

（5）辅控台安装后未与远控台、控制对象进行联调。

（6）辅控台手柄标识牌与控制对象不相符。

（7）四通、升高短节等井口连接件防硫等级低于设计要求。

（8）防喷器组生产厂家不具备集团公司生产企业资质。

（9）防喷器组合形式与设计不符。

（10）防喷器组半封闸板封芯尺寸与入井钻具不匹配。

（11）防喷器组垂直方向歪斜。

（12）防喷器组连接螺栓未使用专用螺栓。

（13）防喷器组连接螺栓规格型号不一致。

（14）防喷器组连接螺栓螺帽未上紧。

（15）防喷管汇管线生产厂家不具备集团公司生产企业资质。

(16)防喷管汇防硫等级低于设计要求。

(17)防喷管汇使用非标准法兰管线。

(18)防喷管汇使用非专用管件。

(19)防喷管线内外连接点有偏差,强拉硬接。

(20)防喷管汇管线堵塞。

(21)防喷管汇使用非专用连接螺栓。

(22)防喷管汇连接螺栓未上齐全。

(23)节流压井管汇阀门抗硫级别低于节流压井管汇。

(24)节流压井管汇生产厂家不具备集团公司生产企业资质。

(25)节流压井管汇功能性失效。

(26)节流压井管汇防硫级别低于设计要求。

(27)节流压井管汇安装后未试压。

(28)放喷管线出口距井口小于75m。

(29)三高井、含硫井、探井放喷管线出口距井口小于100m。

(30)放喷管线非专用管线。

(31)放喷管线管体弯曲、变形。

(32)放喷管线非耐冲蚀弯头角度小于120°。

(33)放喷管线管体存在现场割焊现象。

(34)放喷管线地脚螺栓存在对焊现象。

(35)放喷管线连接螺栓未上齐全。

(36)液气分离器罐体存在现场割焊现象。

(37)液气分离器排气管线存在现场割焊现象。

(38)井口距离抢险道路、高压线及其他永久性设施小于75m。

(39)井口距离民宅小于100m。

(40)储油罐与发电房间距小于20m。

(41)储油罐与井口间距小于30m。

(42)录井房、钻井液房与井口间距小于30m的不具备正压防爆功能。

(43)以点火口为中心,周边100m(页岩气井、致密油气井为50m)范围内有应急抢险道路、高压线及其他设施。

(44)应急集合点少于两处。

(45)上风口无应急集合点。

(46)应急集合点无人员撤离通道。

(47)应急演练关井操作不正确。

(48)电动节控箱电源线接头不防爆。

(49)液气分离器自动冲洗装置控制箱电源线接头不防爆。

（50）固定式硫化氢监测仪探头数量不符合井控实施细则规定。

（51）固定式硫化氢监测仪探头损坏。

（52）固定式硫化氢监测仪探头接线不防爆。

（53）固定式硫化氢监测仪未通电开启。

（54）固定式硫化氢监测仪无检定报告。

（55）便携式硫化氢监测仪配备数量低于规定数量。

（56）录井队便携式、固定式硫化氢气体检测仪配置不全。

（57）未按规定配备便携式四合一气体监测仪。

（58）便携式四合一气体监测仪损坏。

（59）作业现场未配备正压式空气呼吸器充气泵。

（60）正压式空气呼吸器配备数量低于规定数量。

（61）二、三类风险井重晶石粉数量、储备钻井液密度、数量低于设计要求。

四、重大隐患

（1）井口装置功能性失效（松动、连接部位泄漏、不能有效关井、试压不合格等），未及时处置。

（2）闸板防喷器侧门密封失效，未及时处置。

（3）闸板防喷器液缸漏油，未及时处置。

（4）防喷器打开后不能完全复位，未及时处置。

（5）防喷器控制装置失效（液控系统漏油、电动泵故障、气动泵故障等），未及时处置。

（6）防喷管汇功能性失效（连接部位泄漏、试压不合格、阀门关闭不严、阀门不能正常打开等），未及时处置。

（7）一类风险井储备重晶石粉的数量、储备加重钻井液的密度或数量低于设计要求。

第四章　石油钻井常见违章行为风险分级标准

第一节　通　用　部　分

一、轻微不安全行为

（1）进入作业区域，非作业时劳保护具穿戴不规范、整齐。
① 工衣拉链未拉紧，纽扣未扣合。
② 安全帽下颌拉紧带松弛。
③ 鞋带未系紧。
（2）参加 QHSE 会议、安全培训教育等未签字，开展岗位检查未填写相关记录。
（3）生产作业活动相关的记录、审核后未签字。
（4）检查记录、宣贯文件、票据卡片等未分类存放、保存。
（5）文件、记录、票据保存不当，在保存期限内遗失。
（6）关键设备设施、安全环保和职业健康基础台账信息与实际不符，未及时更新。
（7）岗位交接班检查未持表对标。
（8）参加安全会议、教育培训时做与活动无关的事。
（9）生产与安全文件、要求，事故事件警示等未及时传达或滞后。
（10）未公示当日关键作业。
（11）未报备中风险和低风险关键作业。
（12）未及时更新在用文件清单，存在失效文件。
（13）未及时更新计量器具台账信息。
（14）干部或岗位人员未及时审核（签字）报表。
（15）安全标识标志、警示告知牌等配置不全或顺序设置错误。
（16）非拆迁安期间，生产活动区域未封闭隔离或隔离装置损坏。
（17）作业活动场所"脏、乱、差"未及时整改。
（18）"区长"牌信息填写不正确或无法辨识。
（19）非作业指挥人员作业过程中发出指挥信号。
（20）对在一起作业人员的不安全行为未及时提醒、制止。
（21）危害因素未在期限内组织整改销项、反馈。

（22）班前班后会迟到。

（23）露天动火、吊装、高处作业未监测风速。

（24）洗眼液未定期进行更换，记录不全或未记录。

（25）加料完化工材料未恢复上盖。

（26）吊装作业指挥人员未穿戴反光背心，监护人员未佩戴袖标。

（27）未标注或更新氧气瓶、乙炔瓶、氮气瓶的空瓶、满瓶、在用、故障状态。

（28）气瓶使用后未及时回收到气瓶室。

（29）锁闭暂存氮气瓶的房间门窗致空气不流通。

（30）压力表、温度表等用于计量的安全附件看不清楚或遮盖。

（31）岗位操作员将火种带入易燃易爆场所。

（32）观察压力表的压力时，站位不当（如站在压力表螺纹正前方）。

（33）制订的危险化学试剂矩阵与现场在用的危险化学试剂不对应。

（34）人员上下设备、循环罐、钻台等未使用梯子或未抓扶手。

（35）岗位巡检漏项，检查不完全。

（36）用扳手等工具代替大锤进行敲击作业。

（37）设备或仪器使用完，人员离开未及时切断能量源。

（38）漏电保护开关未按时检查并记录。

（39）作业结束后未及时清理施工现场。

（40）实验结束后，未及时清洗仪器。

（41）员工不熟悉本岗位的巡回检查路线和检查要点。

（42）员工不熟悉本岗位的操作要领或 HSE 风险控制工具。

（43）组织生产、安全等相关会议未开展安全经验分享活动。

（44）作业许可证未按规定进行保存。

（45）HSE 制度及支持性文件无宣贯和执行检查记录。

（46）未规范建立职业健康监护档案。

（47）关键作业安全管控计划未运行或填写不规范。

（48）作业许可项目清单与现行作业许可管理办法不一致。

（49）工作前安全分析、作业计划书中新增风险未识别，或辨识的风险与现场不符。

（50）未按年度培训计划开展环境保护培训。

二、操作违章

（一）一般操作违章

（1）使用防护器具一般操作违章：

① 未按规定穿戴相应功能的工衣、工鞋和工帽。

② 85dB 以上噪声环境未佩戴耳塞或耳罩。

③ 粉尘环境未佩戴防尘口罩、护目镜。

④ 从事具有飞溅、敲击、腐蚀等伤害的作业时，未佩戴相应功能的防护器具。

（2）违反气瓶使用管理规定：

① 乙炔瓶、氧气瓶混装、混放，间距小于 5m。

② 乙炔瓶和氧气瓶距明火距离小于 10m 的情况下进行动火作业。

③ 储存有乙炔或氧气的气瓶使用完后，未关闭气瓶阀门或减压阀未泄压。

④ 乙炔气瓶使用时未保持直立状态。

⑤ 乙炔、氧气和氮气连接管线未执行乙炔管线红色、氧气管线蓝色、氮气管线黑色的着色规定。

（3）翻越防护栏杆、防护链和警示带。

（4）未对通道上的地面管线、油管或电缆采取保护措施。

（5）在机械旋转部位跨越、传递或拿取物件。

（6）在易滚动的物体上站立或行走，用手扒或脚蹬管材。

（7）未按规定参加班前班后会、安全技术交底会、作业前安全会、工作安全分析等会议。

（8）班前班后会、岗位交接班未按照"四环节风险管控机制"完成规定动作。

（9）作业结束后未及时关闭作业许可。

（10）用肢体代替工具、用手指找正销孔或螺栓孔或使用不当工具进行操作。

（11）仪器、仪表和操控台上放置水杯或其他物品。

（12）2m 以上高处放置有未固定的工具或物品。

（13）搬运或移动运转的设备设施。

（14）未按规定对野营房、电气设备接地或接零，或未对接地保护装置（电阻值）进行校正。

（15）擅自操作非本岗位设备。

（16）未对外来人员、车辆进行入场安全提示或外来人员或车辆进入正作业区域未制止。

（17）开关高压阀门时人员正对阀门丝杆。

（18）未按清洗机说明安装和使用清洗机。

（19）吊装作业一般操作违章：

① 吊车大钩上吊索具未取除，使用小钩吊装。

② 吊索具在缠绕状态下，进行吊装作业。

③ 吊装悬停期间，在操作室使用手机。

④ 起重机吊装作业时，千斤垫板面积小于千斤支腿面积 3 倍。

⑤ 使用的吊索具存在断丝但未降级或报废。

⑥ 吊装启动或起吊时不鸣笛。

（20）用吊钩直接缠绕吊物起吊。

（21）将不同种类或不同规格的吊索具混在一起使用。

（22）吊装指挥人员未确认吊索具的选择。

（23）停工和休息时，将吊物、吊篮、吊具或吊索悬在空中。

（24）吊装指挥人员从事与指挥作业无关的事。

（25）吊装作业不使用引绳，用手扶被吊物。

（26）钢丝绳套在使用前未检查、未标识或标识不清。

（27）拉运未有效捆绑的设备设施和物料。

（28）使用无可靠漏电保护措施的电气设施或电动工具。

（29）手持电动工具未在漏电保护装置后端取电。

（30）在潮湿作业场所、容器内或金属构架上使用不符合规定的手持电动工具。

（31）在易燃易爆场所使用非防爆电气设备、手机或电器具。

（32）私拉乱接电线、插座、电线零乱。

（33）未经许可使用大功率电器。

（34）钻床、电钻使用后未拆卸钻头。

（35）未按规定开展岗位检查和巡检。

（36）钢丝绳卡安装间距或数量不符合要求（最少不少于3个，具体数量根据钢丝绳公称直径而定）。

（37）进行电焊作业前未对电焊机外壳接地。

（38）电气焊作业结束后，未取出焊条。

（39）临时用电单位擅自变更临时用电地点和用途或向其他单位转供或增加用电负荷。

（40）身体倚靠在高处平台、过道、设备设施、循环罐等位置的栏杆上。

（41）未按规定对临时用电设备和线路进行检查。

（42）未按规定对关键作业进行旁站监护或现场监管。

（43）作业期间，监护人不在场或擅自离开作业现场，从事与监护无关的事。

（44）30m以上高处作业未配备通信联络工具。

（45）高处临边作业使用未系尾绳的工具或尾绳未系牢。

（46）作业现场施工材料未分类规范存放，无防雨防渗措施，包装损坏。

（47）施工作业过程中使用的材料随意丢弃、抛洒。

（48）作业时危险化学品泄漏未采取防渗等应急处置措施。

（49）材料、工具、配件、机加工件、报废、待修设备堆放处无防雨、防渗措施，未分类摆放，造成地面污染。

（50）未及时清点化学试剂数量，账物不符。

（51）储存、使用的化学试剂标签模糊不清或没有标签。

（52）废弃化学药剂及残渣废液未收集存放在指定容器或专用设施。

（53）戴手套在旋转部位操作。

（54）未经许可擅自进入警戒、隔离区域。

（55）人为造成消防通道不畅。

（56）未按规定检查和维护消防器材、挪用消防器材和安全环保和职业健康病防护设施。

（57）作业、清洗、保养、拆除等导致废液泄漏未及时处理或油品区存放不当，污染落地面积 2～5m²。

（58）发电房排气管正对农作物或林区，高温尾气影响周边植物。

（59）生活污水收集池容积不满足要求，无足够空容，上部未加盖防雨，存在溢流和外渗。

（60）生活污水处理设施损坏，清、污水管线连接错误，运转不正常，处理规模及效果不符合要求。

（61）生活垃圾未分类投放或定期处置，未做好处置记录。

（62）作业现场随意丢弃工业垃圾。

（63）设备除锈、焊接、防腐作业不规范，油漆洒落地面。

（64）擅自更改、拆除、挪用报警、应急等设备设施或未按规定使用。

（65）未按操作规程正确使用设备或工具。

（66）未按规定使用卸扣或使用不符合规定的卸扣。

（67）使用超期失效的安全防护用品、设备或工具。

（68）特殊及非常规作业，岗位风险控制措施不落实。

（69）使用不符合标准的安全带。

（70）坠落悬挂用安全带未高挂低用或锚定点不牢靠。

（71）气体监测仪、正压式空气呼吸器、气瓶超期未检测。

（72）超限（如负荷、速度、压力、温度、期限等）使用设备。

（73）在管线打开时同时拆除所有螺栓。

（74）监护人未登记进入受限空间作业人员资质，未核查工器具种类、数量的符合性。

（75）岗位上做与工作无关的事情。

（76）施工期间无故不开启监控摄像头。

（77）搬迁期间提前拆除监控摄像头。

（78）监控摄像头未标识队号（井号）。

（79）入场不使用智能门禁、现场不使用手持终端进行检查。

（80）QHSE 综合管理系统填报虚假信息。

（81）电子产品发生故障不及时报告及修理。

（82）设备防腐作业剩余油漆未妥善保存，有渗漏。
（83）高处防腐作业未采取防止液体滴落措施。
（84）装载机作业无人监护或指挥。
（85）接害岗位员工未按规定接受职业卫生培训。
（86）违规倾倒、抛洒、堆放或焚烧、掩埋生活垃圾。
（87）未采取固定和捆绑措施，将钢管堆放在易滚落的沟边。
（88）建筑物有地坑处未设置围栏或防止人员坠落措施。
（89）电动木工锯使用完后对锯片锯齿未采取任何防护措施。
（90）捆绑或吊装钢管作业中，使用有腐蚀、破损裂的吊带。
（91）在从事支模等作业过程中，人员在易滚动的钢管上行走。

（二）严重操作违章

（1）吊装作业：
① 吊装作业过程中重物悬挂在空中，吊装操作人员离开操作室（台）。
② 吊装司机同时进行两种及以上操作。
③ 起重机负载伸臂作业。
④ 操作手柄未复位、手刹未处于制动、起重机未熄火关闭时，操作人员离开操作室。
（2）焊接、切割、打磨等特种作业人员未穿戴对应的特种防护用具。
（3）进入受限空间前未进行气体检测，作业过程中未连续检测（每间隔2h）。
（4）高危作业未按规定进行能量隔离和上锁挂签。
（5）擅自使用已查封的设备、设施、器材和工具。
（6）携带火种进入林区、油罐区、油气区等严禁烟火的场所。
（7）在运转的设备上从事加油、修理、焊接等作业或清扫运动部位。
（8）用湿手或戴湿手套触摸电气开关或带电设备设施。
（9）伪造、篡改生产作业活动的相关资料或记录。
（10）携带非防爆电子设备进入油罐区、可燃气体气瓶存放区、清掏罐内等场所。
（11）在机加工、维修、切割、吊装、挖掘等高处临边作业过程中使用手机。
（12）作业、清洗、保养、拆除等导致废液泄漏未及时处理或油品区存放不当，污染落地面积 $5\sim10m^2$。
（13）危险废弃物未存放在指定容器或地点。
（14）使用未安装减压阀或回火阀的乙炔气瓶。
（15）在高处向下抛扔物品。
（16）受限空间动火作业未进行清洗、置换、通风、检测等作业。
（17）不按规定使用安全环保和职业健康设施设备。
（18）未按规定正确使用正压式空气呼吸器等安全防护设施。

（19）使用存在缺陷的生产、储存装置。

（20）作业许可批准人、认可人未进行现场措施落实验证。

（21）维修车辆不垫掩木或放置保险凳。

（22）存放易燃性液体，无接地防静电措施。

（23）油品储运车辆在装卸油品时，未连接静电释放装置。

（24）钢丝绳达到报废标准继续使用。

（25）未使用阻燃安全带、安全网进行高处动火作业。

（26）未按规定使用砂轮机、切割机等。

（27）6m以下的高处作业使用带有缓冲包的安全带。

（28）速差自控器与安全带缓冲包或安全绳串联使用。

（29）在易燃、易爆、明火、高温作业场所未穿戴专用防护装备。

（30）在受限空间内实施焊割作业时，气瓶放置在受限空间内。

（31）使用金属材质的提泵拉绳提拉潜水泵。

（32）擅自启用停用的设备、设施。

（33）人为停用设备上的安全装置或使用安全装置失效的设备设施开展作业。

（34）在机械设备（机床）工作台、道轨、滑动面上摆放工具、量具、工件。

（35）受限空间作业、高温潮湿环境未使用安全电压的照明灯具。

（36）采用明火烘烤或用棍棒敲打气瓶解冻。

（37）用罐装液化气替代氧气乙炔进行作业。

（38）在无人监护、未采取监测、无防范措施的情况下冒险进入有毒有害区域或进入受限空间作业。

（39）使用未经检测、检测不合格或报废的特种设备。

（40）在安全防护设施、设备有缺陷，隐患未消除的条件下进行作业。

（41）违反规定运输、储存、使用危险物品。

（42）人员在起吊重物下方停留。

（43）登高作业人员未按要求佩戴安全帽、安全带。

（44）高处作业时未采取防坠落措施。

（45）临边作业时，未采取安全防护措施。

（46）故意遮挡、屏蔽或损坏视频监控或故障不及时修理。

（47）特种作业人员证件超过有效期。

（48）应急演练、作业许可等资料代签字或篡改记录。

（49）安全阀铅封缺失或检定超期。

（50）在燃气设施保护范围内，未定期巡检或第三方作业时未对其作业进行有效管控。

（51）联锁（工艺、安全）功能被屏蔽或报警功能被关闭，且未履行程序。

（52）容器检修后、封闭人孔前，未开展封罐、检查。

（53）临时用电、拆安、检维修作业未断电上锁、挂签、未加挂警示牌。

（54）拒不接受入场教育、不服从属地管理。

（55）未配备特种设备安全管理负责人。

（56）携带火种、非防爆无线通信设备、电池等进入民用爆炸物品库或爆炸器材装配区域。

（57）在易燃易爆、明火、高温作业场所穿化纤服装操作或劳动防护装备不全。

（58）向生活垃圾收集设施中投放工业固体废物。

（59）因操作不当或失误发生环境污染险情。

（60）建筑从事脚手架安装作业中，使用单（踏）跳板进行高处作业。

（61）从事脚手架安装作业中，将跳板安装在脚手架之外或未进行有效固定。

（62）建筑现场采用倒顺开关控制砂浆搅拌机、混凝土搅拌机。

（63）建筑现场临时用电使用多头地拖插座。

（三）重大操作违章

（1）违反集团公司"六条禁令""含硫天然气开发安全生产禁令""压裂施工作业安全生产禁令""十不吊"和川庆公司保命条款，情节严重或可能造成重大危害后果。

（2）性质相抵触的危险物品未分库储存或混装运输。

（3）清洗、保养、拆除等作业导致废液泄漏未及时处理或油品区存放不当，污染地面面积 $10m^2$ 以上。

（4）擅自拆除、违规改装安全环保、职业病防护设施。

（5）危险废弃物运输未执行联单制度并记录。

（6）对未经清洗、置换、检测盛装过易燃易爆物品的容器、管道未办理作业许可进行作业。

（7）特殊和非常规作业未办理作业许可进行作业。

（8）阻碍、拒不接受安全生产监管人员进行监督检查。

（9）在易燃易爆区域吸烟。

（10）人为损坏或违规拆除安全防护设施、警示标志、显示仪表等。

（11）进入未采取监测与防范措施的设备内部、危险区、受限空间、密闭空间作业。

（12）作业许可批准人未进行措施落实验证，签发批准作业许可。

（13）违反规定储存、运输、使用、回收、处置易制毒化学品和危险化学品。

（14）五级及以上大风进行设备喷漆防腐作业。

（15）用绝缘棒分合高压熔断器或经传动机构分合开关时，未佩戴绝缘手套、穿绝缘靴。

（16）不允许单人操作条件的高压设备电气作业由单人操作。

（17）特种作业人员无证上岗。
（18）在用特种设备超过规定参数、使用范围使用。
（19）特种设备出现故障或发生异常情况，未对其进行全面检查、消除事故隐患，继续使用。
（20）使用被责令整改而未予整改的特种设备。
（21）未经许可，擅自从事氧气或天然气、液化石油气充装活动。
（22）特种设备发生事故不予报告而继续使用。
（23）向生活垃圾收集设施中投放危险废物。
（24）因操作不当或失误发生一般C级及以上突发环境事件和违法违规事件。

三、管理违章

（一）一般管理违章

（1）发电机、配电箱、开关箱未设置接地、防雨、防尘、防污染设施。
（2）未组织开展岗位HSE检查（交接班检查、巡查、专项活动等）。
（3）未按规定组织检查保养设备、设施、器材。
（4）动火作业现场无警戒、无应急措施，未安排监护人。
（5）未开展员工能力评估或未按照评估结果开展针对性培训。
（6）未按时完成一般隐患整改或整改不到位。
（7）未定期组织开展HSE检查、专项检查、安全会、井控例会、工作安全分析。
（8）值班干部不参加班前班后会、班前会未进行风险识别。
（9）未按规定组织作业前安全技术交底、无记录、未履行签字手续。
（10）未按规定审核生产作业活动的相关资料或审核后未签字。
（11）未按规定传达并落实公司生产作业活动的相关文件。
（12）未按规定对承包商进行HSE监督检查和绩效评价。
（13）未建立实习人员师带徒机制。
（14）未落实每日关键作业计划申报且公示。
（15）未报备高风险、次高风险关键作业。
（16）"区长"牌信息未填写。
（17）未及时组织传达和学习安全文件、事故通报和未按要求组织开展安全活动。
（18）未按要求编写HSE作业计划书或内容填写不全。
（19）未与相关方签订HSE协议或安全风险告知。
（20）未按培训矩阵组织开展HSE培训。
（21）执行过期废止的文件制度规定或标准。
（22）未按要求对新入岗、转岗人员进行岗前培训或培训内容不符合要求。

（23）未按规定使用 HSE 费用。

（24）项目 HSE 作业计划书未包括环评要求和措施等环保工作内容。

（25）作业活动未严格执行 HSE 作业指导书和项目 HSE 计划书制订的环境保护措施和要求，未按规定进行记录和保存。

（26）未按规定进行重大变更管理或变更事项未对相关人员进行培训和告知。

（27）对国家、地方政府及上级单位检查发现的一般安全环保问题，未按要求落实整改并报告上级部门。

（28）未制订安全管理目标，未进行目标分解。

（29）安全管理目标未考核或考核不落实。

（30）未建立定期安全检查制度，或安全检查无记录。

（31）专职安全管理人员未按规定进行年度安全培训或培训不合格。

（32）未及时整改各级检查审核（国家、地方政府和集团公司除外）发现的一般隐患，对不能及时整改的隐患未制订有效的风险管控措施并对员工进行培训。

（33）未签订 QHSE 责任书。

（34）未按要求开展员工安全环保履职能力评估。

（35）未纠正或制止属地内违章行为。

（36）未按规定配备急救药品和器械。

（37）未建立化学试剂管理台账或账物不符。

（38）项目 HSE 计划书未明确作业项目特定的污染控制要求和废弃物的收集、储存和处置措施。

（39）属地监督未对作业人员资格符合性进行核查。

（40）属地监督未对作业许可相关手续的符合性进行监督检查。

（41）临时用电等作业许可超过规定时限。

（42）许可票证填写内容不符合相关制度要求或随意涂改。

（43）临时用电设备在 5 台（含 5 台）以上或设备总容量在 50kW 及以上的，用电单位未编制临时用电组织设计方案。

（44）特级动火、受限空间动火、高处作业一级动火及打开油气管线动火等较大风险作业未编制作业方案。

（45）宿舍、工房、厂区用电线路管理不善，造成电线零乱，或存在裸露线头。

（46）对公司配发的健康管理设备因设施管理不善，造成损坏。

（47）未配置与起火物质的相匹配的灭火器。

（48）未定期对应急物资器材进行检查、维护、保养、更新、补充。

（49）生活污水处理设施无专人管理并做好处理记录。

（50）生产基地、营地生活垃圾未集中分类投放或合规处置，未采取防渗漏措施和记录。

（51）未召开出发前、作业前安全交底会或未明确安全风险和控制措施。

（52）未经人员能力评价，安排低岗位顶替高岗位。

（53）未按规定建立专兼职应急救援队伍。

（54）未对承包商有关安全资质和能力进行确认。

（55）设备超过检修期限或超负荷运行，设备存在缺陷未采取有效管控措施。

（56）油气井施工现场发电机或车辆未按规定安装阻火装置。

（57）施工设计、应急预案、HSE计划书未审批签字。

（58）未核查现场特种作业人员资质证件。

（59）特殊及非常规作业前未组织参与人员开展培训及风险告知。

（60）未按规定配备应急物资或应急物资数量不足、失效。

（61）未按规定制订现场应急处置方案、开展应急演练或应急预案未按规定进行备案、评审和修订。

（62）未按规定落实升级管控措施。

（63）地面流程管线未按规定安装、固定、试压。

（64）不召开班前会，或班前会未进行风险识别。

（65）私车进入作业现场不及时制止或清理。

（66）特种设备使用未登记、未建立台账。

（67）未按规定建立健全特种作业人员信息管理台账。

（68）气瓶储存无通风措施、无消防器材。

（69）管沟不按设计开挖或放坡不足且未采取有效防护措施。

（70）未对健康风险人员进行管理和干预。

（71）未将可能产生次高风险及以上的风险源纳入环境应急管理，制订相关环境应急预案或措施。

（72）擅自排放生活污水，未执行建设项目环境影响评价文件及批复要求。

（73）生活垃圾未建立台账和填写转运记录。

（74）未按照要求提交排污执行报告，未按要求提供延续、重新申请、变更、注销排污许可证。

（75）未按照《危险废物识别标志设置技术规范》（HJ 1276）设置危险废物识别标志。

（76）未按《危险废物贮存污染控制标准》（GB 18597）贮存危险废物。

（77）将危险废物混入非危险废物中贮存。

（78）因管理不到位产生重大环境隐患。

（二）严重管理违章

（1）大风、暴雨、大雪、大雾等特殊天气条件下，违反规定组织生产作业活动。

（2）HSE作业计划书未按规定审批确认进行施工作业。

（3）大型联合作业未制订风险削减措施或员工对削减措施不清楚。

（4）未按规定对特种设备、防雷接地等设施进行检测检验。

（5）未按规定对重大风险进行辨识、评价、制订管控措施。

（6）未建立健全本级风险分级管控方案及分级管控清单。

（7）值班干部、安全监督等未按规定旁站或未按规定巡查。

（8）未按规定对新员工进行三级安全教育。

（9）启用变更或停产的设备前未开展启动前安全检查。

（10）未按规定制订应急预案或现场处置方案。

（11）未按规定配备生活污水处理设施或设施运转不正常。

（12）生活污水超标排放或排放造成环境影响。

（13）未按规定组织对压力容器、压力管道等进行试压。

（14）未向从业人员提供符合国家标准或行业标准的劳动防护用品。

（15）管理人员拒绝、阻碍安全生产监管人员进行监督检查。

（16）安排无健康证食堂从业人员上岗。

（17）承包商（相关方）进入属地内作业，不进行入场安全告知，不进行人员设备的入场资质检查，不签订相关方HSE协议、未开展作业风险辨识，关键作业不进行过程监督。

（18）人为堵塞泄洪沟渠。

（19）安全附件未按规定检测或超过检验期使用。

（20）高危作业没有安排监护人。

（21）未如实记录安全生产教育和培训情况。

（22）未将事故隐患排查治理情况如实记录或未向从业人员通报。

（23）未按规定开展职业病危害场所检测。

（24）受限空间作业沟通联络不畅通。

（25）未按规定配备安全环保、职业健康及消防设施。

（26）未经允许或批准，安排人员私自对设备进行焊、割。

（27）作业开工前、打开油气层前、大型施工前未进行技术交底，未制订风险削减措施或员工对风险削减措施不明确。

（28）对危险化学品未按要求进行上锁管理。

（29）同一施工现场重复出现同类一般及以上隐患或严重及以上违章。

（30）同一施工现场同时出现五个一般及以上隐患或严重及以上违章。

（31）新技术、新工艺、新材料、新设备引入和使用未开展风险评估并制订控制措施、操作规程或措施落实不到位，操作人员未经培训合格上岗。

（32）"四新"应用及重大工艺变更未经过安全环保质量风险评估和培训。

（33）未按规定落实职业病危害告知（合同告知、培训告知、个人告知、公告告知）。

（34）未对承包商进行 HSE 教育培训、安全技术交底和施工过程监管。

（35）未落实环境影响评价及批复文件中的环境保护措施和要求，造成污染或其他不良后果。

（36）危险废物临时储存时未采取防渗防淋措施或防渗防淋措施失效。

（37）未分类存放一般固废和危险废物。

（38）未标识危险废物或标识模糊、破损或与实际不相符。

（39）将火种带入易燃易爆场所。

（40）对已发现存在危险的生产、储存装置等，仍继续使用。

（41）施工组织设计中无安全措施。

（42）在林区、草原等施工未采取消防管理措施。

（43）在料斗下方清理或检修无安全防护措施。

（44）使用非吊装设备进行吊装作业。

（45）使用单位未对在用特种设备至少每月进行一次自行检查，并作出记录。

（46）外用电梯和物料提升机在每日工作前未对行程开关、限位开关、紧急停止开关、驱动机构和制动器等进行空载检查。

（47）根据辨识可能产生的危害，未采取隔离措施。

（48）设计变更后，未进行风险评估、制订风险削减和控制措施。

（49）上锁挂签实施过程中作业负责人未组织落实隔离措施。

（50）以下的吊装作业未执行"一吊一许可"规定：

① 40t（含 40t）以上货物的吊装。

② 在已安装验收后，需倒换被吊物重量 20～40t 的吊装作业。

③ 起升高度大于 15m 的吊装作业。

④ 被吊物需要两台及以上起重机同时起吊。

⑤ 拆安天车、人字架、绞车、拆安顶驱、钻井泵、并车传动箱、拆安钻台偏房等七项钻井设备。

⑥ 其他形状复杂、刚度小、长径比大、精密贵重、施工条件特殊等情况下的吊装作业。

（51）吊装作业未安排安全监督或专业管理人员实行"一作业一监督"。

（52）未按规定组织开工前验收。

（53）临时流程安装和投入使用无方案，未进行安全技术交底。

（54）现场检测系统、紧急切断装置失效，未采取有效的安全措施。

（55）未对替换工艺流程进行试压、验漏。

（56）对上级检查出的不符合项，未整改或谎报整改情况。

（57）安排岗位履职评估或任职资格不合格的人员上岗作业。

（58）未按规定组织员工开展职业健康体检或未建立职业健康档案。

（59）未按规定开展工作场所职业病危害因素检测，或未安排接害人员在上岗前、在岗期间、离岗时进行职业健康检查。

（60）未按规定对事故隐患进行上报或未对事故隐患进行分析整改验证形成闭环。

（61）未建立岗位责任制、隐患治理等管理制度和操作规程。

（62）未制订特种设备事故应急专项预案，并定期组织应急演练。

（63）未落实"管行业必须管安全，管业务必须管安全，管生产经营必须管安全"。

（64）未按规定编制设计、施工方案或未按方案施工。

（65）高危和非常规作业未按规定办理作业许可或未签字审批。

（66）高危和非常规作业办理作业许可审批人未到现场确认风险防范措施落实情况。

（67）高危和非常规作业未按规定实行升级管控。

（68）未按规定对可能造成能量意外释放的作业进行能量隔离。

（69）未明确并控制高危作业施工现场、易燃易爆危险场所人员数量。

（70）未按规定在新工艺、新技术、新材料和新设备采用前组织安全环保论证。

（71）未按规定制订现场应急处置方案，或未按规定进行应急培训演练。

（72）建设项目未签订施工合同、未批准开工报告进行施工的，或未通过安全、消防、环保设施竣工验收投入正式生产。

（73）未按照特殊敏感时段升级管控要求，落实"升级管理"和"禁止作业"清单。

（74）作业前未组织开工验收和"六个评估"。

（75）未经批准擅自在井场内进行一级或特级动火作业。

（76）对较大及以上安全隐患未制订控制措施并通报作业人员。

（77）委托他人运输、利用、处置工业固体废物的，未对受托方的主体资格和技术能力进行核实，依法签订书面合同，在合同中约定污染防治要求，造成污染或单位造成损失。

（78）未按照排污许可污染物排放种类、许可排放浓度、许可排放量进行排污。

（79）因管理不到位发生环境污染险情。

（80）未设置废弃物管理岗或废弃物管理人员休假离场未办理交接手续。

（三）重大管理违章

（1）违反集团公司"六条禁令""工程质量十大禁令""含硫天然气开发安全生产禁令""压裂施工作业安全生产禁令"的相关管理行为。

（2）未按规定与员工签订劳动合同。

（3）使用无资质、超资质等级或范围、套牌承包商，或未开展承包商施工作业前安全准入评估，将项目发包给不具备相应资质的生产经营单位。

（4）未按规定对建设项目进行安全环保、消防、职业健康评价和验收。

（5）使用应当淘汰的危及生产安全的工艺、设备。

（6）安排有职业禁忌的人员从事其所禁忌的作业。

（7）应急池、残酸池容积不足造成污染。

（8）危险废液收集处理装置无防渗漏措施或措施失效造成污染。

（9）安全环保、职业健康设施安装、使用、维修、检测、改造和报废不符合国家标准或行业标准。

（10）锅炉、压力容器、压力管道、高压管阀件等特种设备未按规定检测检验。

（11）安排无资质人员从事相关作业。

（12）大型项目搬安不制订作业计划书。

（13）项目施工无设计或未经主管部门审批。

（14）对已确定的高危、高风险作业不按规定进行现场协调、指挥、监督或安全条件审查确认。

（15）发生事故后故意破坏事故现场、销毁有关证据。

（16）生产废水乱排、偷排。

（17）未按照规定违规储存、私自处置或排放危险废物。

（18）现场突发环境事件时未开展应急处置和信息报告。

（19）施工单位无相关资质或超越资质范围从事生产经营活动、承揽、转包工程。

（20）未按规定取得安全环保行政许可证照进行生产经营活动。

（21）未按规定编制公共卫生、安全环保、事故专项应急预案。

（22）未持有设计（变更设计）而开工。

（23）生产经营单位主要负责人、安全管理人员和外包工程项目负责人未取得安全生产知识和管理能力考核合格证。

（24）在硫化氢环境中作业的人员未经硫化氢防护培训合格，从事钻井、完井、修井、测试作业的重要岗位人员未按照规定要求经井控技术培训合格。

（25）未按规定取得安全生产行政许可，进行生产经营活动。

（26）发包单位使用无资质、超资质等级或范围、资质等级与业务范围不符、借（盗）用资质的、纳入黑名单的承包商。

（27）施工单位停工整顿期间擅自施工。

（28）未开展承包单位作业安全准入评估、考核。

（29）石油天然气开采企业之间、石油天然气开采企业与煤矿等地下矿山企业之间，作业区域交叉、重叠时，未签订安全生产管理协议，或未采取相应安全技术措施。

（30）两个及以上生产经营单位交叉作业未明确作业过程中各自的安全管理职责。

（31）两个及以上生产经营单位交叉作业未指定负责现场统一协调安全管理的人员。

（32）新建、改建、扩建工程安全设施未与主体工程同时设计、同时施工、同时投入生产和使用。

（33）将非承压锅炉、非压力容器作为承压锅炉、压力容器使用或热水锅炉改为蒸汽锅炉使用。

（34）特种设备存在严重事故隐患无改造、修理价值，或达到安全技术规范规定的其他报废条件，未依法履行报废义务，并办理使用登记证书注销手续。

（35）拆除、废弃安全阀、压力表、安全设施、防护设施、重要警示标志、显示仪表等。

（36）无安全措施在禁火区域内动火作业。

（37）在易燃、易爆工作环境中未采取相应等级的防火、防爆安全措施。

（38）使用无第三方检测报告的关键产品，或三无产品、无入网资质产品。

（39）建设项目环境影响评价、安全设施设计未批先建或逾越资源生态红线进行生产建设活动。

（40）重大隐患隐瞒不报或不按规定期限完成整治或销项关闭。

（41）擅自倾倒、堆放危险废物。

（42）因管理不到位发生一般 C 级及以上突发环境事件和违法违规事件。

第二节　钻井作业现场违章行为

一、钻井专业

（一）轻微不安全行为

（1）未通过智能门禁注册登记进出井场。

（2）智能门禁车闸常开，未进行封闭管理。

（3）井场周界安防报警后未到现场查看处理。

（4）进出井场未变动本人集合卡状态。

（5）在钻台上打雨伞。

（6）非工作、检查时在泄压管线出口处逗留。

（7）钻井现场随意丢弃含油棉砂和手套。

（8）岩屑、钻井液散落在地面未及时收集处理。

（二）一般操作违章

（1）起、放井架前，未对井架上的防护栏、浮置物或工具进行清理或固定。

（2）下入鼠洞管时用方钻杆强行下压。

（3）排钻具、套管等管材时，用手扒或用脚蹬。

（4）钻具上下钻台未装配护丝。

（5）未采用专用提丝吊钻具或提丝未上紧、留有余扣。

（6）钻具和套管提起卸护丝、配合接头时，手、脚位于接头下方。

（7）未使用钻杆钩子拉钻具立柱、单根。

（8）井口操作时用脚蹬吊卡或气动卡瓦。

（9）站在未锁死的转盘面上操作。

（10）起下钻等井口作业未按规定遮盖井口及鼠洞。

（11）二层台人员和钻台人员配合操作时，不打手势或未作提示。

（12）二层台作业人员扣完吊卡后，未待提起立柱，过早松开兜绳。

（13）游车起下过程中，未观察游车运行情况，做其他辅助工作。

（14）吊钳拉紧后未离开危险区域。

（15）使用安全卡瓦时，安全卡瓦距三片卡瓦间距小于5cm，丝杠连接处间距大于5mm。

（16）上提钻铤时未卸安全卡瓦。

（17）上提钻铤时未提卡瓦。

（18）下钻时吊卡下放至距转盘面10cm以上就取出吊卡销子。

（19）二层台操作中，未按规定使用兜绳或单人擅自操作使用气动小绞车。

（20）未使用二层台气动小绞车时，其钻台面的供气管线阀门未关闭。

（21）操作液气大钳上扣或卸扣前，未关闭钳框。

（22）使用完液气大钳后未切断气源，放尽气缸内余气。

（23）使用完液气大钳后未将双向气阀手柄锁定在中位，扣合钳框。

（24）使用完液气大钳后未固定钳体，或将固定绳拴挂在钳体制动盘的定位手把总成上。

（25）正常工况下使用无背钳的套管钳上卸螺纹。

（26）操作套管钳上扣或卸扣前，未关闭防护门。

（27）运转套管钳时套管钳钳体旋转半径内有人员和物件。

（28）未固定存放在大门坡道的钻具或套管。

（29）挂合启动设备时未关闭设备旋转部位防护罩（栏）。

（30）开动、关停钻井泵时未发出警示信号。

（31）检维修钻井泵后，启动钻井泵时未收到开泵信号。

（32）钻台和转盘周围随意乱放工器具。

（33）在井架上放置未固定的工具和物品。

（34）将茶杯、水杯等摆放在司钻操作台面上。

（35）未及时向司钻或值班干部报告异常状况。

（36）固井施工前未按要求清理井场障碍物。

（37）用小绞车吊套管单根时未在套管上拴挂尾绳。

（38）用小绞车吊单根或下放单根时人员未离开危险区域。

（39）下套管气密封测试时人员未离开危险区域。
（40）操作小绞车时钢丝绳未排列整齐。
（41）操作小绞车时用手扶钢丝绳。
（42）用小绞车起升载人提篮至高空维护保养设备时，提篮牵引人员未持续牵引稳定提篮。
（43）载人载物电动绞车使用载物模式起升载人提篮。
（44）使用完气动小绞车未关闭气源。
（45）未按规定安装、使用防脱吊卡保险绳。
（46）未按规定使用井口小补心。
（47）未按规定使用气动卡瓦。
（48）大方瓦吊出后，未对井口进行警示隔离。
（49）下套管灌钻井液时，未使用灌浆接头。
（50）起下钻作业时井口操作人员未佩戴护目镜。
（51）进入循环罐、储备罐清掏罐作业未正确拴带救生绳。
（52）非操作和检修人员进入电代油高压区。
（53）更换液气大钳、套管钳、铁钻工钳牙、钳头时未断开液压源和（或）气源。
（54）动力猫道使用前未清除猫道上的杂物。
（55）旋挖钻机行进过程中给履带垫护板。
（56）旋挖作业时操作人员未系安全带。
（57）旋挖钻机开始作业时未鸣喇叭、未确认工作区域无其他人员。
（58）旋挖作业结束后，操作人员离开操作室前未将钻杆及旋挖钻头全部提升至井眼外并放到最低位置。
（59）旋挖钻机运转时无专人监护。
（60）不按操作规程顺序启动钻井岩屑螺旋输送机。
（61）使用等离子弧切割机、电焊机前时未对壳体接地。
（62）使用等离子弧切割机、电焊机时未佩戴护目镜。
（63）使用等离子弧切割机、电焊机时未戴绝缘手套。
（64）将铁丝、橡胶件等杂物混入岩屑中。
（65）收集油基岩屑或含油岩屑时未称重计量。
（66）将水基岩屑和油基岩屑混放。
（67）油基岩屑或含油岩屑入库时，未在容器或包装袋上规范张贴危废标签。
（68）岩屑管理台账填写与实际情况不符。
（69）使用不具有防渗功能的油基岩屑包装袋。
（70）油基岩屑或含油岩屑容器或包装袋堆码过高。
（71）油基岩屑或含油岩屑容器出现破损、渗漏情况未及时处理。

（三）严重操作违章

（1）司钻操作过程，操作手柄脱离控制。

（2）拆除B型吊钳尾绳进行卸扣作业。

（3）使用转盘绷扣或上、卸扣。

（4）未取兜绳下放游车。

（5）使用安全卡瓦吊钻具。

（6）使用防脱舌弹簧失效的防脱吊卡。

（7）正常工况下，转盘扭矩未释放完上提钻具。

（8）双吊卡下套管，套管单根上钻台时未使用兜绳。

（9）液气大钳未松开钻具前，操作上提管柱。

（10）操作气阀向前移动液气大钳时，将气阀一次合到底使钳子快速移向井口。

（11）操作套管钳时先松开背钳，再操作动力钳复位。

（12）使用液压猫道举升非管具类物件。

（13）钻井泵启动前未确认管汇阀门开关状态。

（14）倒换发电机时未提前与钻台沟通。

（15）二层台机械手进行指梁排杆或送杆操作时，未确认指梁锁打开或关闭到位。

（16）擅自对井控管汇、高压管汇、井架及底座进行切割焊接作业。

（17）擅自降低盘刹液压系统压力。

（18）拆装动力猫道或编码器后，未标定编码器。

（19）旋挖作业改变钻杆回转方向前未停止钻杆转动。

（20）旋挖作业结束或中断，未将各部完全制动、操纵杆未放到空挡位置、未切断电源离开操作室。

（21）通过本地手柄和远程控制阀件同时操作铁钻工。

（22）螺旋输送机运转中撬拔螺旋轴或螺旋叶片。

（23）未按规定调校、测试防碰装置。

（24）擅自使用二层台逃生装置离开二层台。

（25）操作铁钻工时，铁钻工总成伸缩路线及转动范围内有人员或其他障碍物。

（26）操作钻台机械臂时，机械臂伸缩路线及转动范围内有人员或其他障碍物。

（四）重大操作违章

（1）起下钻时起放游车顶驱伸缩液缸未复中位。

（2）游车未停稳，在二层台打开或扣合吊卡。

（3）液气大钳伸缩运动轨迹内有人员时操作伸缩气缸。

（4）在钻井泵运转情况下倒换阀门。

（5）钻机绞车负载未采取制动措施，操作人员离开操作位置。

（6）小绞车负载时操作人员离开操作位置。

（7）发现气体监测仪超标报警未及时报告。

（8）处理井下故障复杂时未经授权或超权限上提或下砸钻柱。

（五）一般管理违章

（1）开钻前未按标准组织校正井口。

（2）钻井作业现场未配备洗眼器。

（3）未及时纠正作业人员不正确操作方式和站位。

（4）起下钻作业未按规定安排人员进行井口操作。

（5）油气层作业时司钻操作室未按规定落实专人监护。

（6）载人载物电动绞车载人操作时无人监护。

（7）未按规定对钻井设备设施及工具进行检验检测。

（8）未按规定安排滑割大绳。

（9）钻机拆搬安（平移）期间吊装作业未按规定执行监管模式。

（10）未按环评或清洁生产设计预处理岩屑。

（11）擅自对清洁生产区域围墙开孔，造成渗滤液外渗。

（六）严重管理违章

（1）未按规定组织开钻验收。

（2）未按钻井设计进行施工。

（3）正常作业时处于工作状态的防碰装置少于两套。

（4）井口带压情况下拆卸、平移钻机或同井场内有已完井井口时，未安装井口防护装置。

（5）六级及以上大风、暴雨雪、雷电等恶劣天气，安排进行起、放、平移井架作业。

（6）起、放、平移井架作业前未组织开展安全检查。

（7）未按照电代油突然停电应急预案进行培训、演练。

（8）电代油装置投用前，未组织检查确认盘刹掉电保护装置完好可靠。

（9）载人载物电动绞车载人时乘坐人员超过两人。

（10）使用震击器后未安排人员对游动系统、井架、顶驱等进行检查。

（11）旋挖钻机安装完成后未组织检查或验收。

（12）水基岩屑终端处置单位未进行报备程序。

（13）水基岩屑、油基岩屑储存无防渗漏、防流失、防扬散措施。

（14）未建立岩屑管理台账，未如实记录岩屑储存及处理情况。

（15）清洁生产现场未设置警示标识及管理责任公示牌。

（16）清洁生产未编写和审批现场施工方案、应急预案、作业计划书。

（七）重大管理违章

（1）无钻井设计进行施工作业。

（2）未编制作业方案、未履行审批程序擅自进行施工作业。

（3）钻机搬迁、平移未编制施工方案。

（4）开钻前未编制 HSE 作业计划书或 HSE 作业计划书未经审批、未全员交底。

（5）未按钻井设计配置安全防护设施。

（6）未编制电代油突然停电应急预案。

（7）选择或使用无相关处置资质和能力的水基岩屑终端处置单位。

（8）转运处置油基岩屑未执行国家危废联单。

（9）选择或使用无危废运输和对应危废经营资质的油基岩屑转运、处置单位。

二、固井专业

（一）一般操作违章

（1）水泥头、管汇、阀门等上下钻台时，人员未正确站位。

（2）移动车辆时未拆卸弯头、高压管汇和下灰管线。

（3）固井作业现场管线未按照要求进行固定。

（4）固井施工作业过程中钻台大门坡道未按规定设置保险链。

（5）固井施工作业过程中未关闭固井水泥车、混拌罐平台护栏门。

（6）固井施工作业前未按照规定设置水泥车电子超压保护装置。

（7）固井施工作业过程中立式下灰罐未使用单流阀。

（8）使用钻井队气源时，未按规定安装减压阀。

（9）固井施工作业过程中设备设施占用应急通道、紧急集合点。

（10）使用撬杠紧固水泥头。

（11）在干混站、固井施工作业现场、修理班地沟倒车无人指挥。

（12）装卸灰作业时人员长时间站在下灰管线进出口处或横跨下灰管线。

（13）冬季施工期间水泥车作业完工后柱塞泵未放水、未挂牌、未开启旋塞阀。

（14）碾压地面无防护措施的管线、油管或电缆。

（15）未按照规定对高温高压稠化仪釜体进行冷却、未开启泄压阀释放釜内压力打开釜体，打开浆杯前未充分冷却和（或）泄压。

（16）作业时起升驾驶室作业支撑杆未到极限位置或作业前未将驾驶室杂物清理干净。

（17）装卸作业、排空作业、固井现场施工等水泥或其他粉尘作业未采取防尘措施，或防尘防漏措施失效。

（二）严重操作违章

（1）使用高挡位、高油门冲洗管线。

（2）固井施工前未对下灰车灰罐、立式下灰罐的安全阀进行手动、气动检查。

（3）冬季施工期间长时间等停或施工结束后大泵、喷射泵、灌注泵和管线中的水及残存钻井液未排放干净，或未拔大泵端盖。

（4）使用铁质大锤敲击立式下灰罐和下灰车罐体。

（5）固井作业产生的多余水泥浆、隔离液和清洗液未排入指定集污设施。

（三）重大操作违章

（1）立式罐未摆放在平整、坚实的地面上，或用其他物体支垫。

（2）作业前背罐车未打千斤摆放立式下灰罐。

（3）固井施工作业过程设备运行中离开岗位。

（四）一般管理违章

（1）井口吊装水泥头、管汇、阀门等上下钻台时，现场无指挥人员。

（2）井口冲洗高压钻探胶管时管线接头未固定。

（3）拆除气电水油路时，未关闭气电水油路的开关，未有专人看护。

（4）固井施工作业前未对现场开展风险辨识，盲目摆放设备进行作业。

（五）严重管理违章

（1）固井施工作业前未开展现场检查。

（2）水泥车车头朝向钻台摆放。

（3）固井施工作业下潜水泵时未安排监护人。

（4）关井候凝期间交叉作业，对钻井队人员在井口作业未进行提示和制止。

（5）固井施工现场危险区域（包括高压区、立式罐等区域）未拉警戒线，警戒线与施工设备之间的距离不符合规定。

（6）固井作业中，未清理井场垫杆等障碍物，冒险行车。

（7）固井作业在井场内清洗车辆造成污染。

（8）固井施工前未按规定开展水泥复配试验。

三、录井专业

（一）轻微不安全行为

（1）氢气发生器干燥剂失效（变色）超过 2/3 未及时更换。

（2）氢气发生器水位不足，未及时加水。

（3）总池体积加减计算错误。

(4)元素分析仪、烤箱等设备停止工作后未及时断电。

(5)做完钻井液性能分析后未及时清理工具。

(6)取样清洗分析后的废岩屑、废液未及时清理、处置。

(二)一般操作违章

(1)地质预告牌(时间、层位、岩性等)未及时更新。

(2)录井主要参数报警门限未正确设置。

(3)承压截止阀泄压时,站在泄压孔方向。

(4)处理钻井液时,未收集处理剂名称、数量和处理时间、井段"四要素"。

(5)井口套管试压、地层破裂压力试验时,未记录试压介质、压力和承压时间。

(6)未记录停泵回流量。

(7)液面变化超过±0.5m³未查找原因并标注。

(8)起钻前未记录循环时间和进出口钻井液密度。

(9)起钻前钻井液进、出口密度差值大于0.02g/cm³或循环时间不足时,当班人员未及时告知当班司钻。

(10)录井作业中未按规定对录井设备进行校验。

(11)未实时记录仪器房音视频资料,造成无法导出。

(12)岗位人员不清楚工程异常报告单中异常井段填报的内容及要求。

(三)严重操作违章

(1)检维修井深传感器、转速和泵冲传感器、电动脱气器等作业时,未进行能量隔离。

(2)未设置或擅自取消录井主要参数报警门限设置。

(3)擅自关闭录井仪报警系统或调小报警装置声音至最小状态(听不清)。

(4)移液管移取溶液时用嘴吸,未使用洗耳球。

(5)气体钻井时录井人员取样未佩戴便携式可燃气体监测仪。

(四)重大操作违章

录井房顶架设录井信号线缆时,操作人员未系区域限制用安全带或未采取防坠落安全措施。

(五)一般管理违章

(1)录井开录前未组织设备验收。

(2)综合录井前未组织对录井仪器进行标定。

(3)未按规定收集邻井资料。

（六）严重管理违章

淘洗砂样等废水未按规定排放。

四、钻井液专业

（一）轻微不安全行为

（1）未及时清理储备罐、加重房等区域围堰内污物。

（2）未保持钻井液加重房操作面清洁。

（3）未及时清理钻井液加重房散落的化工料。

（二）一般操作违章

（1）在加料台添加钻井液材料时擅自取出漏斗滤网进行作业。

（2）在未安装过道板、防滑平台的罐与罐之间跨越。

（3）未标识钻井液材料或标识与实际不符。

（4）钻井液配制人员未佩戴防尘、防腐蚀、护眼等劳动防护用品。

（5）盛装油基钻井液后，容器空容小于规定容积。

（三）严重操作违章

钻井液性能不符合钻井设计。

五、井控专项

（一）一般操作违章

（1）人工坐岗的现场，起下钻、其他辅助作业或停钻时，钻井、录井未同时坐岗。

（2）人工坐岗的现场，起下钻、其他辅助作业或停钻时，录井队坐岗未与钻井队错开时间记录液面。

（3）管柱体积校核不准确。

（4）坐岗记录中，起、下钻理论灌（返）量与实际灌（返）量相差 $0.5m^3$ 以上未分析原因或原因分析错误。

（5）起下钻完后，坐岗记录未作小结。

（6）灌浆罐转进、转出钻井液后，未核对钻井液密度和液面。

（7）起下钻作业时向正在使用的灌浆罐转入或从正在使用的灌浆罐转出钻井液。

（8）每起下 3～5 柱钻杆、1 柱钻铤未记录灌入或返出钻井液量并及时校核。

（9）起下 3～5 柱钻杆、1 柱钻铤时间超过 15min 时，未按要求每 15min 记录一次液面。

(10)起下钻、其他辅助作业或停钻时，钻井、录井超过2h未相互核对数据。

(11)装有钻具止回阀下钻时未按要求每1~3柱钻铤灌满水眼。

(12)装有钻具止回阀下钻时未按要求每20~30柱钻杆灌满水眼。

(13)起钻完，井内未及时灌满钻井液。

(14)起钻未使用专用灌浆罐连续灌钻井液。

(15)液面不稳定，即进行起钻作业。

(16)调低井内钻井液密度后，起钻前，未进行短程起下钻验证油气上窜速度。

(17)溢流压井后，起钻前，未进行短程起下钻验证油气上窜速度。

(18)油气层井漏堵漏后，起钻前，未进行短程起下钻验证油气上窜速度。

(19)油气层需长时间停止循环进行其他作业，起钻前，未进行短程起下钻验证油气上窜速度。

(20)钻进中曾发生严重油气侵的，起钻前，未进行短程起下钻验证油气上窜速度。

(21)钻井液密度2.0g/cm³以上、井眼小于200mm起钻速度超过0.3m/s。

(22)钻头在油气层中和油气层顶部以上300m井段内起钻速度超过0.5m/s。

(23)参加循环的所有循环罐，液面报警器未按照钻井液总量增减2m³设置报警值；未参加循环的罐，液面报警器未按照钻井液增减0.5m³设置报警值。

(24)未将所有循环罐、灌浆罐、胶液罐全部纳入总池体积计量。

(25)处理钻井液前未填写告知单。

(26)处理钻井液时，录井队未收集处理剂名称、数量和处理时间、井段"四要素"。

(27)处理钻井液前告知单未送达相关方。

(28)钻井液队未按规定检测钻井液性能。

(29)按规定配置了管具死卡的，未定期开展死卡演习。

(30)生产班未按要求每月开展四种工况防喷演习。

(31)含硫井，生产班未每月进行防硫化氢演习。

(32)生产班未每月进行夜间防喷演习。

(33)生产班未每月利用录井声光报警进行防喷演习。

(34)安装远程辅助关井系统的井，生产班未每月在辅控台操作进行防喷演习。

(35)安装了剪切闸板防喷器的，生产班未每月进行空井状态下的剪切关井演习。

(36)生产班未每月在远控台操作进行防喷演习。

(37)防硫演习，井场大门处未挂出硫化氢红色提示牌。

(38)防硫演习，未启动手摇报警器报警。

(39)防硫演习，值班干部未到场组织、监护井口控制工作。

(40)防硫演习，未将备用空呼、充气泵转移至应急集合点。

(41)防硫演习，人员集合后未立即清点人员。

（42）防硫演习，未组织执行搜救程序。

（43）防硫演习，无专人在主要下风口 100m 处监测环境硫化氢含量程序。

（44）防硫演习，无专人观察现场风向，并准备好远程点火器具程序。

（45）防硫演习，无专人在井场各路口设立安全警示标志，实施警戒程序。

（46）防喷防硫演习，录井队未按要求启动声光报警。

（47）未按规定进行地破（承压）试验。

（48）按工程设计要求配置了液气分离器的井，未实测液气分离器 U 型管的有效高度、未制作液气分离器"钻井液密度－工作压力"对应表。

（49）井控装置试压时，试压件后端无泄压通道。

（50）井控装置试压值低于设计试压值。

（二）严重操作违章

（1）安装井控装备时，未对密封部件进行清洁、检查。

（2）现场安装完成后，未按规定进行控制系统与井控装置的开关联调。

（3）现场对放喷管线管体进行割焊作业。

（4）现场对液气分离器罐体、排气管线进行割焊作业。

（5）现场以防喷器控制装置管排架为接地线进行焊接作业。

（6）现场以防喷器控制装置管排架为工作平台进行割焊作业。

（7）试压作业时未设置安全警界区。

（8）更换或拆装井控装置承压密封部件后未进行相应部位的试压作业。

（9）防喷器、防喷管汇、节流压井管汇及井控阀门试压值超过额定工作压力的 10% 或 7MPa 两者中的最小值。

（10）关井时闸板防喷器未关在管具本体位置。

（11）下入或起出管柱前未核实防喷器开关状态。

（12）开井前，未确认井筒泄压完全打开闸板防喷器。

（13）防硫演习信号发出后，班组人员未立即停止作业并穿戴空呼。

（14）防硫演习，发出关井信号后，非班组人员未迅速到上风方向应急集合点集合。

（15）防硫演习，搜救人员未佩戴空呼。

（16）进入设计含硫地层后，司钻、坐岗人员、值班干部未随身佩戴便携式硫化氢监测仪。

（17）油气层作业未按规定安装钻具止回阀。

（18）钻开油气层起钻中途检修设备后，未下钻至井底循环。

（19）钻开油气层后空井状态下检修设备。

（20）发生溢流，未在规定时间内向上级汇报。

（三）重大操作违章

（1）发现溢流未立即报告司钻。

（2）司钻接溢流报告后未立即正确组织关井。

（3）未经批准，在关闭闸板防喷器情况下活动钻具。

（4）应持证人员未持有效井控培训合格证上岗作业。

（5）含硫井未持有效硫化氢防护合格证上岗操作。

（四）一般管理违章

（1）内防喷工具累计使用时间超过强制报废时限未更换。

（2）防喷器、节流压井管汇出厂时间超过10年、远控台出厂时间超过12年，无有效的第三方分级评定报告。

（3）井控装备台账与实物不符。

（4）高含硫井，未按规定配备远程应急点火工具。

（5）未按规定备用半封闸板总成或胶芯。

（6）未按入井钻具配齐相应型号的抢接内防喷工具。

（7）未按要求配备防喷单根或防喷立柱。

（8）测油气上窜记录不全。

（9）无联入、顶丝长度校核记录。

（10）关井压力提示牌（表）数据未及时更新。

（11）未按规定开展井控装置现场定期试压。

（12）井控装置现场试压报告中组合试压的对象填写不齐全。

（13）井控装置现场试压报告中曲线不完整。

（14）井控装置现场试压报告截取的录井曲线中未注明试压对象、稳压起始时间和终止时间。

（15）井控装置现场试压报告中对象组合不合理，存在反向试压现象。

（16）井控装置现场试压报告中显示的压力值低于设计要求。

（17）井控装置现场试压报告签字不全。

（18）井控车间的井控装置、内防喷工具试压报告不齐全。

（19）井控车间的井控装置、内防喷工具与报告不能一一对应。

（20）未保存井控车间井控装备巡检记录。

（21）相关方未参与防喷防硫演习。

（22）防喷（防硫）演习存在问题无整改措施和整改记录。

（23）月度防喷（防硫）演习不合格时无重新开展演习的记录。

（24）安装剪切闸板防喷器的现场，无剪切闸板关井演习记录。

（25）剪切闸板关井演习记录的频次与细则规定不符。

（26）按规定配备管具死卡的现场，无死卡演习记录。

（27）正常情况下，防喷、防硫演习以桌面演练代替实操演习。

（28）未按规定召开井控例会。

（29）井控例会记录中无文件宣贯、案例分享、井控工作总结和下步工作安排等内容。

（30）相关方未参加井控例会。

（31）井控例会参会人员签字不齐。

（32）油气层作业期间使用两个及以上循环罐作为上水罐。

（33）未开展坐岗工井控培训、考试并合格。

（34）无坐岗工井控培训、考试记录。

（35）未建立井控培训合格证、硫化氢防护培训合格证持证人员台账。

（36）作业现场井控领导小组成员未包含钻井监督、地质监督、安全监督，录井、钻井液、精细控压、定向井、取心等相关方负责人。

（37）井控领导小组及成员职责不全。

（38）井控领导小组成员未及时更新。

（39）未制订本井井控应急处置方案。

（40）未组织宣贯、培训本井井控突发事件应急处置方案并演练。

（41）施工作业前未组织召开技术交底会。

（42）井控风险作业，无作业报告批准单。

（43）未按时完成井控隐患整改。

（44）无值班干部和司钻在班前、班后会上布置、检查、讲评井控工作记录。

（45）值班干部工作记录中无井控相关内容。

（46）值班干部未定时审核坐岗记录并签字。

（47）安全监督日志中未记录井控工作相关内容。

（五）严重管理违章

（1）钻完井施工队伍未经过三评估三分级评估获得井控能力分级证书或未经审批越级施工。

（2）井控技术措施变更未执行变更程序。

（3）防喷演习不合格打开油气层或防硫化氢演习不合格钻开含硫地层。

（4）未按施工地区井控实施细则要求进行申报、验收、审核批准，擅自打开油气层。

（5）伪造、篡改井控原始资料或记录。

（6）擅自停用一体化数据上传功能。

（7）司钻、副司钻、坐岗工等关键岗位，安排不具备资质人员顶岗作业。

(8）打开油气层后，未按规定落实坐岗要求。

(9）溢流关井后，压井前未制订施工方案。

(10）含硫油气井，未开展现场防硫化氢安全教育。

(11）含硫井钻开含硫油气层前，未按照相关规定向井场周边居民进行安全风险告知。

(12）含硫油气井进入含硫化氢油气层前未组织防硫化氢应急演练。

(13）一类风险井油气层作业期间未安排井控专家驻井把关。

(14）重大井控隐患整改措施不执行或虚构整改事实。

(15）打开油气层后未落实干部24h值班制度。

(16）含硫井，除硫剂储备低于设计要求，现场未及时调整、补充。

(17）二、三类风险井储备重晶石粉的数量、储备加重钻井液的密度或数量低于设计要求，现场未及时调整、补充。

(18）油气层钻进过程中未按要求进行低泵冲试验。

(19）未进行管柱体积校核。

(20）油气层起钻前，短起下柱数或停泵时间不满足油气田井控实施细则要求。

(21）油气层起钻前，循环时间低于1.5倍循环周。

(22）油气层起钻前，钻井队、录井队分别计算油气上窜速度，钻井队未确认满足起下钻安全作业条件。

(23）油气层起钻前，循环后进出口密度差大于0.02g/cm³强行起钻。

(24）油气层起钻前，循环后全烃未恢复基值、液面未平稳强行起钻。

(25）油气层起钻前，循环后未确认停泵出口断流。

(26）油气层起钻至套管鞋时，静止观察少于5min，未核实灌入量、出口断流情况。

(27）油气层起钻至钻铤（或加重钻杆）前1～3柱钻杆，在半封闸板可关井的位置静止观察少于5min，未核实灌入量、出口断流情况。

(28）油气层起钻前，钻（修）井队未经上级井控主管部门或项目部同意，即进行起钻作业。

(29）油气层打开后，安全作业时间不够，检修井口装置、防喷管汇等封闭井筒内流体的设备或部件。

(30）油气层打开后，未有效控制井口，检修远控台。

(31）未断开电（气）及压力源、未泄压，检修远控台电动泵（气动泵）。

(32）未泄压至零，紧固、检修、更换带压管线及部件。

(33）防喷器组内有管柱（绳索）时，进行控制系统与防喷器的开关联调。

(34）司控台、辅控台拆换气控（电控）元件后，防喷器组内有管柱（绳索）时，未泄远控台管汇压力即开通气（电）。

(35）环空压力未监测、起压未及时发现。

（36）节流压井管汇压力等级低于设计要求。

（37）未按规定进行防喷管线、节流压井管汇吹扫作业。

（38）下套管前未按规定更换套管闸板封芯。

（39）未按井控实施细则或工程设计规定配备正压式空气呼吸器及有毒有害气体检测仪。

（40）未按规定绘制井口装置示意图。

（六）重大管理违章

（1）未持有正式有效设计（变更设计）而开工。

（2）井控培训合格证、硫化氢防护合格证作假。

（3）未持有效井控培训合格证指挥井控作业。

（4）井口装置失效（松动、承压部位泄漏、不能有效关井、试压不合格等）未经有效处置，强行进行钻进、下套管、测井等作业。

（5）防喷器、防喷管汇压力等级低于设计要求。

（6）防喷器安装后未按设计组织试压。

（7）发现溢流后值班干部阻碍司钻立即关井。

（8）一类风险井储备重晶石粉的数量、储备加重钻井液的密度或数量低于设计要求，现场未及时调整、补充。

（9）擅自停用或关闭自动监测、报警装置。

第五章 应急处置程序

第一节 钻井现场突发事件应急处置程序

一、事故风险描述

在钻井施工过程中,存在很多安全风险,易发生井控、有毒有害气体泄漏、人员意外伤害、洪涝灾害、食物中毒、火灾、触电、环境污染等突发事件,处置不及时或不当极可能引发严重的后果。

根据危险源状况、危险性分析情况,突发事件特征如下。

(一) 溢流事件

风险描述:井口返出的钻井液量比泵入的液量多,停泵后井口钻井液自动外溢。

危害后果及影响范围:处置不当有可能引发井喷、井喷失控或着火等。如果失控,井筒喷空,造成井口下陷,钻机会陷入地下,同时喷出物流进江河、湖泊等环境敏感区域,会造成恶劣的环境污染,其中含有的有毒有害气体会使人员窒息或死亡;一旦着火或发生爆炸,更会威胁现场人员及周边居民的生命和财产安全。

(二) 有毒有害气体泄漏事件

风险描述:作业过程中,地层内硫化氢、一氧化碳气体溢出地面,四处扩散。

危害后果及影响范围:如果处置不及时,极易造成人员大量吸入有毒有害气体,导致人员伤亡;扩散至周边,导致人员、牲畜伤亡,一旦着火或发生爆炸,更会威胁现场人员及周边居民的生命和财产安全。

(三) 人员机械伤害

风险描述:钻井作业工况复杂,人员常暴露于危险环境中,可能因挤压、高处坠落、坠物打击、撞击等造成人员伤害。

危害后果及影响范围:人员受伤后,救治不及时或不当,造成人员伤残或死亡。

(四) 洪涝灾害

风险描述:持续长时间降雨、暴雨,大量积水浸泡、冲刷,造成钻井现场摧毁。

危害后果及影响范围：人员被卷入洪水、设备设施被淹、道路交通中断，造成公司大面积停产、员工伤害、财产损失，同时可能引发环境污染等。

（五）食物中毒

风险描述：就餐、饮水时员工发生食物中毒。

危害后果及影响范围：作业现场地处偏远，人员中毒救治不及时或不当，可能造成人员伤亡；险情不及时控制，造成更多人员中毒。

（六）火灾事故

风险描述：在生产过程中，因违章作业、电气线路隐患、井喷失控等引发火灾。

危害后果及影响范围：事故危害较大，可能造成设备损坏、人员伤亡和财产损失。

（七）触电事故

风险描述：违章用电、电气线路隐患、意外接触带电部位造成人员触电。

危害后果及影响范围：如现场处置不当，救治不及时可能造成人员伤亡，救援方法不当造成施救人员触电。

（八）环境污染

风险描述：主要有突发水体污染、有毒气体扩散、漏油或溢油、危险化学品及废弃化学品污染等。

危害后果及影响范围：生态环境遭到破坏、可能造成人员伤亡和财产损失，引发法律责任风险和社会影响。

二、应急工作职责

（一）钻井队应急小组机构

应急小组见表5-1。

表5-1　应急领导小组及职务

姓名	岗位	职务	姓名	岗位	职务
	队长	组长			成员
	党支部书记	组长			成员
	副队长	副组长			成员
	副队长	副组长			成员

（二）钻井队应急小组职责

（1）现场应急小组组长是事发现场的决策人，实行全面指挥，并对现场应急小组的行动负责。组长不在时由副组长顶替。

（2）负责本队突发事件的第一时间处置工作，同时迅速向上级应急办公室报告现场情况，并及时将险情通知可能涉及的施工相关方和环境影响相关方。

（3）在发生险情后，立即启动本队应急响应程序，在第一时间组织和指挥现场人员进行现场处置，控制事态发展，并针对事态发展制订和调整现场应急处置方案并组织实施，防止次生、衍生事故。

（4）对现场进行隔离、警戒、监测，组织人员有序疏散，根据救援方案带领人员进行救援。

（5）在上级抢险指挥部门人员到达现场后，按照指令和方案，组织好本队人员实施抢险救援工作。

（6）整合、调配现场应急人员、应急设备和器材及其他应急物资，并做到专物专用。

（7）收集现场信息，核实现场情况，收集、整理应急处置过程的有关资料。

（三）作业相关方职责

作业相关方指进入施工现场的录井队、固井队、测井队、清洁化生产现场服务人员及进入现场开展其他作业的相关人员。

作业相关方职责：

（1）发现险情，及时向钻井队汇报。

（2）一旦发生突发事件（事故），必须服从作业主体单位应急小组的统一指挥和协调。

（四）环境相关方义务

环境影响相关方指井场周边受钻井作业影响的村镇负责人。

环境相关方义务：

（1）接到紧急情况通知时，采取必要防护措施和应急行动。

（2）接到撤离信息时，服从指令，撤离危险区域。

三、应急处置

（一）应急处置程序

现场一旦发生突发事件（事故），原则上，按照应急处置程序图实施应急抢险处置。现场处置程序如图 5-1 所示。

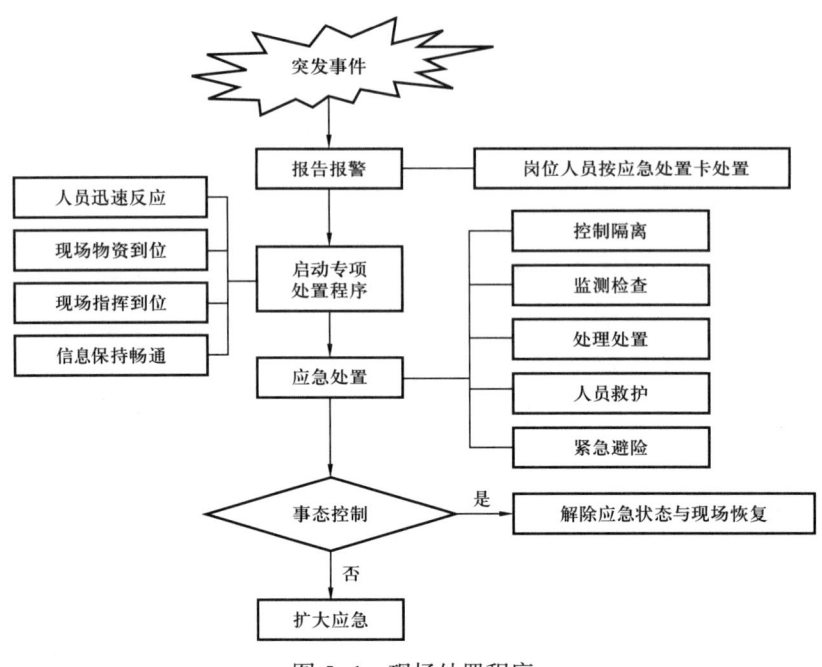

图 5-1　现场处置程序

（二）现场应急处置措施

（1）溢流应急处置措施见表 5-2。

表 5-2　溢流应急处置措施

序号	步骤	处置程序及关键措施	负责人
1	报告	（1）发现溢流征兆等异常情况后，第一时间立即报告司钻。 （2）司钻发出 15s 以上的长鸣井控报警信号。 （3）值班干部立即向项目组及项目部负责人汇报，随时汇报处置情况	井控坐岗工、录井工、司钻、值班干部
2	关井	司钻组织班组人员根据作业工况和岗位分工按关井操作程序进行关井： （1）在测井过程中若发现井口外溢，发出溢流报警信号，停止测井作业，快速起出井内电缆，按空井工况关井。当情况紧急时，应立即剪断电缆，按空井工况实施关井，不应用关闭环形防喷器的方法起电缆。 （2）固井注水泥过程中发现溢流要强行固井并关井候凝，为抵消水泥浆初凝失重而引起的压力损失，可在环空施加一定的回压	值班干部、司钻
3	观察检查	（1）井架工、录井工观察记录套压，内钳工观察记录立压，并向值班干部报告。 （2）值班干部落实关井情况，副司钻检查封井器、液控管线及控制系统等。 （3）坐岗工、录井工观察钻井液面，复核溢流量。值班干部安排人员监测井口周围硫化氢及一氧化碳浓度，并做好记录。 （4）技术员及时、准确求得关井立管压力（安装钻具止回阀时采用顶泵法求取）、关井套压，收集工程参数及录井等相关数据，向应急小组报告。 （5）各岗位认真检查所负责装备的工作情况，并做好防火、加重、除气、警戒等工作	井队、录井队相关岗位人员

续表

序号	步骤	处置程序及关键措施	负责人
4	制订方案	（1）钻井队队长将关井情况及有关数据向项目组、项目部应急办室职能部门汇报。 （2）根据上级指示和现场实际情况，制订处置方案	队长
5	处置	（1）钻井技术员根据"××油田石油与天然气钻井井控实施细则"相关规定确定压井钻井液密度和压井方法，并报项目部技术办审批；钻井液技术员或大班组织配制压井液。 （2）队长协助项目部现场应急处置小组立即组织实施处置方案，重新建立井底压力平衡。 （3）监测到含有有毒有害气体达到阈限值时，立即启动有毒有害气体处置程序，抢险作业时人员每组不得少于两人	队长、技术员
6	扩大应急	（1）突发井喷，立即关井向项目组和项目部汇报，按照上级指示进行处置；关井以后，现场需要放喷、点火时，在确保人员安全的前提下，在放喷口上风方向实施点火。 （2）发生井喷失控，立即停柴油机，关闭井架、钻台、机泵房照明，灭绝火种，必要时打开专用探照灯，撤出现场人员，疏散无关人员，最大限度减少人员伤亡；分析现场情况，及时界定危险范围，组织抢险，控制事态蔓延，如设立警戒和警戒区，将易燃易爆物品撤离危险区，做好储水、供水工作，放喷管线全开分流，向井口注水防火或用消防水枪向井口周围设备大量喷水降温，防止着火或事故进一步恶化；保持通信畅通，随时上报井喷事故险情动态，并调集救助力量，对受伤人员实施紧急抢救；立即安排专人向当地政府报告，协助当地政府做好井口500m范围内居民的疏散工作；在相关部门未赶到现场之前，执行上级主管部门指令和抢险方案	队长

（2）有毒有害气体泄漏应急处置措施见表5-3。

表5-3 有毒有害气体泄漏应急处置措施

序号	步骤	处置程序及关键措施	负责人
1	报告	（1）一旦气体监测仪或录井仪发出警报或提示音，井控坐岗工或录井工立即通知当班司钻或机组值班干部，司钻发出两声短笛加一声长鸣笛，第一个到达紧急集合点人员用手摇警报器发出不少于15秒长鸣报警信号；井场发出硫化氢报警信号后，应第一时间通知营房值班人员，营房值班人员收到井场报警器信号或收到井场通知，必须立即到营房紧急集合点集合。确有硫化氢逸散时营房值班人员应立即通知营房所有人员及录井队工作人员到营房紧急集合点集合撤离。 （2）在紧急集合点按规定悬挂预警牌示警。[当检测到井口周围有硫化氢、一氧化碳等有毒有害气体时，在作业现场入口处挂牌或挂旗警示，由坐岗人员负责。① 绿色警示：硫化氢浓度在0～15mg/m³（10ppm）、一氧化碳浓度在0～31.25mg/m³（25ppm）；② 黄色警示：硫化氢浓度在15～30mg/m³（10～20ppm）、一氧化碳浓度在31.25～62.5mg/m³（25～50ppm）；③ 红色警示：硫化氢浓度在30～150mg/m³（20～100ppm）、一氧化碳浓度在62.5～125mg/m³（50～100ppm）；④ 蓝色警示：硫化氢浓度大于150mg/m³（100ppm）、一氧化碳浓度大于125mg/m³（100ppm）]。 （3）值班干部根据现场情况，向项目组负责人和项目部职能部门汇报	井控坐岗工、录井工、司钻、值班干部

续表

序号	步骤	处置程序及关键措施	负责人
2	监测检查	钻井监督、钻井队值班干部迅速佩戴好正压式呼吸器上钻台了解溢流关井情况，随时监测气体浓度的变化，检查泄漏点，每30s用对讲机向值班干部汇报硫化氢及可燃气体浓度值	值班干部
3	基本处置	（1）开启排风扇，向下风向排风，驱散钻台上下、振动筛、循环罐等人员工作区域弥漫的有毒有害、可燃气体。 （2）在上风口开启充气机随时准备给正压呼吸器气瓶充气。 （3）立即安排专人观察风向、风速以便确定受侵害的危险区，并设置警戒区	队长
4	处置	（1）当检测到空气中硫化氢浓度达到15mg/m³（10ppm）或一氧化碳浓度达到31.25mg/m³（25ppm）阈限值时： ① 立即关井，安排专人观察风向、风速以便确定受侵害的危险区。 ② 安排专人佩戴正压式空气呼吸器到危险区检查泄漏点。 ③ 开启排风扇，向下风向排风，驱散钻台上下、振动筛、循环罐等人员工作区域弥漫的有毒有害、可燃气体。 ④ 非作业人员撤入安全区。 （2）当检测到空气中硫化氢浓度达到30mg/m³（20ppm）或一氧化碳浓度达到62.5mg/m³（50ppm）的安全临界浓度值时： ① 戴上正压式空气呼吸器。 ② 实施井控程序，控制硫化氢或一氧化碳泄漏源。 ③ 向上级（第一责任人及授权人）报告。 ④ 指派专人至少在主要下风口距井口100m、500m和1000m处进行硫化氢或一氧化碳监测，需要时监测点可适当加密。 ⑤ 切断作业现场可能的着火源。 ⑥ 撤离现场的非应急人员。 ⑦ 清点现场人员。 ⑧ 通知救援机构。 （3）当检测到空气中硫化氢浓度达到150mg/m³（100ppm）或一氧化碳浓度达到375mg/m³（300ppm）的危险临界浓度值时，除按（1）、（2）中的相关要求行动外，立即组织现场人员全部撤离，队长或书记按应急预案的通信表通知（或安排通知）其他有关机构和相关人员（包括政府有关负责人）	队长、司钻
5	救援	如果发现有人中毒，安排人员佩戴正压呼吸器进入现场，立即将人员抬到上风口安全区实施现场急救，同时与具有救治能力的医院联系，由队长或书记落实车辆，在抢救的同时派人立即送医院	井队相关岗位人员
6	扩大应急	（1）距井口100m范围内环境中的硫化氢3min平均检测浓度接近150mg/m³（100ppm）时，井口失控点火组织人员负责立即向井口失控点火决策人报告，并持续检测硫化氢及可燃气体浓度，值班干部、HSE监督人员在记录表上签字确认。 （2）当距井口100m范围内环境中的硫化氢3min平均浓度达到150mg/m³（100ppm）时，请求井口失控点火决策人得到点火指令组织点火（达到点火条件，无法联系到点火决策人时，值班干部可直接组织实施井口点火）。 （3）经授权后，通知检测人员向远离井口的上风方向撤离，确认现场所有人员撤离。 （4）值班干部带领点火人佩戴空气呼吸器，携带点火器具、硫化氢及可燃气体检测仪到上风方向，确认点火位置的可燃气体和硫化氢浓度经检测不在燃爆范围内后进行点火	队长、值班干部

（3）人员伤害应急处置措施见表 5-4。

表 5-4　人员伤害应急处置措施

序号	步骤	处置程序及关键措施	负责人
1	呼救	伤者或目击者应立即大声疾呼，发出求救信号	发现人
2	汇报	（1）根据实际情况立即将伤者救离危险区域，通知值班干部和井队长（书记）。 （2）通知（书记）、HSE 监督员。 （3）队长（书记）立即如实向项目组和项目部负责人汇报现场情况。 （4）钻井队（项目部）及时联系医院、送医车辆，做好送医准备	队长（书记）、值班干部
3	急救	（1）检查受伤者情况，向伤者或目击者询问受伤经过。 （2）根据人员受伤情况，进行先期救护（包扎、心脏按压或人工呼吸等）。 （3）发生断手、断指等严重情况时，用消毒或清洁敷料包好（严禁用酒精等消毒液浸泡），放在无泄漏的塑料袋内，扎紧好袋口，并在袋周围放置冰块（或冰棍），速随伤者送医院抢救	支部书记
4	送医	（1）与附近具备能力的医院取得联系，通报受伤人数、时间、受伤部位、伤情、急救情况等，通知对方做好急救准备。 （2）安排车辆送往附近医院救治	队长
5	扩大应急	受伤人员较多、人员伤势较重，现场无法施救时，及时向项目组和项目部应急办公室求援	队长
6	现场保护	保护好事故现场，等候调查和问询	副队长

（4）洪涝灾害应急处置措施见表 5-5。

表 5-5　洪涝灾害应急处置措施

序号	步骤	处置程序及关键措施	负责人
1	报警	（1）发现有洪涝灾害征兆或已经发生时，立即向值班干部汇报。 （2）值班干部安排人员通知全队所有人员（含作业相关方），并逐房排查	发现人
2	监测侦查	（1）值班干部安排人员查看险情，监测井场周边环境情况，确认逃生路线是否被阻断。 （2）队长迅速收集现场信息，核实现场情况，组织制订现场应对方案	队长
3	处置	（1）集合应急抢险队伍，根据应对方案，进行分组分工。 （2）在确保人员安全的情况下，组织现场突击队抢险：加固防洪堤，抢挖排洪沟，建立泄洪通道，对洪流进行引流、疏导，避免破坏井场环境，造成营房、设备区域的地势塌陷。 （3）安排人员保护岩屑、化工材料、钻井液池等，防止造成环境污染。 （4）安排人员对易塌方、坍塌等危险区域进行隔离	队长

续表

序号	步骤	处置程序及关键措施	负责人
4	疏散	（1）情况危急时，队长或书记下达撤离命令，井场由值班干部负责、营地由书记负责，有序组织人员按照撤离路线撤离。 （2）安全逃生通道被封闭、阻断的，应就近选择安全点，等待救援。 （3）书记负责组织清点人数	队长
5	救援	根据救援方案，结合现场实际情况，对受困人员和受伤人员进行救援	队长
6	扩大应急	事态超出钻井队控制能力时，立即组织人员撤离，向项目组、项目部及当地政府求援	队长

（5）食物中毒应急处置措施见表5-6。

表5-6　食物中毒应急处置措施

序号	步骤	处置程序及关键措施	负责人
1	汇报	（1）发现有两人及以上人员饭后出现头晕、恶心、呕吐、浑身无力等疑似食物中毒症状后，立刻通知其他人员立即停止用餐。 （2）通知（书记）、值班干部和队长。 （3）队长及时将事件发生的时间、地点、中毒人数、中毒症状、初步判断的原因及采取救治措施等情况报告项目组和项目部负责人，同时联系医院做好救治准备	发现人、队长
2	抢救送医	（1）现场催吐，减少毒素的吸收。 （2）同时，立即安排车辆将中毒人员送往具有救治能力的医院，为防止呕吐物堵塞气道而引起窒息，应让病人侧卧，便于吐出。 （3）对其他人员进行观察，如有中毒人员增加的趋势，根据人员反应轻重分批送医，必要时请求外医院派人到现场对全体人员进行检查	队长
3	封存	监督员与书记对食堂的餐具、剩菜、剩饭、饮用水及所有可疑食物、食品原料，以及中毒人员的呕吐物、排泄物进行取样、封存，以备送检	支部书记
4	控制	（1）控制可疑食物，确保不被继续食用。 （2）针对引起中毒的情况，对食堂食品存放地进行消毒清洁，防止有毒物品扩散漫延造成二次伤害	值班干部、HSE监督

（6）火灾事故应急处置措施见表5-7。

表5-7　火灾事故应急处置措施

序号	步骤	处置程序及关键措施	负责人
1	报警	（1）在井场或生活营地发生火灾险情时，最早发现火灾险情的人应高声呼救，并向值班干部汇报。 （2）值班干部向队长汇报，视情况，向项目组和项目部负责人汇报或拨打119进行报警，报警要准确描述燃烧物质、火势、地理位置等	发现人、值班干部

续表

序号	步骤	处置程序及关键措施	负责人
2	隔离关闭	队长发出指令，安排具有能力的人员关闭着火区电源，迅速切断易燃易爆物危险源，隔离易燃、易爆物品	队长
3	扑救	（1）初期火灾，在最短的时间内，迅速组织人员利用对应的消防器材、物资，采取有效措施扑灭火情和控制火势蔓延。 （2）火灾较大，超出现场控制范围，请求专业消防队伍进行救援	队长
4	疏散	（1）划定危险区域，指挥无关人员迅速疏散到安全区域，清点人数。 （2）对油罐着火等可能引发爆炸的火灾或火灾扩大到钻井队已无能力自救时，立即组织现场人员疏散到安全区域	副队长
5	救援	（1）有人员受困时，在采取保护性措施的情况下积极抢救受困人员。 （2）将伤情较重者送医救治	队长
6	扩大应急	当火势发展到钻井队无法控制时，组织人员撤离现场，并向项目部求援	队长

（7）触电事故应急处置措施见表5-8。

表5-8 触电事故应急处置措施

序号	步骤	处置程序及关键措施	负责人
1	呼救	发现有人员触电，目击者立即大声呼救	发现人
2	断电	目击者或就近人员在第一时间切断触电者可能接触的电源。如果开关距离较远，可用干燥的木棍、绳索、木板、钳子、绝缘棍等挑开电线，也可设法用带有绝缘柄的工具将电线切断	就近人员
3	汇报	（1）立即向值班干部和队长汇报。 （2）队长（书记）向项目组和项目部负责人汇报	队长、知情者
4	急救	（1）在确认电源已切断的情况下，（书记）携带急救包和当班人员立即到伤员处。 （2）使触电者就地躺平，解开裤带、衣领，轻拍其肩部，呼叫其名字，观察有无反应，禁止摇动头部。 （3）设法找冰块制成冰袋，放在触电者头部、腋下、腹股沟下，以减缓身体新陈代谢，促进脑血复苏。 （4）若触电者伤害程度严重时，应立即按照人员伤害应急处置措施开展救护。 （5）呼吸停止时，使其平躺，清除口内异物，施行口对口人工呼吸，唇部有外伤时采用口对鼻人工呼吸，若心跳停止，施行胸外心脏按压，等其心肺恢复后再送医院救治，中途不停止抢救	支部书记（队长）
5	扩展救援	如发生两名以上人员同时触电，应组织人员同时救治，患者有烧伤时要保护好受伤部位不被感染，并及时送医	队长

(8)环境污染应急处置措施见表5-9。

表5-9 环境污染应急处置措施

序号	步骤	处置程序及关键措施	负责人
1	汇报	(1)发生环境污染事件时,发现人在第一时间向值班干部汇报。 (2)值班干部立即向项目组和项目部负责人汇报	发现人
2	检查控制	副队长带领人员查找泄漏点(源),对钻井液、柴油等液体类污染源,采取隔离、堵漏、拦截、收集等措施控制污染扩散	副队长
3	处置	突发井喷造成的污染物:要迅速带领人员在井场周围设置围堰,在合适位置设置污坑并铺设防渗布,将污染物及消防废水引流至污坑;控制住井喷后,清理污染物	队长
		柴油罐发生泄漏时:迅速在柴油罐周围设置围堰,防止柴油外溢;用木楔、胶皮临时封堵泄漏点;及时用吸油毡、棉砂和容器等清理地面油污,组织罐车将罐内柴油转移	
		突降暴雨、崖方坍塌、钻井液池漏失等造成钻井液溢出时:将钻井液加高、加宽、加固,对流入井场的雨水进行引流;对溢出的钻井液,进行圈闭、拦截、收集,污染的土壤进行清理回收	
		化工材料、岩屑被雨水冲出井场,立即进行隔离、收集,对污染的土壤清理回收	
		发生硫化氢/一氧化碳气体泄漏:按照有毒有害气体泄漏应急处置措施进行处置	
4	监测	安排人员监测泄漏源,对收集的污染物进行重点管理,防止二次污染	队长
5	扩大应急	当对水库等水体造成污染、井队力量无法控制事态或可能造成严重后果时,及时向项目部求援	队长

(三)事故事件报告

1. 报告流程

突发事件发生后,发现人要立即报警,并迅速向钻井队队长(书记)报告,队长(书记)立即向项目组、监督部、生产办和相关职能办公室负责人报告、请示,并根据事态发展,随时续报险情及处置情况。报告流程如图5-2所示。

2. 报告内容

汇报简明、扼要、实事求是,主要汇报内容如下:

(1)钻井队队号、井号、区域、地理位置、工况。

(2)突发事件类型、发生时间、程度等。

(3)人员伤亡情况。

(4)现场物资情况。

(5)项目组专项预案中规定的内容和接警人员要求汇报的内容。

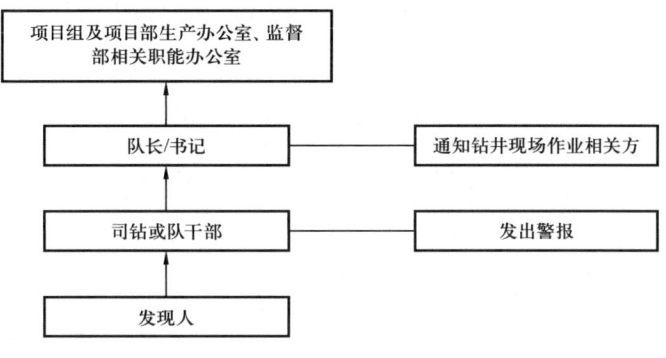

图 5-2　报告流程

3.报告联络附件

(1)附件1：应急小组联系方式（表5-10）。

(2)附件2：上级管理部门联系方式（表5-11）。

(3)附件3：相关应急救援部门联络方式（表5-12）。

(4)附件4：相关单位及环境相关方联系方式（表5-13）。

(5)附件5：×××县相关部门应急救援联系方式（表5-14）。

（四）注意事项

(1)应急抢险时确保人员安全的情况下，才可组织应急抢险工作，坚持人的生命至上；必要时，制订现场救援方案。

(2)现场处置过程中，人员必须穿戴齐全劳保护具，对有毒有害气体的场所，按要求携带便携式气体检测仪，佩戴正压呼吸器。

(3)现场检查与监测应两人一组。

(4)做好应急处置时的应急措施，最大限度保证人员安全、物资有效。

(5)钻井设备搬迁进入新井场后，要重新收集周边环境相关方信息，包括联系方式等，并从应急处置角度，对道路及周边环境进行调查，评估消防车等外部资源是否能够顺利进入现场，明确进入现场的最佳路线。

(6)应急情况下，应安排人员和设备清除路障，联系人员打开限宽限高门、栅栏门等。

(7)若事件得到控制，由应急组长确定解除应急行动进入恢复状态，对扩大应急的突发事件，根据上级应急机构指示解除应急状态。应急恢复主要做好：

① 持续警戒与监测。应急行动解除后，要及时安排人员对现场进行检查与监测，确保在应急恢复过程中无人员伤亡风险，严禁任何人员盲目进入现场。

② 保护现场与损失评估。根据事故调查需要,做好现场的保护。

③ 现场清理与恢复。进入现场开展清理作业前,应进行风险评估,制订防控措施,确定方案后,组织人员清理现场,对引发突发事件的潜在隐患进行排查与整改,及时恢复生产。

表 5-10　附件 1:应急小组联系方式

姓名	岗位	联系电话	姓名	岗位	联系电话
	队长			大班司机	
	党支部书记			大班电工	
	副队长			大班钻井液工	
	副队长			司钻	
	钻井技术员			司钻	
	钻井技术员			司钻	
	大班司钻			录井队长	
	大班司钻				

表 5-11　附件 2:上级管理部门联系方式

序号	单位		职务	姓名	移动电话	固定电话
	××勘探项目组	钻井组	钻井副经理			
			组长			
		外协组	组长			
		安全环保组	组长			
	监督部		工程总监			
			监督部负责人			
	项目部		经理			
			党委书记			
			安全副经理			
			技术副经理			
			生产副经理			
			应急值班			

表 5-12　附件 3：相关应急救援部门联络方式

序号	报警类型	电话	备注
1	火警	119	发生火灾事故，需要消防救援；人员受困等需要救援
2	急救中心	120	人员受伤，需要医疗救护
3	道路交通	122	交通事故处理、交通救援
4	匪警	110	社会治安、人身安全、危险事件
5	短信报警平台	12110	打电话报警不方便时，编辑短信，把案件发生地址、案情简短描述后进行发送

表 5-13　附件 4：相关单位及环境相关方联系方式

单位	姓名	岗位/职务	联系电话
清洁化生产		班长	
炊事班		班长	
监督公司		HSE 监督员	
××钻探第一录井公司××××队		队长	
××村委		村支书	

表 5-14　附件 5：×××县相关部门应急救援联系方式

序号	单位	联系电话	备注
1	×××县政府		
2	×××应急管理局		
3	×××公安局		
4	匪警指挥中心		
5	×××环保局		
6	消防大队		
7	×××信访局		
8	×××县医院		

续表

序号	单位	联系电话	备注
9	×××县林业局		
10	×××镇政府		
11	×××派出所		

第二节 岗位应急处置卡

一、溢流事件

溢流事件应急处置卡见表5-15。

表5-15 溢流事件应急处置卡

编号：cz01
事件名称：溢流
事件位置：钻井作业现场
危害描述：处置不当诱发井喷、着火、中毒、环境污染
处置流程：报告→报警→关井→观察检查→汇报

	流程 岗位	报告	报警	关井	观察检查	汇报
处置要点	坐岗人员	报告司钻	到岗位	根据工况按岗位关井操作程序关井	观察液面，汇报	待令
	井架工		到岗位		观察记录套压	待令
	内钳工		到岗位		观察记录立压	待令
	外钳工		到岗位		配合开关放喷阀，传递开关信息	待令
	副司钻		到岗位		检查防喷器、液控管线及控制系统	待令
	司钻		发出报警信号		向值班干部汇报关井情况	待令
	值班干部		钻台监护班组控制井口	监护指导	视情况安排后续工作	向上级汇报
	安全监督		到井场	监督	监督	监督站

注意事项：
（1）对讲机保持工作状态。
（2）井内有钻具时，确保半封闸板关在钻杆本体上。
（3）清楚防喷立柱、钻具抢接止回阀、旋塞扳手摆放位置。
（4）如检测含有毒有害气体时，现场人员应佩戴正压空气呼吸器操作；抢险作业时人员安排每组不少于两人。

二、硫化氢、一氧化碳泄漏事件

硫化氢、一氧化碳泄漏事件应急处置卡见表 5-16～表 5-18。

表 5-16　硫化氢、一氧化碳泄漏事件应急处置卡 A

编号：cz02-1
事件名称：硫化氢、一氧化碳泄漏　　　　　　　　　事件位置：循环罐、钻台下、钻台面、污水池
危害描述：人员中毒
处置流程：当硫化氢达到 15mg/m³（10ppm）或一氧化碳达到 31.25mg/m³（25ppm）→报警→检查→集合→警戒→监测→汇报

	流程 岗位	报警	检查	集合	警戒	监测	汇报
处置要点	发现人	报告司钻或值班干部					
	司钻	报告值班干部	安排人员，佩戴空呼检查				
	值班干部	报告项目部	发出指令，检查确定泄漏点，安排开启排风扇	发出指令，组织非作业人员到紧急集合点集中	发出指令，设立警戒	指定专人，监测周边环境硫化氢、一氧化碳浓度	续报
	安全监督	报告监督站	监控	监控核查	监控	监控核查	续报

注意事项：
（1）检测、监测人员需佩戴正压空气呼吸器，防止硫化氢、一氧化碳中毒。
（2）监测作业时人员安排每组不少于两人。
（3）挂出黄牌。

表 5-17　硫化氢、一氧化碳泄漏事件应急处置卡 B

编号：cz02-2
事件名称：硫化氢、一氧化碳泄漏　　　　　　　　　事件位置：循环罐、钻台下、钻台面、污水池
危害描述：人员中毒
处置流程：当硫化氢达到 30mg/m³（20ppm）或一氧化碳达到 62.5mg/m³（50ppm）→报警→控制→集合→搜救→警戒→监测→汇报

	流程 岗位	报警	控制	集合	搜救	警戒	监测	汇报
处置要点	发现人	报告司钻或值班干部	参与	参与	参与			
	司钻	报告值班干部，发出警报	组织人员，佩戴空呼关井	组织班组人员待命				
	值班干部	报告项目部	发出指令，切断现场可能的着火源	发出指令，组织非应急人员到紧急集合点集中，清点人数	发现人员缺少组织搜救，并通知救援机构	发出指令，设立警戒	指定专人，监测周边环境硫化氢、一氧化碳浓度	续报
	安全监督	报告监督站		监控核查		监控核查		续报

注意事项：
（1）控制组人员必须佩戴正压呼吸器，防止硫化氢、一氧化碳中毒。
（2）监测作业时人员安排每组不少于两人。
（3）挂出红牌。

表 5-18 硫化氢、一氧化碳泄漏事件应急处置卡 C

编号：cz02-3
事件名称：硫化氢、一氧化碳泄漏　　　　事件位置：循环罐、钻台下、钻台面、污水池及井场周围可能泄漏的地方
危害描述：人员中毒伤亡
处置流程：当井喷失控，硫化氢达到 150mg/m³（100ppm）或一氧化碳达到 375mg/m³（300ppm）→报警→撤离→疏散→汇报

处置要点	流程 岗位	报警	撤离	疏散	汇报
	发现人	报告司钻或值班干部	参与		
	司钻	报告值班干部，发出警报	组织班组人员，关停所有生产设备，撤离		
	值班干部	报告项目部应急办公室	发出关停所有生产设备指令，组织现场所有人员撤离	组织参与本井施工全体人员撤离，通知当地政府协助疏散村民	续报
	安全监督	报告监督站	监控、核查、撤离	监控	续报

注意事项：
（1）控制组人员必须佩戴正压呼吸器，防止硫化氢、一氧化碳中毒。
（2）人员向上风口撤离。
（3）挂出红牌。

三、钻井液泄漏事件

钻井液泄漏事件应急处置卡见表 5-19。

表 5-19 钻井液泄漏事件应急处置卡

编号：cz03
事件名称：钻井液泄漏　　　　　　　　　　事件位置：钻井液池、泵房、井口等区域
危害描述：钻井液泄漏造成的周边水源、土壤污染
处置流程：报警→查找泄漏源→处置→设立警戒→控制→汇报

处置要点	流程 岗位	报警	查找泄漏源	处置	设立警戒	控制	汇报
	发现人	报告司钻或值班干部	参与	参与		参与	
	司钻	报告值班干部	组织参与	组织参与	组织参与	组织参与	
	值班干部	项目部安全环保办公室	安排检查泄漏源	发出指令，组织人员采取隔离、堵漏、拦截、收集等处置措施	发出指令，设立警戒	发出指令，控制污染继续扩散	续报
	安全监督	报告监督站	监控	监控	核查	核查	续报

注意事项：
（1）及时关闭可能引发次生灾害的设备设施。
（2）做好个人安全防护。
（3）做好周边环境监控。

第五章 应急处置程序

四、油料泄漏事件

油料泄漏事件应急处置卡见表 5-20。

表 5-20 油料泄漏事件应急处置卡

编号：cz04
事件名称：油料泄漏　　　　　　　　　　　　　　　　　　　事件位置：井场油罐等区域
危害描述：柴油泄漏造成的周边水源、土壤污染
处置流程：报警→查找泄漏源→关停控制阀门→设立警戒→控制→汇报

	流程 岗位	报警	查找泄漏源	关停控制阀门	设立警戒	控制	汇报
处置要点	发现人	报告司钻或值班干部	参与	参与		参与	
	司钻	报告值班干部	组织参与	组织参与	组织参与	组织参与	
	值班干部	项目部安全环保办公室	安排检查泄漏源	发出指令，关停泄漏源设备设施	发出指令，设立警戒	发出指令，控制污染继续扩散	续报
	安全监督	监督站	监控	核查	核查	核查	续报

注意事项：
（1）及时关闭可能引发次生灾害的设备设施。
（2）做好个人安全防护。
（3）禁止烟火。

五、人员伤害事件

人员伤害事件应急处置卡见表 5-21。

表 5-21 人员伤害事件应急处置卡

编号：cz05
事件名称：人员伤害　　　　　　　　　　　　　　　　　　　事件位置：井场、驻地各区域
危害描述：因起重伤害、机械伤害、高处坠落、物体打击、危化品泄漏等造成出血、骨折、休克、灼伤等伤害事故
处置流程：呼救→切断伤害源→报警→急救→送医→汇报

	流程 岗位	呼救	切断伤害源	报警	急救	送医	汇报
处置要点	发现人	发出求救信号	参与	报告司钻或值班干部	参与	参与	
	司钻		组织人员	报告值班干部	参与	参与	
	值班干部			项目部安全环保办公室	组织人员	联系医院	续报
	安全监督			报告监督站	参与		续报

注意事项：
（1）注意伤害部位，防止救治不当造成次生伤害。
（2）救治人员劳动防护用具齐全。
（3）正确使用救护工具。
（4）救治环境良好。

六、食物中毒事件

食物中毒事件应急处置卡见表 5-22。

表 5-22 食物中毒事件应急处置卡

编号：cz06
事件名称：食物中毒　　　　　　　　　　　　　　　　事件位置：钻井队生产、生活区域
危害描述：饮食引起员工呕吐、腹痛、腹泻等现象
处置流程：汇报→抢救送医→封存→控制→续报

处置要点	流程\岗位	汇报	抢救送医	封存	控制	续报
	发现人	报告司钻、值班干部或书记	参与	参与	参与	
	司钻	报告值班干部或书记	组织参与	组织参与	组织参与	
	值班干部	拨打120，报告项目部安全环保办公室	组织参与	组织参与	组织参与	
	书记	拨打120，报告项目部安全环保办公室	组织抢救、安排送医	封存可疑食物及用具	控制可疑食物不被继续食用	续报
	安全监督	报告监督站	参与	监控	监控	续报

注意事项：
（1）拨打120，讲明中毒人员症状、持续时间、人数、地点和联系人电话。
（2）保证联系人电话畅通。
（3）进食时间较短、症状较轻的人员现场抢救可采用催吐、导泻等方式。
（4）中毒人员所用食物、餐具应尽快封存，避免其他人员误食误用。

七、洪涝灾害事件

洪涝灾害事件应急处置卡见表 5-23。

表 5-23 洪涝灾害事件应急处置卡

编号：cz07
事件名称：洪涝灾害　　　　　　　　　　　　　　　　事件位置：钻井井场、生活驻地、钻前道路
危害描述：人员被卷入洪水，设备设施被淹，道路交通中断，引发次生灾害
处置流程：报警→查看险情→撤离→清点人数→设立安全警戒线→搜救→观察→汇报

处置要点	流程\岗位	报警	查看险情	撤离	清点人数	设立安全警戒线	搜救	观察	汇报
	发现人	报告司钻或值班干部	参与	参与	参与	参与	参与	参与	
	司钻	报告值班干部		组织关停设备后撤离	参与	组织人员设立警戒线	实施		续报
	值班干部	安排人员发出报警信号	组织人员查看险情并向上级汇报	发出指令并组织撤离	负责清点人数	发出警戒指令	组织搜救	指定专人观察	续报
	安全监督	报告监督站	现场监控	监控、参与	核查	监控、核查	参与	参与	续报

注意事项：
（1）洪涝灾害发生时，应向水流两侧高处躲避，不能沿着洪水流动方向撤离，不能冒险涉水过河。
（2）及时关闭可能引发次生灾害的设备设施。
（3）有序轻装迅速撤离。
（4）通信中断时安排专人传递消息。

八、坍塌事件

坍塌事件应急处置卡见表 5-24。

表 5-24 坍塌事件应急处置卡

编号：cz08
事件名称：坍塌　　　　　　　　　　　　　　　　　　　事件位置：钻井井场、生活驻地、钻前道路
危害描述：人员被掩埋、砸伤，设备设施掩埋受损，引发次生灾害
处置流程：报警→查看险情→撤离→清点人数→设立警戒线→搜救→观察→汇报

	流程 岗位	报警	查看险情	撤离	清点人数	设立警戒线	搜救	观察	汇报
处置要点	发现人	报告司钻或值班干部	参与	参与	参与	参与	参与	参与	
	司钻	报告值班干部		组织关停设备后撤离	参与	组织人员设立警戒线	实施		续报
	值班干部	安排人员发出报警信号	组织人员查看险情并向上级汇报	发出指令并组织撤离	负责清点人数	发出警戒指令	组织搜救	指定专人观察	续报
	安全监督	报告监督站	现场监控	监控、参与	核查	监控、核查	参与	参与	续报

注意事项：
（1）由值班干部确定安全撤离方向。
（2）有序轻装迅速撤离。
（3）搜救过程注意二次坍塌。

九、触电伤害事件

触电伤害事件应急处置卡见表 5-25。

表 5-25 触电伤害事件应急处置卡

编号：cz09
事件名称：触电伤害　　　　　　　　　　　　　　　　　事件位置：电气设备、设施所在区域
危害描述：人员触电
处置流程：报警→切断电源→汇报→急救→送医→续报

	流程 岗位	报警	切断电源	汇报	急救	送医	续报
处置要点	发现人	发出求救信号	就近切断控制开关	报告司钻或值班干部	参与		
	司机（电工）		断开总电源		参与		
	司钻			报告值班干部	参与	参与	
	值班干部			向上级应急办公室汇报	组织人员	安排车辆	续报送医途中情况
	安全监督			报告监督站	参与	参与	续报

注意事项：
施救人员不能盲目救援，应使用绝缘工具、切断电源等可靠方式处置。

十、火灾事件

火灾事件应急处置卡见表 5-26。

表 5-26　火灾事件应急处置卡

编号：cz010
事件名称：火灾　　　　　　　　　　　　　　　　事件位置：井场油罐、柴油机和野营房等区域
危害描述：火灾造成设备损坏、人员伤害、财产损失
处置流程：报警→断电或关停设备→扑灭初起火灾→撤离→设立警戒→汇报

处置要点	流程\岗位	报警	断电或关停设备	扑灭初期火灾	撤离	设立警戒	汇报
	发现人	报告司钻或值班干部，拨打119报警	参与	参与	参与	参与	
	司钻	报告值班干部	组织人员	组织人员	组织人员	组织人员	
	值班干部	项目部安全环保办公室	发出指令，关停备设施	检查火灾原因	发出指令组织人员撤离	发出指令，设立警戒	续报
	安全监督	报告监督站	核查	监控、参与	核查	核查	续报

注意事项：
（1）及时关闭可能引发次生灾害的设备设施。
（2）做好个人安全防护。

十一、压力容器（储气罐，氧气、乙炔气瓶）泄漏事件

压力容器（储气罐，氧气、乙炔气瓶）泄漏事件应急处置卡见表 5-27。

表 5-27　压力容器（储气罐，氧气、乙炔气瓶）泄漏事件应急处置卡

编号：cz011
事件名称：压力容器（储气罐，氧气、乙炔气瓶）泄漏
事件位置：钻井队作业现场，气源房，钻台底座，氧气、乙炔房等区域
危害描述：高压气体泄漏造成人员伤害、引起火灾
处置流程：报警→查找泄漏源→关停控制阀门与设备设施→设立警戒→控制→汇报

处置要点	流程\岗位	报警	查找泄漏源	关停控制阀门与设备设施	设立警戒	控制	汇报
	发现人	报告司钻或值班干部	参与	参与		参与	
	司钻	报告值班干部	组织人员	组织人员	组织人员	组织人员	
	值班干部	报告项目部安全环保办公室和设备管理办公室	安排做好防护措施，检查泄漏源	发出指令，关停泄漏源设备设施	发出指令，设立警戒	制订措施，防止发生次生灾害	续报
	安全监督	报告监督站	监控	监控核查	监控	监控核查	续报

注意事项：
（1）穿戴好个人安全防护装备。
（2）及时关闭气源和可能引发次生灾害的设备设施。
（3）禁止烟火。
（4）疏散非工作人员。

十二、群体性突发事件

群体性突发事件应急处置卡见表5-28。

表5-28 群体性突发事件应急处置卡

编号：cz012
事件名称：群体性突发事件　　　　　　　　　　　　　事件位置：钻井队作业现场、生活驻地、井场道路
危害描述：妨碍单位正常生产、生活秩序，引发某种治安后果，影响社会稳定造成不良影响
处置流程：预警（报警）→观察（撤离）→信息收集与反馈→约谈稳控事态→协助处置→汇报

	流程 岗位	预警	观察	信息收集与反馈	约谈稳控事态	协助处置	汇报
处置要点	发现人	报告队长、书记				参与	
	队长、书记	报告项目部应急办公室	指定专人观察	指定专人收集相关资料，及时反馈	组织相关人员与聚集者代表约谈，稳定情绪，防止事态扩大	协助职能部门与地方政府、公安机关参与现场处置	续报

注意事项：
（1）及时关闭可能引发次生事故的设备设施。
（2）由队长、书记确定是否报警。
（3）约谈过程中不要激化矛盾，注意自身安全。
（4）信息汇报不畅时，派专人传递消息。

十三、交通事故

交通事故应急处置卡见表5-29。

表5-29 交通事故应急处置卡

编号：cz013
事件名称：交通事故　　　　　　　　　　　　　　　　事件位置：井场、钻前道路
危害描述：交通事故造成设备损坏、人员伤害、财产损失
处置流程：停车报警→救人→保护现场→设立警戒→撤离→汇报

	流程 岗位	停车报警	救人	保护现场	设立警戒	撤离	汇报
处置要点	驾驶员	报告钻井队长、车管单位负责人，拨打110报警	自救和互救，拨打120	参与	参与	参与	续报
	车管单位负责人	报告上级管理部门	启动应急预案		发出指令，设立警戒	发出指令，撤离	续报
	钻井队长	报告项目部安全环保办公室和生产运行办公室	组织人员现场救援	采取措施，防止次生事故	安排人员参与		续报
	安全监督	报告监督站	监控、参与	监控、核查	监控		续报

注意事项：
（1）自救和互救过程中做好个人安全防护。
（2）保护好事故现场。

参 考 文 献

［1］GB/T 13861《生产过程危险和有害因素分类与代码》.
［2］GB/T 31033《石油天然气钻井井控技术规范》.
［3］GB 42294《陆上石油天然气开采安全规程》.
［4］SY/T 5087《硫化氢环境钻井场所作业安全规范》.
［5］T/CSPSTC 17《企业安全生产双重预防机制建设规范》.
［6］《安全生产事故隐患排查治理体系建设实施指南》（安委办〔2012〕28号）.
［7］《安全生产事故隐患排查治理暂行规定》（国家安全生产监督管理总局令 第16号）.
［8］《危险化学品双重预防机制建设指导手册（2021版）》（应急管理部化学品登记中心2021年8月）.